中国科学院教材建设专家委员会高职高专系列规划教材优秀奖

建筑装饰技术类系列规划教材

高等职业教育"十二五"规划教材

建筑装饰工程预算

（第四版）

袁建新　主编

刘　静　沈　华　副主编

科学出版社

北　京

内 容 简 介

本书根据高职高专建筑装饰专业的建筑装饰工程预算教学大纲，并参照建设类管理人员从业资格要求而编写。主要内容包括建筑装饰工程的预算基本理论、预算定额使用方法、工程量计算、造价计算、预算编制示例、工程量清单计价方法、预结算审查和报价等，其中工程量计算图示和示例为读者提供了较丰富的学习和实训资料。

本书可作为职业院校建筑装饰专业、工程造价专业、建筑经济管理专业的教材，也可作为土建类及其相关专业的教学用书，还可供工程造价人员、建筑装饰施工人员自学。

图书在版编目（CIP）数据

建筑装饰工程预算/袁建新主编. —4 版. —北京：科学出版社，2015
（建筑装饰技术类系列规划教材·高等职业教育"十二五"规划教材）
ISBN 978-7-03-043236-0

Ⅰ.①建…　Ⅱ.①袁…　Ⅲ.①建筑装饰-建筑预算定额-高等职业教育-教材　Ⅳ.①TU723.3

中国版本图书馆 CIP 数据核字（2015）第 022576 号

责任编辑：张雪梅 / 责任校对：刘玉靖
责任印制：吕春珉 / 封面设计：耕者设计工作室

科 学 出 版 社 出版
北京东黄城根北街 16 号
邮政编码：100717
http://www.sciencep.com

北京市京字印刷厂 印刷
科学出版社发行　　各地新华书店经销

*

2003 年 8 月第　一　版　　2017 年 12 月第二十二次印刷
2006 年 8 月第　二　版　　开本：787×1092　1/16
2013 年 1 月第　三　版　　印张：19
2015 年 1 月第　四　版　　字数：420 000
定价：42.00 元
（如有印装质量问题，我社负责调换〈北京京字〉）
销售部电话 010-62134988　编辑部电话 010-62135397-2021（VA03）

建筑装饰技术类系列规划教材
编　委　会

第四版前言

《建筑装饰工程预算》（第四版）根据《建筑安装工程费用项目组成》（建标［2013］44 号文）、《建设工程工程量清单计价规范》（GB 50500—2013）、《房屋建筑与装饰工程工程量计算规范》（GB 50854—2013）的内容与规定进行了全面的修订。该版教材反映了当前最新的工程量清单计价内容和建筑安装工程费用项目组成内容及计算方法。

本版根据建标［2013］44 号文件内容和 2013 清单计价规范的内容，进一步理清了建筑装饰工程预算编制的思路，全面介绍了建筑装饰工程清单报价的编制方法和步骤，列举了翔实的施工图预算和清单报价的实例。

本书切合造价工作实际的内容和计算方法，由浅入深、由表及里、由简单到复杂地编排，实现了"螺旋进度法"的教学思想，体现了工学结合，是将工作内容转换为学习内容的又一次有益的实践成果。

本版由四川建筑职业技术学院袁建新主编，四川建筑职业技术学院刘静和上海城市管理职业技术学院沈华担任副主编。其中，刘静编写了第 2 章 2.2、2.3 节和第 3 章 3.6～3.8 节的内容，沈华编写了第 4 章、第 6 章和第 8 章的全部内容，上海思博职业技术学院汪晨武编写了第 2 章 2.4 节和第 3 章 3.5 节的内容，其余内容由袁建新完成。

随着工程造价行业的不断发展，书中还会有不足的地方，敬请广大读者批评指正。

第三版前言

　　本版主要根据 2008 年颁发的《建设工程工程量清单计价规范》（GB 50500—2008）的要求在第二版的基础上进行了全面的修改。

　　本版在第二版的基础上增加了人工单价计算的内容，根据新的清单计价规范改写了建筑装饰工程量清单计算的内容，改写了工程量清单的和工程量清单报价的例题。

　　通过本次再版，力求使教材内容更加完善，更加贴近建筑装饰工程预算和清单报价的工作实际。

　　本书第三版修订的内容由四川建筑职业技术学院袁建新完成。

　　随着工程造价专业的不断发展，书中还会有不足的地方，敬请广大读者批评指正。

第二版前言

本书第一版自 2003 年 8 月发行以来，取得了较好的效果。在使用过程中有关各方提出了很好的意见和建议，为此表示衷心的感谢。

本版在第一版的基础上进行了文字上的修改，增加了新的图表，更正了一些错误。最主要的是按照新的《建筑工程建筑面积计算规范》（GB/T 50353—2005）的要求，对建筑面积的内容重新进行了编写。另外，根据《建筑安装费用项目组成》[建标（2003）206 号]文件的内容，对建筑装饰工程费用章节的内容重新进行了编写。

上述内容的增加、调整、修改，进一步体现了本书实用性和实践性的特点，使本教材更加贴近实际工作，更加好用。

本书由四川建筑职业技术学院袁建新主编，四川建筑职业技术学院迟晓明、吴锡明、刘静担任副主编，四川建筑职业技术学院刘渊、河南工业职业技术学院杨雪玲、昆明冶金高等专科学校张泉参加编写。其中，第 1 章，第 3 章的 3.1～3.5、3.7、3.10 以及第 6 章由袁建新编写；第 2 章、第 4 章由迟晓明编写；第 7 章由吴锡明编写；第 5 章由刘静、杨雪玲编写；第 8 章由张泉编写。全书由袁建新统稿。

本书由注册造价工程师刘德甫高级工程师主审。

由于水平有限，教材中难免有不足之处，恳请读者批评指正。

第一版前言

本书根据高职高专建筑装饰专业建筑装饰工程预算教学大纲和参照建设类管理人员从业资格要求编写。

按照本专业培养目标的要求，我们在编写教材过程中贯彻了有利于职业能力形成、有利于综合素质提高、有利于学习能力提高的指导思想。按照培养目标确定的要求，坚持理论与实践紧密结合，以实践为主；系统性与实用性相结合，以实用性为主；内容深入浅出，以形成职业能力的需求为主等原则。因此，本教材在构建体系结构、编排教学内容、例题设计等方面，尽量体现了符合学习规律和提高学习兴趣的要求，着重考虑了职业能力的培养要求。例如，尽量采用图示、表格等方式直观地表达应掌握的学习内容；选用了具有代表性且不太复杂的小别墅装饰施工图编制了一套完整的预算示例等。因而，本教材具有科学性、实用性、可读性等特点。

本教材内容按国家颁发的最新规范和定额编写，特别是增加了 2003 年 7 月 1 日在全国施行的《建设工程工程量清单计价规范》的内容，较详细地介绍了建筑装饰装修工程量清单计价的计算方法。另外，还提出了有利于实现工程量清单计价所需的综合单价编制的人工单价、材料单价的编制方法。因而，内容较新是本教材的又一特点。

本书由四川建筑职业技术学院袁建新主编，四川建筑职业技术学院迟晓明、吴锡明、刘渊，河南工业职业技术学院杨雪玲，昆明冶金高等专科学校张泉参加编写。其中，第一章、第三章的 3.1～3.5、3.7、3.10 节、第六章由袁建新编写；第二章、第四章由迟晓明编写；第七章由吴锡明编写；第五章由杨雪玲编写；第八章由张泉编写；第三章的 3.6、3.8、3.9 节由刘渊编写。全书由袁建新统稿。

当前我国建设工程造价管理正处于改革与发展时期，加之编者水平有限，错误之处在所难免，敬请读者批评指正。

目　录

第1章
绪 论

1.1 建筑装饰工程概述

1.1.1 建筑装饰、装修的概念

建筑装饰、装修是指为使建筑物、构筑物内外空间达到一定的环境质量要求，使用装饰、装修材料对建筑物、构筑物外表和内部进行装饰处理的工程建设活动。

1.1.2 建筑装饰工程的主要作用

1. 保护建筑主体结构

建筑装饰使建筑物主体不受风雨和其他有害气体的影响。

2. 保证建筑物的使用功能

这是指满足某些建筑物在灯光、卫生、隔音等方面的要求而进行的各种装饰。

3. 强化建筑物的空间序列

对公共娱乐设施、商场、写字楼等建筑物的内部进行合理布局和分隔，使之能满足在使用上的各种要求。

4. 强化建筑物的意境和气氛

通过建筑装饰，对室内外的环境再创造，从而达到精神享受的目的。

5. 起到装饰性的作用

通过建筑装饰，达到美化建筑物及其周围环境的目的。

1.2 建筑装饰工程计价理论

同其他建筑工程一样，建筑装饰工程也是建筑产品，因而也需要计算其产品价格。建筑装饰工程造价从本质上讲，就是该产品价值的货币表现形式。在社会主义市场

经济条件下，建筑装饰工程造价的基本理论是建立在劳动价值论和供求关系理论的基础之上的。

1. 建筑装饰工程造价的理论费用构成

我们知道，按照商品生产的劳动价值论，商品的价值应由三个部分组成，它们包括：

1）已经消耗掉的生产资料的价值（或称为生产资料的转移价值），即过去劳动创造的价值，用字母 c 来表示。

2）劳动者为自己劳动创造的价值，用字母 v 来表示。

3）劳动者为社会劳动创造的价值，用字母 m 来表示。

同样，建筑装饰工程造价以其价值为基础，其费用也是由上述三个部分组成，即：

第一部分，各种装饰材料的耗用，施工机具的磨损等——生产资料转移价值的货币表现（即 c）。

第二部分，建筑装饰施工及其管理工作中劳动者的报酬支出——劳动者为自己劳动的货币表现（即 v）。

第三部分，利润和税金——劳动者为社会劳动创造价值的货币表现（即 m）。

上述三部分中，$c+v$ 是建筑装饰产品的社会平均成本，是产品价格的重要组成部分。m 表现为建筑产品所包含的利润和税金。因此，建筑装饰工程造价的理论费用构成可以表达为

$$\frac{建筑装饰工程}{造价理论费用} = \frac{建筑装饰工程}{社会平均成本}(c+v)+利润+税金$$

上式中的社会平均成本反映了建筑装饰工程施工中所需的社会必要劳动量，是该工程在施工过程中所耗费的社会平均生产费用，它包括直接工程费和间接费两部分。由此，我们可以进一步明确，建筑装饰工程造价应由直接工程费、间接费、利润和税金四部分费用构成，其表达式为

$$建筑装饰工程造价=直接工程费+间接费+利润+税金$$

2. 价值规律对建筑装饰工程造价的作用

价值规律是商品经济的基本规律。该规律要求商品的价值由生产该商品的社会必要劳动时间（或社会必要劳动量）决定。

价值规律对建筑装饰工程造价的主要作用表现在以下几个方面：

1）用于编制建筑装饰工程预算定额的消耗量指标的水平，由社会必要劳动量确定。

2）同一建筑装饰工程，在工程质量、装饰内容、施工工期相同的情况下，无论由哪个单位施工，其工程造价应该一致。

3）通过招投标制承发包建筑装饰工程，应体现市场经济规律的竞争性和公平性。

3. 供求规律对建筑装饰工程造价的影响

供求规律也是商品经济、市场经济的客观规律，它对建筑装饰工程造价的影响主要

表现在以下几个方面：

1）当建筑装饰投资减少时，建筑装饰工程的任务也会相应地减少。这时，如果装饰施工队伍数量不变，装饰工程施工任务供不应求，那么建筑装饰工程造价呈下降趋势；反之，建筑装饰需求增加，建筑装饰工程施工任务增加，施工队伍供不应求，那么建筑装饰工程造价就能保持同行业的平均水平，个别特殊工程有可能高于这个水平。

2）在高级建筑装饰工程、特殊要求装饰工程施工任务多的情况下，少数几家拥有高级建筑装饰施工技术的施工单位，具有较强的竞争优势，其装饰工程报价也会高于社会平均水平。

1.3 建筑装饰工程造价计价原理

1.3.1 建筑装饰工程的特性

建筑装饰工程由于其本身变化大、没有固定模式，所以具有范围宽，装饰形式变化大，工艺复杂，材料品种多，新工艺、新材料使用率高，价格差异大等特点。

上述特点归纳起来，主要表现在以下三个方面。

1. 单件性

单件性，是指每个建筑物的装饰工程在形式上、工艺上、材料上、数量上都不相同，这就意味着必须对每个建筑装饰工程造价分别进行计算。我们将建筑装饰工程各不相同的特点称为单件性。

2. 新颖性

建筑装饰的生命力就在于不重复、有新意。建筑装饰通过采取不同的风格进行造型，采取不同文化背景和文化特色进行构图，采用新材料、新工艺进行装饰，使人产生耳目一新的感觉，从而达到建筑装饰、装修的目的。

3. 固定性

建筑装饰工程必须附着于建筑物主体结构上，而建筑物主体结构必须固定于某一地点，不能随意移动。这一客观事实必然会使建筑装饰工程受到当地气候、资源条件的影响和制约，使相同装饰内容的工程由于建在不同的地点上而在价格上产生较大的差别。我们将这一特性称为建筑装饰工程的固定性。

1.3.2 建筑装饰工程项目与建设项目划分

由于建筑装饰工程具有单件性、新颖性和固定性的特性，不能以整个建筑物的装饰工程作为计价的具体对象。于是，我们就采用将一个内容多、项目较复杂的建筑装饰工程进行逐步分解的方法，分解成较为简单的、具有统一特征的、可以用较为简单的方法来计算其劳动消耗的基本项目，即分项工程项目。

按照上述思路划分和分解装饰工程项目就能达到统一建筑装饰工程价格水平的目的，解决建筑装饰工程由于其单件性、新颖性和固定性所带来的定价困难的问题。

将建筑装饰工程进行层层分解，可以通过对建设项目划分的过程来描述。

建设项目按照其建设管理和建筑产品定价的需要，一般划分为建设项目、单项工程、单位工程、分部工程、分项工程五个层次。

1. 建设项目

建设项目一般是在一个总体设计范围内由一个或几个单项工程所组成，具体是指在经济上实行独立核算，行政上实行统一管理，具有独立法人资格的企事业单位。例如，建设一个工厂、一所大学等，只要符合以上条件都可分别称为一个建设项目。

2. 单项工程

单项工程是建设项目的组成部分。

单项工程是指具有独立的设计文件、竣工后可以独立发挥生产能力或使用效益的工程。例如，一个工厂内的各个生产车间、辅助车间、仓库等，一所大学的教学大楼、实验大楼、图书馆、办公大楼等，都分别是一个单项工程。

3. 单位工程

单位工程是指具有独立的设计文件，能进行独立施工，但建成后不能独立发挥生产能力或使用效益的工程。例如，一个高精技术车间的土建工程、装饰工程、电气照明工程、给排水工程，图书馆中的土建工程、装饰工程、电气照明工程、给排水工程等，都分别是一个单位工程。

建筑装饰工程一般是以单位工程为对象来编制施工图预算。

4. 分部工程

分部工程是单位工程的组成部分。

分部工程一般按工种、工艺、部位及费用性质等因素来划分。以 2002 年建设部颁发的《全国统一建筑装饰装修工程消耗量定额》（GYD-901—2002）为例，建筑装饰工程的分部工程划分为：

1）楼地面工程。

2）墙柱面工程。

3）天棚工程。

4）门窗工程。

5）油漆、涂料、裱糊工程。

6）其他工程。

7）装饰装修脚手架及项目成品保护费。

8）垂直运输及超高增加费。

5. 分项工程

分项工程是分部工程的组成部分。

按照分部工程的划分原则，再进一步将分部工程划分为若干个分项工程。例如，楼地面工程可以划分为单色大理石楼地面、多色大理石楼地面、拼花大理石楼地面、单色花岗岩楼地面、带嵌条彩色镜面水磨石楼地面、缸砖台阶、拼图案广场砖、羊毛地毯楼地面、企口硬木拼花地板、直线型不锈钢管拉杆等。

分项工程划分的粗细程度视具体编制预算的不同要求而确定。

应该指出，分项工程是建筑装饰工程的基本构造要素，通常我们把这一基本构造要素称为"假定建筑产品"。假定建筑产品虽然没有独立存在的意义，但是从建筑产品定价的角度来看，这一概念是预算编制原理、建筑装饰工程造价计价原理中不可缺少的重要的理论基础。

综上所述，当建筑装饰工程分解到单位工程的划分层次时，由于其单件性、新颖性和固定性的特点，还不能以单位工程为对象来计算建筑装饰工程造价。为了解决在客观上要求建筑装饰工程价格水平应该一致，以及同各个建筑装饰工程在数量上和内容上又不相同的矛盾，就有必要将建筑装饰单位工程分解为更小的组成部分，使分解后的装饰工程项目在内容上基本一致。所以，我们又将建筑装饰单位工程进一步分解为若干个分部工程。

由于分部工程包含的内容较多，不同建筑物的分部工程装饰内容不会相同。例如，甲建筑物的天棚采用胶合板面层，而乙建筑物的天棚采用石膏板面层。上述例子由于使用的材料不同、装饰工艺不同，所发生的费用差别就很大。这说明，不能以分部工程为对象来统一计算建筑装饰工程造价。因此，我们就要对分部工程再做进一部分解，即分解到最基本的构造要素——分项工程。

可以认为，不同的建筑装饰工程都可以由若干个不同的分项工程组成。我们只要根据施工图的要求，采用以分项工程为对象计算装饰工程量和工程造价，再将分项工程造价汇总为单位工程造价的方法，就能较好地解决各个建筑装饰工程的内容不同而又要使其价格水平必须保持一致的矛盾。建筑装饰工程项目划分示意图如图1.1所示。

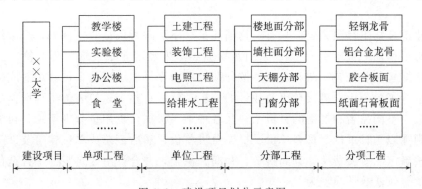

图 1.1 建设项目划分示意图

1.3.3　确定建筑装饰工程造价的基本前提

建筑装饰工程是一个结构复杂、体型庞大的工程，要对这样一个完整的产品进行统一定价，不太容易办到。若要实现针对不同建筑装饰工程进行价格水平一致的统一定价，就要将建筑装饰工程进行合理分解，层层分解到构成完整建筑装饰产品的共同要素——分项工程为止。这是确定建筑装饰工程造价的第一个前提。

将建筑装饰工程层层分解后，我们就能采用一定的方法，编制出确定单位分项工程的人工、材料、机械台班消耗量标准——预算定额。

虽然不同的建筑装饰工程由不同的分项工程项目及不同的工程量构成，但是有了预算定额后，就可以计算出消耗量水平基本一致的工程造价。这是因为预算定额确定的每一单位分项工程的人工、材料、机械台班消耗量起到了统一建筑产品劳动消耗水平的作用，从而使我们能够将千差万别的各建筑装饰工程不同的工程数量计算出符合统一价格水平的工程造价成为现实。

例如，甲建筑的花岗岩地面是 $128.51m^2$，乙工程的花岗岩地面是 $621.30m^2$，虽然工程量不同，但使用统一的预算（消耗量）定额后，它们的人工、材料、机械台班消耗量的水平是一致的。

如果在消耗量定额（预算定额）的基础上再考虑价格因素，用货币量反映定额基价，那么我们就可以计算出直接工程费、间接费、利润和税金，就能算出整个建筑装饰工程的工程造价。

制定单位分项工程消耗量标准——预算定额，是确定建筑装饰工程造价的第二个前提。

1.3.4　确定建筑装饰工程造价的数学模型

采用施工图预算的方法确定建筑装饰工程造价，一般有三种方法。这三种方法的数学模型分别叙述如下。由于建筑装饰工程的费用计算通常以人工费为计算基础，所以以下列工程造价的数学模型均以人工费为基础计算各项费用。

1. 实物金额法

当建筑装饰工程预算定额只有实物消耗量，不反映货币量时（例如，全国统一建筑装饰装修工程消耗量定额），就要采用实物金额法来确定建筑装饰工程造价。其基本方法是，依据建筑装饰施工图和定额，按分部分项顺序算出工程量，再套用对应的定额子目逐项进行工料分析、机械台班消耗量的分析，然后将整个建筑装饰工程所需的综合人工工日数、不同品名和规格的材料用料及各种施工机械台班用量分别汇总，再将汇总的数量分别乘以工日单价、材料单价、机械台班单价，然后汇总成单位建筑装饰工程直接费，再按确定的有关费率计算间接费、利润、税金，并合计出建筑装饰工程造价。

实物金额法数学模型为

建筑装饰工程造价＝单位工程直接费＋单位工程间接费＋利润＋税金

$$单位工程直接费 = \sum_{i=1}^{n}(分项工程量 \times 定额用工数量)_i \times 工日单价$$

$$+ \sum_{j=1}^{m}(分项工程量 \times 定额材料用量 \times 材料单价)_j$$

$$+ \sum_{k=1}^{r}(分项工程量 \times 定额台班用量 \times 台班单价)_k$$

$$单位工程间接费 = \sum_{i=1}^{n}(分项工程量 \times 定额用工数量)_i \times 工日单价 \times 间接费率$$

$$利润 = \sum_{i=1}^{n}(分项工程量 \times 定额用工数量)_i \times 工日单价 \times 利润率$$

$$税金 = (单位工程直接费 + 单位工程间接费 + 利润) \times 税率$$

2. 分项工程完全造价法

分项工程完全造价法的特点是，以分项工程为对象计算完全造价，再将分项工程完全造价汇总成单位工程造价。该方法从形式上类似于工程量清单计价法，但又有本质上的区别。

分项工程完全造价法的数学模型为

$$建筑装饰工程造价 = \sum_{i=1}^{n}\{[(分项工程量 \times 定额材料用量 \times 材料单价)$$

$$+ (分项工程量 \times 定额台班用量 \times 台班单价)$$

$$+ (分项工程量 \times 定额综合用工量 \times 工日单价)$$

$$\times (1 + 间接费费率 + 利润率)] \times (1 + 税率)\}_i$$

3. 单位估价法

单位估价法是编制施工图预算常采用的方法。该方法采用的定额必须有定额基价才行。该方法根据建筑装饰施工图和预算定额，按分部分项的顺序，先算出分项工程量，然后再乘以对应的定额基价，求出分项工程直接费，而后再将各分项工程直接费汇总为单位工程直接费，在此基础上再根据各项费率计算间接费、利润和税金，最终汇总成单位工程造价。

建筑装饰预算定额的基价构成有两种情况：一是含该项目的全部人工费、材料费和机械台班费；二是含全部人工费、全部机械台班费和辅材费，不含主材费。当预算定额基价不含主材费时，其工程造价的数学模型为

$$\begin{aligned}建筑装饰工程造价 = &\left\{\sum_{i=1}^{n}\left[\frac{分项}{工程量} \times \frac{定额}{基价} + \sum_{j=1}^{m}\left(\frac{分项}{工程量} \times \frac{定额材}{料用量} \times \frac{材料}{单价}\right)_j\right]_i\right.\\ &+ \left[\sum_{i=1}^{n}\left(\frac{分项}{工程量} \times \frac{定额人工}{费单价}\right)_i\right.\\ &\left.\left.\times \left(\frac{间接}{费率} + 利润率\right)\right]_i\right\} \times (1 + 税率)\end{aligned}$$

1.4　建筑装饰工程预算编制程序

1.4.1　建筑装饰工程预算的概念

建筑装饰工程预算是根据建筑装饰施工图和施工方案等计算出装饰工程量，然后套用现行的建筑装饰工程预算（消耗量）定额或单位估价表，并根据当地当时的装饰材料单价、机械台班单价、费用定额和取费规定，计算和编制确定建筑装饰预算造价的文件。

1.4.2　建筑装饰工程预算的编制依据

编制建筑装饰工程预算的主要依据如下。

1. 建筑装饰施工图

建筑装饰施工图是建筑装饰施工的依据，也是计算建筑装饰工程量的依据。

广义的建筑装饰施工图包括装饰工程施工图、装饰效果图（包括平面图及透视图）、图纸会审记录、标准图集和设计变更通知等。

2. 施工方案

施工方案在编制预算上的作用是，用以确定装饰预算有关分项工程项目的依据。例如，根据施工方案确定金属栏杆加工地点，计算栏杆运距；根据施工方案确定花岗岩块料镶贴方法，选用相对应的预算定额项目等。

3. 建筑装饰工程预算定额

建筑装饰工程预算定额是确定预算分项工程项目、工程量计量单位、计算定额直接费和分析装饰材料耗用量的依据。

4. 建筑装饰材料单价

建筑装饰材料单价是计算建筑装饰主材费的依据。

建筑装饰材料单价是根据市场价编制，由承发包双方认可的材料价格。

5. 建筑装饰工程费用定额

建筑装饰工程费用定额是计算间接费、利润的指导性定额，各承包商可以根据自身企业的具体情况确定有关费率。

6. 建筑装饰工程施工合同

建筑装饰工程施工合同是确定工程价款支付方式、材料供应方式、有关费用计算方法的依据。

1.4.3 建筑装饰工程预算编制程序

建筑装饰工程预算的最终目标是确定建筑装饰工程预算造价。根据这一目标的反向思考，就可以理顺建筑装饰工程预算编制程序。

我们知道，建筑装饰工程预算造价由直接费、间接费、利润、税金四部分组成，而税金是在直接费、间接费、利润三项费用之和的基础上计算出来的，因此必须先计算这三项费用。然而，直接费中的定额直接费又是根据工程量乘以预算定额基价计算出来的，所以计算工程量是编制建筑装饰工程预算的关键性工作。

根据上述思路，建筑装饰工程预算的编制程序大体上可以描述为（按实物金额法描述，如图 1.2 所示）：

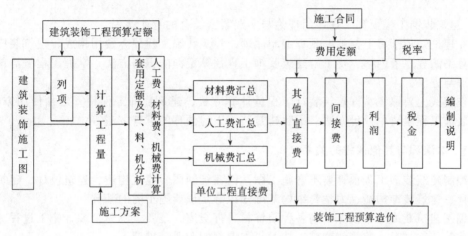

图 1.2 建筑装饰工程预算编制程序示意图

1）根据装饰施工图、装饰工程预算定额、施工方案列出分项工程项目，并进行工程量计算。

2）根据分项工程名称，套用装饰工程预算定额，分别计算人工工日数、材料用量和机械台班用量。

3）将分项工程人工工日数汇总成为单位工程人工工日数，并乘以工日单价，得到单位工程人工费。

4）将分项工程各种材料用量汇总成单位工程材料用量，再乘以装饰材料单价，得到单位工程材料费。

5）将分项工程各台班用量汇总成单位工程台班用量，再乘以台班单价，得到单位工程机械台班使用费。

6）根据施工合同规定的费率和单位工程人工费分别计算措施费、间接费、利润。

7）根据单位工程人工费、材料费、机械台班使用费、措施费、间接费、利润之和及税率计算税金。

8）将上述各部分费用汇总成单位工程预算造价。

9）编写编制说明。

1.5 "建筑装饰工程预算"课程的研究对象、学习重点及与其他课程的关系

1.5.1 研究对象和任务

本课程把建筑装饰工程的施工生产成果与施工生产消耗之间的内在定量关系作为研究对象；把如何认识和利用建筑装饰施工成果与施工消耗之间的经济规律，特别是运用市场经济的基本理论合理确定建筑装饰工程预算造价，作为本课程的研究任务。

1.5.2 本门课程的学习重点

"建筑装饰工程预算"是一门理论与实践紧密结合的专业课程。

在理论知识学习上要掌握预算编制原理、建筑装饰工程预算费用构成、建筑装饰工程预算编制程序等内容，要了解建筑装饰工程预算定额的编制方法，掌握工程量清单计价原理与方法。

在实践上要熟练掌握建筑装饰工程量计算方法、建筑装饰工程预算定额使用方法、建筑装饰工程量清单计价方法，了解建筑装饰工程预算的审查方法等。

1.5.3 本课程与其他课程的关系

编制建筑装饰工程预算离不开施工图，而建筑制图、建筑构造、建筑设计、建筑装饰设计、建筑装饰构造、力学与结构基础知识等是识读施工图的基础。

编制建筑装饰工程预算要与各种装饰材料打交道，还要了解建筑装饰施工过程。所以，建筑装饰材料、建筑装饰施工技术是本课程的专业基础课。

另外，建筑装饰施工组织与管理、建筑设备、合同管理等课程也与本课程有较为密切的关系。

复习思考题

1.1 什么是装饰、装修？

1.2 建筑装饰工程有哪些作用？

1.3 建筑装饰工程造价的基本理论的基础是什么？

1.4 建筑装饰工程造价由哪些费用构成？

1.5 价值规律对建筑装饰工程造价有哪些作用？

1.6 供求关系对建筑装饰工程造价有哪些影响？

1.7 建筑装饰工程有哪些特性？

1.8 建筑装饰工程项目是如何划分的？

1.9 确定建筑装饰工程造价有哪两个基本前提？

1.10 编制建筑装饰施工图预算的方法有哪几种？

1.11 写出确定建筑装饰工程造价的数学模型。

1.12 叙述建筑装饰工程预算的编制程序。

第 2 章
建筑装饰工程预算定额

2.1 概 述

2.1.1 建筑装饰工程预算定额的概念

建筑装饰工程预算定额是主管部门颁发的、用以完成建筑装饰工程所需消耗的人工、材料、机械台班的具有指导性的数量标准。

建筑装饰工程预算定额反映了在一定时间、一定社会生产力水平条件下建筑装饰施工的管理水平和技术水平。

2.1.2 现行定额管理模式

就建筑装饰工程预算定额而言，现行的定额管理模式是"三级管理"。

建设部标准定额司是归口领导机构，主要负责制定和颁发工程建设定额的政策、制度、规范，组织和委托其他定额管理机构编制各类工程建设定额，并组织审批和颁发等工作。

省、自治区、直辖市的定额管理机构，一般是在建设厅领导下设置建设工程造价管理总站，主要负责本地区定额的编制、报批、发行工作，定额执行过程中的解释工作，定额纠纷的调解仲裁等工作。

各市的定额管理机构是在建设局领导下设置建设工程造价管理站，主要负责本地区的定额管理工作，工程造价业务的咨询工作，定额的补充、解释工作，监督检查工程预结算或工程标底、标价的合理性等工作。

目前，全国统一定额，例如《全国统一建筑装饰装修工程消耗量定额》（GYD-901—2002）、《全国统一建筑工程基础定额》等由原建设部颁发。地区预算定额，例如《××省建筑装饰工程预算定额》、《××省建筑装饰工程计价定额》等由省建设厅颁发。临时定额一般由市建设工程造价管理站负责管理和确定。临时定额常常一次性地使用于某个装饰工程。

2.1.3 定额管理的发展

今后，建筑装饰工程预算或投标报价使用定额有两个方面的发展趋势：一是国家颁发的建筑装饰工程消耗量定额起指导性作用，各企业可以完全按定额执行，也可以根据自身的情况和工程的情况调整执行；二是各建筑装饰施工企业自己制定建筑装饰工程消耗量定额，编制预算和投标报价时，根据企业定额的消耗量来确定建筑装饰工程造价。

上述发展趋势是建筑装饰工程计价中推行工程量清单计价方法的必然结果。

2.1.4　建筑装饰工程预算定额的作用与特性

定额是企业实行科学管理的基础和必备条件，没有定额就谈不上科学管理。

1. 预算定额的作用

（1）预算定额是施工管理的重要基础

建筑装饰施工企业为了组织和管理施工生产活动，必须编制施工进度计划、装饰材料需用量计划等，而这些计划的编制又要依据预算定额来计算人工、材料、机械台班的需用量。因此，建筑装饰工程预算定额是施工企业管理的基础。

（2）预算定额是提高劳动生产率水平的重要手段

施工企业要提高劳动生产率，除了要采用先进的生产设备外，还要认真贯彻执行定额，把企业提高劳动生产率的任务具体落实到每个职工身上，促使他们采用新工艺、新技术、新方法来改进操作过程，改善劳动组织，减小劳动强度。用较少的劳动量，生产出更多的产品，从而提高劳动生产率。

（3）预算定额是评价设计方案经济合理的标准

使用定额和各项指标对一个工程的若干个装饰设计方案进行技术经济分析，能较准确地评价各方案的经济合理性，从中选择较合理的方案。因此，定额是衡量设计方案经济合理性的标准。

（4）预算定额是推行承包制的重要依据

在签订投资包干协议、计算标底和标价、签订承包合同以及企业内部实行承包制时，都应以定额为主要依据。

（5）预算定额是科学组织施工和管理施工的有效工具

建筑装饰工程施工是由多个工种、多个小组组成的有机整体进行生产活动的，在安排各小组、各工种的施工计划时，无论是计算或平衡资源需求量、组织材料供应、合理配置施工机具、调配劳动力，还是考核工料消耗量、计算和分配劳动报酬，都要以定额为依据。因此，定额是组织和管理施工生产的有效工具。

（6）预算定额是企业实行经济核算的重要基础

施工企业根据预算定额算出的各种消耗量同在施工生产中实际消耗的人工、材料、机械台班量进行对比分析（即成本分析），就可以肯定成绩，找出差距，提出降低成本的措施，不断降低各种消耗量，提高企业的经济效益。

2. 定额的特性

在目前社会主义市场经济条件下，定额具有以下三个方面的特性。

（1）科学性

定额的科学性是指，定额的编制过程采用了一套在认真研究施工生产过程客观规律的基础上，通过现场的观察、测定和总结实践经验及广泛收集资料的基础上制定的程序。

在定额制定过程中，对工时分析、动作研究、现场布置、工具设备改造，以及生产技术与组织的合理配合等方面，进行了科学的综合研究。用上述方法制定出的定额客观地反映了一定时期本行业的生产力水平，因而具有科学性。

（2）指导性

在市场经济条件下，定额已不具有法令性，定额的特性要体现市场经济的特点。定额应该是社会认可的、具有指导意义的、具有权威性的控制量。业主和承包商可以在一定范围内根据具体情况适当调整控制量，在定额的指导下，根据市场供求情况，合理确定工程造价。这种具有指导性的定额，更加符合市场经济条件下建筑装饰产品的生产规律。

（3）实践性

定额的实践性是指定额的制定和执行都具有广泛的群众基础。因为定额的水平高低主要取决于建筑装饰工人所创造的劳动生产力水平的高低。其次，工人直接参加定额的测定工作，广大群众的积极参与，有利于制定较容易使用和推广的定额。最后，定额的执行要依靠广大职工的施工生产实践活动才能完成。

2.2　建筑装饰工程预算定额编制方法

2.2.1　预算定额的编制原则

为了使定额具有科学性、指导性、实践性，为了保证定额的编制质量，在预算定额的编制过程中应该贯彻以下原则。

1. 平均水平原则

按其商品生产基本经济规律——价值规律的要求，商品的价值由生产该商品的社会必要劳动量来确定。

我们知道，建筑装饰产品价格的主要部分由预算定额来确定，因此预算定额的编制必须符合上述规律，即在正常施工条件下，以平均的劳动强度、平均的技术熟练程度，在平均的技术装备条件下，完成单位合格产品所需的劳动消耗量，就是预算定额的消耗量水平。这种以社会必要劳动量来确定的定额水平就是通常所说的预算定额的平均水平。因而，在定额编制过程中要贯彻平均水平原则。

应该明确，定额消耗量与定额水平成反比。

2. 简明适用原则

定额的简明性和适用性是统一体中的两个方面。

简明性是指简单明了，使用方便。适用性是指能满足各方面需求，项目越明细越好。如果只强调简明性，适用性就差；如果只强调适用性，简明性就差。因此，为了合理解决好这一对矛盾，预算定额应该坚持在适用的基础上力求简单明了的原则。

定额的简明适用原则主要体现在以下几个方面：

1）为了满足各方面使用的需要（如编制标底或标价、签订合同价、办理工程结算、编制各种计划、进行工程成本核算等），不但要求项目齐全，而且还要考虑补充有关新结构、新工艺的项目。另外，还要注意每个定额子目的内容划分要恰当。例如，300mm×300mm 方格网轻钢龙骨吊顶，要分为上人型与不上人型两种。因为这两者之间的材料消耗量和人工消耗量都有较大的差别。所以，要把上述内容划分为两个定额子目。

2）明确预算定额计量单位时，要考虑简化工程量计算的问题。例如，装配式 T 形铝合金天棚龙骨的定额计量单位采用 m² 要比用 m 或 kg 更简便。

3）预算定额中的各种说明要简明扼要，通俗易懂。

2.2.2　预算定额的编制依据

编制预算定额的主要依据包括以下三类。

1. 定额、规范类

1）现行的劳动定额、材料消耗定额和企业定额等。

2）现行的设计规范、施工验收规范、质量评定标准和安全操作规程、建设工程工程量清单计价规范等。

2. 图纸、资料类

1）已选定的建筑装饰工程施工图和通用标准图。

2）成熟推广的新工艺、新技术、新材料、新结构。

3）施工现场测定资料、实验资料和统计资料。

3. 价格类

1）人工工日单价。

2）建筑装饰材料单价。

3）机械台班单价。

2.2.3　预算定额的编制步骤

预算定额的编制大致分为三个阶段进行，即准备工作阶段、编制初稿阶段和审核定稿及报批阶段。

1. 准备工作阶段

1）根据国家或授权机关关于编制预算定额的指示，由定额主管部门主持，组织编制预算定额的领导小组和各专业小组。

2）拟定编制预算定额的工作方案，提出编制预算定额的基本要求，确定预算定额的编制原则、水平要求、适用范围、项目划分以及预算定额表格形式等。

3）调查研究，收集各种编制依据和资料。广泛收集编制预算定额所需的各项统计资料。邀请各建设单位、设计单位、施工单位等有关部门中有经验的专业人员开座谈会，有目的地收集一些代表性意见，供编制定额人员参考。收集现行的施工及验收规范、安全操作规程、标准设计图和当前推广的新工艺、新材料等资料。收集定额管理部门积累的有关定额解释、补充定额等资料。

4）取得编制预算定额的基础资料。通过实验和现场观察分析，编制砂浆、混凝土、配合比表、建筑装饰材料损耗率表等基础资料。

2．编制初稿阶段

1）确定编制预算定额的实施细则，包括确定编制预算定额使用的表格及编制方法；统一计算口径、计量单位和小数点保留位数的要求；统一预算定额中名称、措词、专用术语，简化字要规范，语言表达要简练；确定预算定额各分部的工日单价、材料单价和机械台班单价。

2）对调查和收集到的资料进行深入细致的分析研究，整理出可用的数据。

3）按编制方案中项目划分的规定和所选定的典型工程施工图，计算工程量，并根据加权平均的各项工程量取定消耗量指标，计算预算定额单位分项工程的人工、材料和机械台班消耗量，编制出预算定额项目表。

4）测算定额水平。预算定额编制出征求意见的初稿后，应将新编定额与原定额进行比较，测算新定额的水平，并分析定额水平提高或降低的原因。

测算新编定额的水平，一般采用以下三种方法：

第一种，对新旧定额的主要项目逐项对比分析，测算新定额提高或降低的程度。

第二种，通过编制建筑装饰工程施工图预算来测定水平。即采用同一套建筑装饰工程施工图，用新、旧定额分别算出工程造价后进行对比分析，从而达到测算新定额水平的目的。

第三种，用新定额分析出的某建筑装饰工程的用工、用料、使用机械台班数量，与施工现场实际耗用工、料、机数量进行比较，分析新定额所达到的水平。

新定额水平测算的结果过高或过低时，均要对定额进行调整，直到符合要求为止。

3．审核定稿及报批阶段

定额的审核工作是编制预算定额的重要环节。审稿工作应由经验丰富、责任心强、多年从事定额管理工作的专业技术人员来承担。

审稿工作的主要内容包括：文字是否通顺和简明易懂；前后内容是否连贯；各种数据是否准确无误。经过审核的定额初稿，连同定额编制说明和送审报告，报送主管机关审批。

2.2.4　建筑装饰工程预算定额编制方法

建筑装饰工程预算定额编制的最终目标是确定每个单位分项工程的人工、材料、机械台班消耗的数量标准。而实现这一目标，要通过确定计量单位、选定典型工程施工图、计算工程量、确定实物消耗量指标、确定人工消耗量指标和机械台班消耗量指标来完成。

1. 确定定额计量单位

预算定额子目计量单位的选择与定额的准确性、简明适用性及预算定额编制工作的繁简程度有着密切的关系。

在确定计量单位时，首先应当考虑采用该单位是否确切反映建筑装饰产品的工、料、机消耗量，保证定额的准确性。其次，要贯彻简明适用原则，要有利于合理减少定额子目数量，提高定额的综合性。最后，要有利于简化工程量计算过程和整个预算的编制工作，保证预算编制的准确性和及时性。

由于各分项工程实物的形体（状）不同，所以定额的计量单位应根据上述原则和要求，按照分项工程的形体（状）特征和变化规律来确定。

凡物体的长、宽、高三个度量都要变化时，应采用 m³ 为计量单位，例如土方、砖石、混凝土等分部工程中的大部分项目。

当物体有固定的厚度，而长和宽两个度量所决定的面积不固定时，宜采用 m² 为计量单位，例如地面装饰、墙柱面装饰、天棚装饰等分部工程中的大多数项目。

若物体断截面形状大小固定，但长度不固定时，应当以 m 为计量单位，例如栏杆扶手、装饰线、窗帘盒等分项工程项目。

有的分部分项工程的体积、面积相同，但重量和价格差异很大，应当以重量单位"kg"或"t"为单位计算，例如广告牌钢骨架等项目。有的分项工程还可以按"个"、"副"等自然计量单位计算。例如，美术字按"个"计算；不锈钢毛巾杆按"副"计算等。

2. 确定分项工程实物消耗量

选定具有代表性的装饰工程施工图，计算出各典型工程装饰工程量，用加权平均的方法确定建筑物内地面装饰、天棚装饰、墙面装饰等的面积大小，再以该面积为基础计算实物消耗量。

应该指出，当装饰整块的面积较大时，其单位装饰面积的工料消耗要比装饰面积小的消耗量少。所以，只有通过典型工程（各种具有代表性的类型的建筑装饰工程）测算取定的装饰工程工料消耗量才具有代表性，才能较客观地反映建筑装饰工程的实际情况。

下面通过四个典型工程的花岗岩楼地面装饰项目来说明加权平均工程量的计算方法。

（1）加权平均单个房间的花岗岩楼地面面积

【例 2.1】　根据表 2.1 数据计算加权平均单个房间的花岗岩楼地面面积。

表 2.1　加权平均单间面积数据

典型工程	花岗岩楼地面装饰面积/m²	房间数量/间	本类工程占建筑装饰工程百分比
A 类工程	1875	75	10
B 类工程	1085	87	35
C 类工程	2577	96	50
D 类工程	4104	4	5

【解】

$$\begin{aligned}典型工程花岗岩楼地面\\加权平均单间面积\end{aligned} = (1875 \div 75) \times 10\% + (1085 \div 87) \times 35\%$$

$$+ (2577 \div 96) \times 50\% + (4104 \div 4) \times 5\%$$

$$= 71.59 \text{m}^2 / \text{间}$$

(2) 花岗岩楼地面块料用量、结合层砂浆用量计算

计算公式为

$$\begin{aligned}每 100\text{m}^2 \ 块料\\面层用量\end{aligned} = \frac{100}{(块料长 + 灰缝宽) \times (块料宽 + 灰缝宽)} \times (1 + 损耗率)$$

$$\begin{aligned}每 100\text{m}^2 \ 结合层\\砂浆用量\end{aligned} = 100\text{m}^2 \times 结合层厚 \times (1 + 损耗率)$$

$$\begin{aligned}每 100\text{m}^2 \ 块料面层的\\灰缝砂浆用量\end{aligned} = [100 - (块料长 \times 块料宽 \times 100\text{m}^2 \ 块料净用量)]$$

$$\times 灰缝深 \times (1 + 损耗率)$$

【例 2.2】　根据下列数据计算每 100m² 花岗岩楼地面的材料消耗量。

花岗岩块料尺寸：500mm×500mm×20mm，损耗率 2.5%。

花岗岩块料灰缝尺寸：宽 1mm，深 20mm，损耗率 8%。

水泥砂浆结合层：厚 15mm，损耗率 8%。

【解】

$$\begin{aligned}花岗岩块料用量 &= \frac{100}{(0.50 + 0.001) \times (0.50 + 0.001)} \times (1 + 2.5\%)\\
&= \frac{100}{0.251\ 001} \times 1.025\\
&= 398.40 \times 1.025\\
&= 408.36 \ 块 / (100\text{m}^2)\end{aligned}$$

$$\begin{aligned}灰缝砂浆用量 &= [100 - (0.50 \times 0.50 \times 398.40)] \times 0.02 \times (1 + 8\%)\\
&= 0.40 \times 0.02 \times 1.08\\
&= 0.009 \text{m}^3 / (100\text{m}^2)\end{aligned}$$

$$\begin{aligned}结合层砂浆用量 &= 100 \times 0.015 \times (1 + 8\%)\\
&= 1.62 \text{m}^3 / (100\text{m}^2)\end{aligned}$$

(3) 花岗岩楼地面面层块料及砂浆定额用量计算

装饰工程预算定额中楼地面装饰工程的计算规则规定：楼地面装饰面积按饰面的净面积计算，不扣除 0.1m² 以内的孔洞所占面积。

根据上述规定和例 2.2 中的数据，需要调整楼地面房间的净面积后才能确定材料消耗量。

计算公式为

$$\begin{pmatrix} 每\,100m^2\,花岗岩楼地面 \\ 面层块料定额用量 \end{pmatrix} = \left(\begin{array}{c} 典型工程加权 \\ 平均单间面积 \end{array} + 调整面积 \right) \div \begin{array}{c} 典型工程加权 \\ 平均单间面积 \end{array}$$
$$\times\;每\,100m^2\,块料用量$$

$$\begin{pmatrix} 每\,100m^2\,花岗岩 \\ 块料石层定额砂浆用量 \end{pmatrix} = \left(\begin{array}{c} 典型工程加权 \\ 平均单间面积 \end{array} + 调整面积 \right) \div \begin{array}{c} 典型工程加权 \\ 平均单间面积 \end{array}$$
$$\times\;每\,100m^2\,的灰缝、结合层砂浆耗用量$$

$$调整面积 = \sum \left(\frac{增加面积 - 减少面积}{房间数量} \times \begin{array}{c} 占装饰工程 \\ 百分比 \end{array} \right)$$

【例 2.3】　根据表 2.2 资料和例 2.1、例 2.2 计算结果，确定每 100m² 花岗岩楼地面的定额材料消耗量。

表 2.2　定额材料消耗量数据

工程名称	0.1m² 内孔洞减少面积/m²	房间数/间	占装饰工程百分比
A 类工程	2.46	75	10
B 类工程	1.87	87	35
C 类工程	1.12	96	50
D 类工程	1.33	4	5

【解】　花岗岩楼地面调整面积 $= \dfrac{0-2.46}{75} \times 10\% + \dfrac{0-1.87}{87} \times 35\%$

$$-\frac{0-1.12}{96} \times 50\% + \frac{0-1.33}{4} \times 5\%$$

$$= -0.033m^2/间$$

花岗岩块料定额用量 $= (71.59 - 0.033) \div 71.59 \times 408.36$

$$= 408.17\;块/(100m^2)$$

或

花岗岩块料定额用量 $=$ 每 100m² 块料耗用量 × 每块面积

$$= 408.17 \times 0.50 \times 0.50$$

$$= 102m^2/(100m^2)$$

$$\begin{array}{c} 灰缝、结合层 \\ 砂浆定额用量 \end{array} = (71.59 - 0.033) \div 71.59 \times (0.009 + 1.62)$$

$$= 1.63m^3/(100m^2)$$

3. 确定分项工程人工消耗量

预算定额的用工是指完成该分项工程必须耗用的各种用工，包括基本用工、材料超运距用工、辅助用工和人工幅度差。

（1）基本用工

基本用工是指完成该分项工程的主要用工，如花岗岩楼地面项目中铺设花岗岩板、调制砂浆、运花岗岩板及砂浆的用工等。

查某劳动定额，花岗岩楼地面项目的基本用工见表 2.3。

表 2.3　基本用工

工作内容	用工数量
铺设花岗岩板（含调制砂浆及 50m 内材料运输）	2.178 工日/（10m²）

（2）材料超运距用工

预算定额中的材料、半成品的平均运距要比劳动定额的平均运距长。因而，在编制预算定额时，要计算材料、半成品超运距用工。

材料、半成品超运距计算见表 2.4。

表 2.4　贴花岗岩楼地面的材料、半成品超运距计算

材料名称	预算定额确定的运距/m	劳动定额确定的运距/m	超运距/m
砂子	80	50	30
花岗岩板	120	50	70
砂浆	130	50	80

查某劳动定额，花岗岩楼地面材料、半成品超运距增加用工见表 2.5。

每 10m² 花岗岩楼地面的砂子用量为 0.171m³，根据表 2.4 算出的超运距和表 2.5 的超运距用工，计算出每 100m² 花岗岩楼地面材料、半成品的超运距用工。

表 2.5　花岗岩楼地面材料、半成品超运距增加用工

材料名称	单位	每超运 20m 的时间定额/工日
砂子	m³	0.017
花岗岩板	10m²	0.014
砂浆	10m³	0.006

砂子：　　　0.171m³/10m²×0.017 工日/m³×2 个步距×10

　　　　　＝0.058 工日/（100m²）

花岗岩板：　0.014 工日/10m²×4 个步距×10

　　　　　＝0.56 工日/（100m²）

砂浆：　　　0.006 工日/10m³×4 个步距×10

　　　　　＝0.24 工日/（100m²）

小计：　　　0.858 工日/（100m²）

（3）辅助用工

辅助用工是指施工现场发生的加工材料的用工，如筛砂子的用工等。

查某劳动定额，每 100m² 花岗岩楼地面所用砂子的筛砂子用工计算如下：

筛砂子：　　　　　 1.71m³/（100m²）×0.21 工日/m³

　　　　　　　　　　 =0.359 工日/（100m²）

（4）人工幅度差

人工幅度差是指某项装饰工程在正常施工条件下，劳动定额没有计算到的用工因素的增加工日和定额水平差的工日数，例如各工种交叉作业配合工作的停歇时间，工程质量检查和工程隐蔽、验收等所占用的时间。预算定额与劳动定额之间的人工幅度差系数一般取定为 10%。

计算公式为

　　　　　人工幅度差=（基本用工+超运距用工+辅助用工）×10%

【例 2.4】　 计算 100m² 花岗岩楼地面的人工幅度差。

【解】　 花岗岩楼地面人工幅度差=（2.178×10+0.858+0.359）×10%

　　　　　　　　　　　　　　　=22.997×10%

　　　　　　　　　　　　　　　=2.30 工日/（100m²）

（5）计算 100m² 花岗岩楼地面的预算定额用工

【例 2.5】　 计算 100m² 花岗岩楼地面的预算定额用工。

【解】　 花岗岩楼地面预算定额用工=（基本用工+超运距用工+辅助用工）×（1+

　　　　　　　　　　　　　　　人工幅度差系数）

　　　　　　　　　　　　　　=（21.78+0.858+0.359）×（1+10%）

　　　　　　　　　　　　　　=22.997×1.10

　　　　　　　　　　　　　　=25.30 工日/（100m²）

4. 确定分项工程机械台班消耗量

预算定额的施工机械台班消耗量指标的计量单位是台班。一台机械工作 8 小时为 1 个台班。

在预算定额中，以使用机械为主的项目（如机械打桩、空心板吊装等），其工人组织和台班产量应按劳动定额中的机械施工项目综合而成。此外，还要计算机械幅度差。

贴砖、吊顶等预算定额项目中的施工机械是配合工人班组工作的。所以，应按工人小组来配置砂浆搅拌机、石料切割机并计算台班使用量，不能按施工机械本身的产量来计算。配合工人小组施工的机械不增加机械幅度差。

计算公式为

$$预算定额项目机械台班使用量 = \frac{分项工程计量单位}{小组总产量}$$

【例 2.6】　 根据下列资料计算花岗岩楼地面机械台班使用量。

产量定额，3.953 m²/工日；

小组人数，12 人/组；

砂浆搅拌机为 4 个小组共用一台；

石料切割机每个小组一台。

【解】
$$砂浆搅拌机 = \frac{100}{3.953 \times 12 \times 4} = 0.527 \ 台班/(100m^2)$$

$$石料切割机 = \frac{100}{3.953 \times 12} = 2.108 \ 台班/(100m^2)$$

综上所述，花岗岩楼地面项目的定额用量计算过程可以通过表 2.6 来表达。

表 2.6　花岗岩楼地面预算定额项目人工、材料、机械台班消耗量计算

（定额单位：100m²）

项目		计算式	单位	数量
人工		（基本用工＋超运距用工＋辅助用工）×（1＋人工幅度差系数） ＝(21.78＋0.858＋0.359)×(1＋10%) ＝22.997×1.10 ＝25.30 工日/(100m²)	工日	25.30
主要材料	花岗岩板材	（典型工程加权平均单间面积＋调整面积）÷典型工程加权平均单间面积×每 100m² 每块用量×每块面积 ＝(71.59－0.033)÷71.59×408.36×0.50×0.50 ＝102m²/(100m²)	m²	102
	砂浆用量	（典型工程加权平均单间面积＋调整面积）÷典型工程加权平均单间面积×每 100m² 结合层、灰缝砂浆用量 ＝(71.59－0.033)÷71.59×(0.009＋1.62) ＝1.63 (m/100m²)	m³	1.63
机械台班		机械台班使用量＝$\dfrac{100m^2}{小组总产量}$		
	砂浆搅拌机	$\dfrac{100m^2}{3.953 \times 12 \times 4} = 0.527$ 台班/(100m²)	台班	0.527
	石料切割机	$\dfrac{100m^2}{3.953 \times 12} = 2.108$ 台班/(100m²)	台班	2.108

2.3　建筑装饰工程预算定额材料消耗量的确定

2.3.1　砌块墙材料用量计算

1. 计算公式

$$每 \ m^3 \ 砌块墙砌块用量 = \frac{1}{墙厚 \times (砌块长＋灰缝) \times (砌块厚＋灰缝)}$$
$$\times \frac{墙厚－灰缝}{砌块宽} \times (1＋损耗率)$$

$$砂浆用量 = (1－砌块净用量 \times 砌块体积) \times (1＋损耗率)$$

2. 计算实例

【例 2.7】　计算尺寸为 390mm×190mm×190mm，墙厚 190mm 的硅酸盐砌块墙

的砌块和砂浆的定额用量（灰缝 10mm，砌块损耗率 1.5%，砂浆损耗率 1.5%）。

【解】 砌块用量 $=\dfrac{1}{0.19\times(0.39+0.01)\times(0.19+0.01)}\times\dfrac{0.19}{0.19}\times(1+1.5\%)$

$=65.79\times1.015$

$=66.77$ 块$/m^3$

砂浆用量 $=(1-65.79\times0.19\times0.19\times0.39)\times(1+1.5\%)$

$=0.0737\times1.015$

$=0.075m^3/m^3$

2.3.2 装饰用块料用量计算

1. 铝合金装饰板

（1）计算公式

$$每100m^2铝合金装饰板用量=\dfrac{100}{块长\times块宽}\times(1+损耗率)$$

（2）计算实例

【例 2.8】 计算用 800mm×600mm 规格的铝合金压型装饰板装饰 100m² 天棚的定额用量（损耗率 1%）。

【解】 每100m² 铝合金装饰板用量 $=\dfrac{100}{0.80\times0.60}\times(1+1\%)$

$=208.33\times1.01$

$=210.41$ 块$/(100m^2)$

2. 石膏装饰板

（1）计算公式

$$每100m^2石膏装饰板用量=\dfrac{100}{(块长+拼缝)\times(块宽+拼缝)}\times(1+损耗率)$$

（2）计算实例

【例 2.9】 规格为 500mm×500mm 的石膏装饰板，拼缝为 2mm，损耗率为 1%，计算 100m² 的定额需用量。

【解】 每100m² 石膏装饰板用量 $=\dfrac{100}{(0.50+0.002)\times(0.50+0.002)}\times(1+1\%)$

$=396.82\times1.01$

$=400.79$ 块$/(100m^2)$

3. 釉面砖

（1）计算公式

$$每100m^2釉面砖用量=\dfrac{100}{(块长+缝宽)\times(块宽+缝宽)}\times(1+损耗率)$$

（2）计算实例

【例 2.10】　釉面砖规格为 200mm×150mm，缝宽 1mm，损耗率 1%，求 100m² 的定额需用量。

【解】
$$\text{每100m}^2\text{釉面砖需用量}=\frac{100}{(0.20+0.001)\times(0.15+0.001)}\times(1+1\%)$$
$$=3294.78\times1.01$$
$$=3327.73\text{块}/(100\text{m}^2)$$

2.3.3　砂浆配合比用量计算

1. *各种砂浆按体积比计算公式*

$$\text{砂子用量（m}^3\text{）}=\frac{\text{砂子比例数}}{\text{配合比总比例数}-\text{砂子比例数}\times\text{砂子空隙率}}$$

$$\text{水泥用量（kg）}=\frac{\text{水泥比例数}\times\text{水泥堆积密度}}{\text{砂子比例数}}\times\text{砂子用量}$$

$$\text{石灰膏用量（m}^3\text{）}=\frac{\text{石灰膏比例数}}{\text{砂子比例数}}\times\text{砂子用量}$$

其中，砂子密度取定为 2.65kg，堆积密度取定为 1.59，空隙率取定为 46%；水泥密度取定为 3.10，堆积密度取定为 1.30；每立方米石灰膏用生石灰取定为 600kg；每立方米粉化灰用生石灰取定为 501kg；白石子密度取定为 2.70，堆积密度取定为 1.50，空隙率取定为 44%。

2. *水泥砂浆配合比用量计算*

根据 1 进行计算。

【例 2.11】　计算 1∶2 水泥砂浆的水泥和砂子用量，水泥堆积密度为 1300kg/m³，砂子空隙率为 46%。

【解】
$$\text{砂子用量}=\frac{2}{(1+2)-2\times46\%}=0.96\text{m}^3/\text{m}^3$$

$$\text{水泥用量}=\frac{1\times1300}{2}\times0.96=650\times0.96=624\text{kg}/\text{m}^3$$

3. *混合砂浆配合比用量计算*

根据 1 进行计算。

【例 2.12】　计算 1∶0.3∶3 水泥石灰砂浆的材料用量，水泥堆积密度 1300kg/m³，砂子空隙率为 46%，每立方米石灰膏用生石灰 600kg。

【解】
$$\text{砂子用量}=\frac{3}{(1+0.3+3)-3\times46\%}=1.03\text{m}^3/\text{m}^3$$

$$\text{水泥用量}=\frac{1\times1300}{3}\times1.03=446.3\text{kg}/\text{m}^3$$

$$石灰膏用量 = \frac{0.30}{3} \times 1.03 = 0.103 \text{m}^3/\text{m}^3$$

$$\begin{matrix}石灰膏换算\\为生石灰\end{matrix} = 0.103 \times 600 = 61.8 \text{kg/m}^3$$

4. 白石子水泥浆配合比用量计算

根据 1 进行计算。

【例 2.13】　计算 1∶2.5 水泥白石子浆的材料用量，水泥堆积密度 1300kg/m³，白石子堆积密度 1500kg/m³，空隙率 44%。

【解】　$白石子用量 = \dfrac{2.5}{(1+2.5)-2.5\times44\%} = \dfrac{2.5}{2.4} = 1.042 \text{m}^3/\text{m}^3$

$\begin{matrix}白石子体积\\换算为重量\end{matrix} = 1.042 \times 1500 = 1563 \text{kg/m}^3$

$水泥用量 = \dfrac{1 \times 1300}{2.5} \times 1.042 = 541.8 \text{kg/m}^3$

2.3.4　水泥浆配合比用量计算

1. 计算公式

用水量按水泥的 34% 计算，即 $m_w = 0.34m_c$。1m³ 水泥浆中水泥净体积与水的净体积之和应为 1m³ 水泥浆，则有

$$\frac{m_c}{\rho_c} + \frac{m_w}{\rho_w} = 1$$

式中，m_c 为 1m³ 水泥浆中水泥用量（kg）；m_w 为 1m³ 水泥浆中水用量，$m_w = 0.34m_c$（kg）；ρ_c 为水泥的密度（kg/m³）；ρ_w 为水的密度（kg/m³）。

2. 计算实例

【例 2.14】　计算 1m³ 纯白水泥浆材料用量。水泥密度为 3100kg/m³，堆积密度为 1300kg/m³，用水量按水泥的 34% 计算，水密度为 1000kg/m³。

【解】　根据公式

$$\frac{m_c}{\rho_c} + \frac{m_w}{\rho_w} = 1$$

因用水量按水泥的 34% 计算，即 $m_w = 0.34m_c$，代入已知数据可得

$$\frac{m_c}{3100} + \frac{0.34m_c}{1000} = 1$$

解方程可得 $m_c = 1509$kg，则 $m_w = 0.34m_c = 0.34 \times 1509 = 513$kg。

可计算出水泥在混合前的体积 $V'_{c0} = \dfrac{m_c}{\rho_{c0}} = \dfrac{1509}{1300} = 1.161 \text{m}^3$。

水混合前后的体积相等，为 $V_w = \dfrac{m_w}{\rho_w} = \dfrac{513}{1000} = 0.513 \text{m}^3$。

2.3.5　石膏灰浆配合比用量计算

1. 计算公式

用水量按石膏灰的 80% 计算。

$$\frac{m_D}{\rho_D} + \frac{m_w}{\rho_w} + V_p = 1$$

式中，m_D 为 1m³ 石膏灰浆中石膏灰等材料用量（kg）；m_w 为 1m³ 石膏灰浆中水用量，$m_w = 0.34m_c$（kg）；ρ_D 为石膏灰的密度（kg/m³）；ρ_w 为水的密度（kg/m³）。

2. 计算实例

【例 2.15】　计算 1m³ 石膏灰浆的材料用量。石膏灰堆积密度为 1000kg/m³，密度为 2750kg/m³，每立方米灰浆加入纸筋 26kg，折合体积 0.0286m³。

【解】　根据公式

$$\frac{m_D}{\rho_D} + \frac{m_w}{\rho_w} = 1$$

因用水量按石膏灰等的 80% 计算，即 $m_w = 0.80m_D$，代入已知数据可得

$$\frac{m_D}{2750} + \frac{0.80m_D}{1000} = 1$$

解方程可得 $m_D = 859$kg，则 $m_w = 0.80m_D = 0.80 \times 835 = 687$kg。

可计算出石膏灰等在混合前的体积 $V'_{D0} = \frac{m_D}{\rho_{D0}} = \frac{859}{1000} = 0.859$m³。

石膏灰的体积为：$V = V'_{D0} - 0.0286 = 0.859 - 0.0286 = 0.8304$m³。

石膏灰的质量为：$m = \rho \cdot V = 1000 \times 0.8304 = 830.4$kg。

水混合前后的体积相等，为 $V_w = \frac{m_w}{\rho_w} = \frac{687}{1000} = 0.687$m³。

2.3.6　抹灰面干粘石配合比用量计算

1. 计算公式

每 100m² 抹灰面干粘石用量＝［石子堆积密度×（1－空隙率）
　　　　　　　　　　　　×石子粒径×100m²］×（1＋损耗率）

2. 计算实例

【例 2.16】　计算 100m² 干粘石墙面的白石子用量，白石子堆积密度 1500kg/m³，粘在墙上的空隙率按 20% 计算，石子粒径为 5mm；损耗率 4%。

【解】　白石子用量＝1500×（1－20%）×0.005×100×（1＋4%）
　　　　　　　　　＝600×1.04＝624kg/（100m²）

2.4　建筑装饰工程人工单价、材料单价、机械台班单价的确定

2.4.1　人工单价的确定

人工单价亦称工日单价，传统的人工单价是指预算定额确定的用工单价，一般包括基本工资、工资性津贴和相关的保险费等。

传统的基本工资是根据工资标准计算的。现阶段企业的工资标准大多由企业自己制定。为了从理论上了解基本工资的确定原理，就需要了解原工资标准的计算方法。

1. 传统的人工单价计算

（1）工资标准的确定

研究工资标准的主要目的是为了计算非整数等级的基本工资。

1）工资标准的概念。工资标准是指国家规定的工人在单位时间内（日或月）按照不同的工资等级所取得的工资数额。

2）工资等级。工资等级是按国家有关规定或企业有关规定，按劳动者的技术水平、熟练程度和工作责任大小等因素所划分的工资级别。

3）工资等级系数。工资等级系数也称工资级差系数，是某一等级的工资标准与 1 级工工资标准的比值。例如，国家原规定的建筑工人的工资等级系数 K_n 的计算公式为

$$K_n = (1.187)^{n-1}$$

式中，n 为工资等级；K_n 为 n 级工资等级系数；1.187 为工资等级系数的公比。

4）工资标准计算方法。月工资标准计算公式为

$$F_n = F_1 \times K_n$$

式中，F_n 为 n 级工工资标准；F_1 为 1 级工工资标准；K_n 为 n 级工工资等级系数。

国家原规定的建筑工人工资标准及工资等级系数见表 2.7。

表 2.7　建筑工人工资标准

工资等级 n	1	2	3	4	5	6	7
工资等级系数 K_n	1.00	1.187	1.409	1.672	1.985	2.358	2.800
级差/%	—	18.7	18.7	18.7	18.7	18.7	18.7
月工资标准 F_n	33.60	39.95	47.43	56.28	66.82	79.37	94.25

【例 2.17】　根据计算公式求 4 级工的工资等级系数。

【解】　　　　　　　　　$K_4 = (1.187)^{4-1} = 1.672$

【例 2.18】　根据计算公式求 4.6 级工的工资等级系数。

【解】　　　　　　　　　$K_{4.6} = (1.187)^{4.6-1} = 1.854$

【例 2.19】　已知某地区 1 级工月工资标准为 33.66 元，3 级工的工资等级系数为 1.409，求 3 级工的月工资标准。

【解】 $\qquad F_3 = 33.66 \times 1.409 = 47.43$ 元/月

【例 2.20】 已知某地区 1 级工的月工资标准为 33.66 元，求 4.8 级工的月工资标准。

【解】 1）工资等级系数

$$K_{4.8} = (1.187)^{4.8-1} = 1.918$$

2）求月工资标准

$$F_{4.8} = 33.66 \times 1.918 = 64.56 \text{ 元 / 月}$$

（2）人工单价计算

预算定额的人工单价包括综合平均工资等级的基本工资、工资性津贴、失业保险和医疗保险等费用。

1）综合平均工资等级系数和工资标准计算。计算工人小组的平均工资或平均工资等级系数，应采用综合平均工资等级系数的计算方法，公式为

$$\text{小组成员综合平均} \atop \text{工资等级系数} = \frac{\sum\limits_{i=1}^{n}(\text{某工资等级系数} \times \text{同等级工人数})_i}{\text{小组成员总人数}}$$

【例 2.21】 某抹灰工小组由 10 人组成，各等级的工人及工资等级系数如下，求综合平均工资等级系数和工资标准（已知 $F_1 = 33.66$ 元/月）。

2 级工：　1 人　工资等级系数 1.187
3 级工：　2 人　工资等级系数 1.409
4 级工：　2 人　工资等级系数 1.672
5 级工：　3 人　工资等级系数 1.985
6 级工：　1 人　工资等级系数 2.358
7 级工：　1 人　工资等级系数 2.800

【解】 ① 求综合平均工资等级系数。

抹灰工小组综合平均工资等级系数

$$= \frac{1.187 \times 1 + 1.409 \times 2 + 1.672 \times 2 + 1.985 \times 3 + 2.358 \times 1 + 2.800 \times 1}{1 + 2 + 2 + 3 + 1 + 1}$$

$$= \frac{18.462}{10} = 1.8462$$

② 求综合平均工资标准。

抹灰工小组综合平均工资标准 $= 33.66 \times 1.8462 = 62.14$ 元 / 月

2）人工单价计算方法。预算定额人工单价计算公式为

$$\text{人工单价} = \frac{\text{基本工资} + \text{工资性津贴} + \text{保险费}}{\text{月平均工作天数}}$$

$$\text{月平均工作天数} = \frac{365 - 52 \times 2 - 10}{12 \text{ 个月}} = 20.92 \text{ 天}$$

式中，基本工资指按规定计算的月工资标准；工资性津贴包括流动施工津贴、交通费补贴、附加工资等；保险费包括医疗保险、失业保险等。

【例 2.22】 已知抹灰工人小组目前执行的综合平均月工资标准为 291 元/月，月

工资性补贴为 180 元/月，月保险费为 52 元/月，求人工单价。

【解】
$$人工单价 = \frac{291 + 180 + 52}{20.92} = \frac{523}{20.92} = 25 \text{ 元/工日}$$

（3）预算定额基价的人工费计算

计算公式为

$$预算定额基价人工费 = 定额用工数量 \times 人工单价$$

【例 2.23】 某建筑装饰工程预算定额外墙贴面砖每 100m^2 的综合用工为 61.65 工日，每个工日单价为 25 元，求该项目基价中的人工费。

【解】 每 100m^2 外墙面砖的定额人工费 $= 61.65 \times 25 = 1541.25$ 元/（100m^2）

2. 现阶段的人工单价计算

（1）人工单价的内容

现行的人工单价一般包括基本工资、工资性津贴、养老保险费、失业保险费、医疗保险费、住房公积金等。

基本工资是指完成基本工作内容所得的劳动报酬。

工资性津贴是指流动施工津贴、交通补贴、物价补贴、煤（燃）气补贴等。

养老保险费、失业保险费、医疗保险费、住房公积金分别指工人在工作期间交养老保险、失业保险、医疗保险、住房公积金所发生的费用。

（2）人工单价的编制方法

人工单价的编制方法主要有三种。

1）根据劳务市场行情确定人工单价。目前，根据劳务市场行情确定人工单价已经成为计算工程劳务费的主流，采用这种方法确定人工单价应注意以下几个方面的问题：

一是要尽可能掌握劳动力市场价格中长期历史资料，这使以后采用数学模型预测人工单价将成为可能。

二是在确定人工单价时要考虑用工的季节性变化。当大量聘用农民工时，要考虑农忙季节时人工单价的变化。

三是在确定人工单价时要采用加权平均的方法综合各劳务市场或各劳务队伍的劳动力单价。

四是要分析拟建工程的工期对人工单价的影响。如果工期紧，那么人工单价按正常情况确定后要乘以大于 1 的系数；如果工期有拖长的可能，那么也要考虑工期延长带来的风险。

根据劳务市场行情确定人工单价的数学模型为

$$人工单价 = \sum_{i=1}^{n}(某劳务市场人工单价 \times 权重)_i \times 季节变化系数 \times 工期风险系数$$

【例 2.24】 据市场调查取得的资料分析，抹灰工在劳务市场的价格分别是：甲劳务市场 35 元/工日，乙劳务市场 38 元/工日，丙劳务市场 34 元/工日。调查表明，各劳务市场可提供抹灰工的比例分别为：甲劳务市场 40%，乙劳务市场 26%，丙劳务市场 34%。当季节变化系数、工期风险系数均为 1 时，试计算抹灰工的人工单价。

【解】　抹灰工的人工单价＝[(35.00×40％＋38.00×26％＋34.00×34％)×1×1]

元/工日

＝[(14＋9.88＋11.56)×1×1]元/工日

＝35.44 元/工日（取定为 35.50 元/工日）

2) 根据以往承包工程的情况确定。如果在本地以往承包过同类工程，可以根据以往承包工程的情况确定人工单价。

例如，以往在某地区承包过三个与拟建工程基本相同的工程，砖工每个工日支付了60.00～75.00 元，这时就可以进行具体对比分析，在上述范围内（或超过一点范围）确定投标报价的砖工人工单价。

3) 根据预算定额规定的工日单价确定。凡是分部分项工程项目含有基价的预算定额，都明确规定了人工单价，可以以此为依据确定拟投标工程的人工单价。

例如，某省预算定额，土建工程的技术工人每个工日 35.00 元，可以根据市场行情在此基础上乘以 1.2～1.6 的系数，确定拟投标工程的人工单价。

2.4.2　材料单价的确定

材料单价的计算类似于以前的材料预算价格的计算，但随着工程量清单计价方法的施行，原来材料预算价格的概念已不适用。

1. 材料单价的概念

材料单价是指材料从采购到运到工地仓库或堆放场地后的出库价格。材料从采购、运输到保管，在使用前所发生的全部费用构成了材料单价。

2. 材料单价的费用构成

按照材料采购和供应方式的不同，其构成材料单价的费用也不同，一般有以下几种。

(1) 材料供货到工地现场

当材料供应商将材料供货到施工现场时，材料单价由材料原价、现场装卸搬运费、采购保管费等费用构成。

(2) 到供货地点采购材料

当需要派人到供货地点采购材料时，材料单价由材料原价、运杂费、采购保管费构成。

(3) 需二次加工的材料

当某些材料采购回来后，还需要进一步加工的，材料单价除了上述费用外还包括材料二次加工费。

综上所述，材料单价主要包括材料原价、运杂费（或现场装卸搬运费）、采购保管费等费用。另外，某些材料的包装品可以计算回收值时，还应减去该项费用。

3. 材料原价计算

材料原价是指付给材料供应商的材料单价。当某种材料有两个或两个以上的材料供应商且材料原价不同时，应计算加权平均原价。一般地，包装费、手续费已包括在原价中。

计算公式为

$$加权平均材料原价 = \frac{\sum_{i=1}^{n}(材料原价 \times 材料数量)_i}{\sum_{i=1}^{n}(材料数量)_i}$$

式中，i 是指不同的材料供应商。

【例 2.25】　某工地所需的墙面砖由 3 个供应商供货，其数量和单价如表 2.8 所示。试计算墙面砖的加权平均原价。

表 2.8　墙面砖的供货数量和单价

供应商	墙面砖数量/m²	供货单价/(元/m²)
甲	1250	32.00
乙	2680	31.50
丙	900	32.50

【解】　$墙面砖加权平均原价 = \dfrac{32.00 \times 1250 + 31.50 \times 2680 + 32.50 \times 900}{1250 + 2680 + 900}$

$\qquad\qquad\qquad\quad = \dfrac{153\ 670}{4830}$

$\qquad\qquad\qquad\quad = 31.82\ 元/m^2$

4. 材料运杂费计算

材料运杂费是指材料采购后从采购地点运到工地仓库发生的各项费用，包括装卸费、运输费和合理的运输损耗费等。材料装卸费按行业标准支付。

材料运输费按运输价格计算，若供货来货地不同且供货数量不同时，需要计算加权平均运输费，计算公式为

$$加权平均运输费 = \frac{\sum_{i=1}^{n}(运输单价 \times 材料数量)_i}{\sum_{i=1}^{n}(材料数量)_i}$$

材料运输损耗费是指在运输和装卸材料过程中不可避免地产生的损耗所发生的费用，一般按下列公式计算，即

$$材料运输损耗费 = (材料原价 + 装卸费 + 运输费) \times 运输损耗率$$

【例 2.26】　根据表 2.9 中资料，计算由 3 个供货点供货的墙面砖的运杂费。

表 2.9　例 2.26

供货地点	墙面砖数量/m²	运输单价/（元/m²）	装卸费/（元/m²）	运输损耗率/%
甲	1250	1.20	0.80	1.5
乙	2680	1.80	0.95	1.5
丙	900	2.40	0.85	1.5

【解】　　1）计算加权平均装卸费。

$$墙面砖加权平均装卸费 = \frac{0.80 \times 1250 + 0.95 \times 2680 + 0.85 \times 900}{1250 + 2680 + 900}$$

$$= \frac{4311}{4830} = 0.89 \ 元/m^2$$

2）计算加权平均运输费。

$$墙面砖加权平均运输费 = \frac{1.20 \times 1250 + 1.80 \times 2680 + 2.40 \times 900}{1250 + 2680 + 900}$$

$$= \frac{8484}{4830} = 1.76 \ 元/m^2$$

3）计算运输损耗费。

$$墙面砖运输损耗费 = (31.82 + 0.89 + 1.76) \times 1.5\%$$

$$= 34.47 \times 1.5\% = 0.52 \ 元/m^2$$

4）计算运杂费。

$$墙面砖运杂费 = 0.89 + 1.76 + 0.52 = 3.17 \ 元/m^2$$

5. 材料采购保管费计算

材料采购保管费是指承包商在组织采购材料和保管材料过程中发生的各项费用，包括采购人员的工资、差旅交通费、通信费、业务费、仓库保管费等各项费用。采购保管费一般按发生的各项费用之和乘以一定的费率计算，通常取定为 2% 左右。计算公式为

$$材料采购保管费 = (材料原价 + 运杂费) \times 采购保管费费率$$

【例 2.27】　例 2.26 中墙面砖的采购保管费费率为 2% 时，根据例 2.25、例 2.26 的计算结果计算墙面砖的采购保管费。

【解】　　墙面砖采购保管费 $= (31.82 + 3.17) \times 2\% = 0.70 \ 元/m^2$

6. 材料单价汇总

通过上述分析，我们已经知道，材料单价的计算公式可描述为

$$材料单价 = \left(\begin{array}{c} 加权平均 \\ 材料原价 \end{array} + \begin{array}{c} 加权平均 \\ 材料运杂费 \end{array} \right) \times \left(1 + \begin{array}{c} 采购保 \\ 管费率 \end{array} \right) - \begin{array}{c} 包装品 \\ 回收值 \end{array}$$

【例 2.28】　根据例 2.26 已经算出的各项数据计算墙面砖的材料单价（包装品回收值忽略不计）。

【解】　　墙面砖材料单价 $= (31.82 + 3.17) \times (1 + 2\%)$

$$= 34.99 \times 1.02$$

$$= 35.69 \ 元/m^2$$

2.4.3　机械台班单价的确定

1. 机械台班单价的概念

机械台班单价亦称施工机械台班单价，它是指在单位工作班中为使一台机械正常运

转所分摊和支出的各项费用。

2. 机械台班单价的费用构成

按现行规定，台班单价由 8 项费用构成，这些费用按其性质划分为第一类费用和第二类费用。

（1）第一类费用

第一类费用亦称不变费用，是指属于分摊性质的费用，包括折旧费、大修理费、经常修理费、安拆及场外运输费。

（2）第二类费用

第二类费用亦称可变费用，是指属于支出性的费用，包括燃料动力费、人工费、养路费及车船使用税、保险费。

3. 第一类费用计算

（1）折旧费

折旧费是指机械设备在规定的使用期限内（耐用总台班），陆续收回其原值及支付贷款利息等费用。计算公式为

$$台班折旧费 = \frac{机械预算价格 \times (1 - 残值率) + 贷款利息}{耐用总台班}$$

式中，机械预算价格 = 销售价 × (1 + 购置附加税) + 运杂费。

以下计算均以 6 吨载重汽车为例。

【例 2.29】　6 吨载重汽车的销售价为 83 000 元，购置附加税为 10%，运杂费为 5000 元，残值率为 2%，耐用总台班为 1900 个，贷款利息为 4650 元，试计算台班折旧费。

【解】　1）求 6 吨载重汽车预算价格。

$$预算价格 = 83\,000 \times (1 + 10\%) + 5000 = 96\,300 元$$

2）求台班折旧费。

$$台班折旧费 = \frac{96\,300 \times (1 - 2\%) + 4650}{1900}$$

$$= \frac{99\,024}{1900} = 52.12 元 / 台班$$

（2）大修理费

大修理费是指机械设备按规定的大修理间隔台班进行大修理，以恢复正常使用功能所需支出的费用。计算公式为

$$台班大修理费 = \frac{一次大修理费 \times (大修理周期 - 1)}{耐用总台班}$$

【例 2.30】　6 吨载重汽车一次大修理费为 9900 元，大修理周期为 3 个，耐用总台班为 1900 个，试计算台班大修理费。

【解】
$$台班大修理费 = \frac{9900 \times (3 - 1)}{1900}$$

$$= \frac{19\,800}{1900} = 10.42 元/台班$$

（3）经常修理费

经常修理费是指机械设备除大修理外的各级保养及临时故障所需支出的费用，包括为保障机械正常运转所需替换设备、随机配置的工具附具的摊销及维护费，包括机械正常运转及日常保养所需润滑、擦拭材料费和机械停置期间的维护保养费用等。

台班经常修理费可以用以下简化公式计算，即

$$台班经常修理费 = 台班大修理费 \times 经常修理费系数$$

【例 2.31】　经测算，6 吨载重汽车的台班经常修理系数为 5.8，根据上例数据，计算台班经常修理费。

【解】　　　　　经常修理费 = 10.42 × 5.80 = 60.44 元/台班

（4）安拆费及场外运输费

安拆费是指机械在施工现场进行安装、拆卸所需人工、材料、机械和试运转费用，以及机械辅助设施（如行走轨道、枕木等）的折旧、搭设、拆除等费用。

场外运输费是指机械整体或分体自停置地点运至施工现场或由一工地运至另一工地的运输、装卸、辅助材料以及架线费用。计算公式为

$$台班安拆及场外运输费 = 台班辅助设施摊销费 + \frac{机械一次安拆费 \times 年平均安拆次数 + \left(一次运输装卸费 + 辅助材料一次摊销费 + 一次架线费\right) \times 年平均场外运输次数}{年工作台班}$$

4. 第二类费用计算

（1）燃料动力费

燃料动力费是指机械设备在运转作业中所耗用的各种燃料、电力、风力、水等的费用。计算公式为

$$台班燃料动力费 = 每台班耗用的燃料或动力数量 \times 燃料或动力单价$$

【例 2.32】　6 吨载重汽车每台班耗用柴油 32.19kg，每 kg 单价 2.40 元，求台班燃料费。

【解】　　　　　台班燃料费 = 32.19 × 2.40 = 77.26 元/台班

（2）人工费

人工费是指机上司机、司炉和其他操作人员的工作日工资。计算公式为

$$台班人工费 = 机上操作人员人工工日数 \times 工日单价$$

【例 2.33】　6 吨载重汽车每个台班的机上操作人工工日数为 1.25 个，人工单价为 25 元，求台班人工费。

【解】　　　　　台班人工费 = 1.25 × 25 = 31.25 元/台班

（3）养路费及车船使用税

它是指按国家规定缴纳的养路费和车船使用税。计算公式为

$$台班养路费及车船使用税 = \frac{载重量或核定吨位 \times \left\{养路费[元/(吨 \cdot 月)] \times 12 + 车船使用税[元/(吨 \cdot 车)]\right\}}{年工作台班}$$

【例 2.34】　6 吨载重汽车每月应缴纳养路费 150 元/吨，每年应缴纳车船使用税 50 元/吨，每年工作台班 240 个，计算台班养路费及车船使用税。

【解】

$$汽车养路费及车船使用税 = \frac{6 \times (150 \times 12 + 50)}{240}$$

$$= \frac{11\ 100}{240} = 46.25\ 元/台班$$

（4）保险费

保险费是指按国家规定缴纳的第三者责任险、车主保险费等。

【例 2.35】　6 吨载重汽车年缴保险费 900 元，年工作台班 240 个，求台班保险费。

【解】　　　　台班保险费 = 900 ÷ 240 = 3.75 元/台班

5. 机械台班单价计算表

将上述 6 吨载重汽车台班单价的计算过程汇总在台班单价计算表内，见表 2.10。

表 2.10　机械台班单价计算　　　　　　　　（单位：元）

项　目		6 吨载重汽车	
		金额	计算式
台班单价		281.49	122.98 + 158.51 = 281.49
第一类费用	折旧费	52.12	$\dfrac{96\ 300 \times (1 - 2\%) + 4650}{1900} = 52.12$
	大修理费	10.42	9900 × (3 − 1) ÷ 1900 = 10.42
	经常修理费	60.44	10.42 × 5.80* = 60.44
	安拆及场外运输费	—	—
	小计	122.98	
第二类费用	燃料动力费	77.26	32.19 × 2.40 = 77.26
	人工费	31.25	1.25 × 25.00 = 31.25
	养路费及车船使用税	46.25	$\dfrac{6 \times (150 \times 12 + 50)}{240} = 46.25$
	保险费	3.75	900 ÷ 240 = 3.75
	小计	158.51	

2.5　建筑装饰工程预算定额应用

建筑装饰工程预算定额的应用包括定额套用和定额换算两个方面。

2.5.1　预算定额的直接套用

当建筑装饰施工图的设计要求与预算定额的子目内容相一致时，可以直接套用预算定额。

在编制建筑装饰施工图预算的过程中，大多数项目可以直接套用预算定额。在直接套用预算定额时，应注意以下几点：

1）根据施工图、设计说明和做法说明选择定额子目。

2) 要从工程内容、技术特征和施工方法上仔细核对，才能较准确地确定相对应的定额子目。

3) 分项工程的名称和计量单位要与预算定额子目相一致。

2.5.2　预算定额的换算

当施工图中的分项工程项目不能直接套用预算定额时，就产生了定额的换算。

1. 换算原则

为了保持定额的水平，在预算定额的说明中规定了有关换算原则，一般包括：

1) 定额注明的砂浆种类、配合比、饰面材料及型号规格与设计不同时，可按设计规定调整，但人工、机械消耗量不变。

2) 抹灰砂浆厚度，如设计与定额取定不同时，除定额有注明厚度的项目可以换算外，其他一律不做调整。

3) 必须按预算定额中的各项规定换算定额。

2. 预算定额的换算类型

(1) 砂浆换算

抹灰砂浆配合比及砂浆用量换算。

(2) 块料用量换算

当设计图纸规定的块料规格品种与预算定额的块料规格品种不同时，就要进行块料用量换算。

(3) 系数换算

按定额规定的要求对定额中的人工、材料、机械台班乘以各种系数的换算。

(4) 其他换算

除上述三种情况以外的定额换算。

3. 砂浆换算

(1) 换算原因

当设计图纸要求的抹灰砂浆配合比或抹灰厚度与预算定额的抹灰厚度或配合比不同时，就要进行抹灰砂浆换算。

(2) 换算特点

第一种情况：当抹灰厚度不变而只换算配合比时，人工、机械台班不变，只调整材料用量。

第二种情况：当抹灰厚度发生变化且定额允许换算时，砂浆用量发生变化，因而人工、材料、机械台班均要换算。

(3) 换算公式

第一种情况：人工、机械台班、其他材料不变。

$$换入砂浆用量 = 换出的定额砂浆用量$$

$$材料用量 = 换入砂浆配合比用量 \times 定额砂浆用量$$

第二种情况：

$$K = \frac{换入砂浆总厚}{定额砂浆总厚}$$

$$换算后人工 = K \times 定额工日数$$

$$换算后机械台班 = K \times 定额台班量$$

$$换算后砂浆用量 = \frac{换入砂浆厚}{定额砂浆厚} \times 定额砂浆用量$$

$$材料用量 = 换入砂浆配合比用量 \times 换算后砂浆用量$$

【例 2.36】　1：3 水泥砂浆底，1：2 水泥白石子浆柱面水刷石。按第一种情况换算。

【解】　换算定额号：2-007，15-233。

人工、机械台班、其他材料不变，只调整水泥白石子浆的材料用量。

1：2 水泥白石子浆用量＝0.0112 m³/m²。

1：2 水泥白石子浆的材料用量（根据表 2.11、表 2.12 计算）：

42.5MPa 水泥：709×0.0112＝7.94 kg/m²。

白石子：1376×0.0112＝15.41 kg/m²。

表 2.11　每平方米建筑装饰工程预算定额（摘录）

工作内容：1. 清理、修补、湿润墙面、堵墙眼、调运砂浆、清扫落地灰。

　　　　　2. 分层抹灰、刷浆、找平、起线拍平、压实、刷面（包括门窗侧壁抹灰）。

定 额 编 号			2—005	2—006	2—007	2—008
项　　　目			水刷白石子			
			砖、混凝土墙面 12＋10	毛石墙面 20＋10	柱　面	零星项目
名　　称	单位	代码	数　　量			
人工	综合人工	工日	000001	0.3669	0.3818	0.4899	0.9051
材料	水	m³	AV0280	0.0283	0.0300	0.0283	0.0283
	水泥砂浆 1：3	m³	AX0684	0.0139	0.0232	0.0133	0.0283
	水泥白石子浆 1：1.5	m³	AX0770	0.0116	0.0116	0.0112	0.0112
	107 胶素水泥浆	m³	AX0841	0.0010	0.0010	0.0010	0.0010
机械	灰浆搅拌机 200L	台班	TM0200	0.0042	0.0058	0.0041	0.0041

【例 2.37】　1：2.5 水泥砂浆底 15mm 厚，1：2 水泥白石子浆 12mm 厚砖墙面水刷石。按第二种情况换算。

【解】　换算定额号：2-005，15-216，15-233。

$$K = \frac{换入砂浆总厚}{定额砂浆总厚} = \frac{15+12}{12+10} = 1.227$$

表 2.12　每立方米装饰抹灰砂浆配合比（摘录）

定　额　编　号		单位	15—232	15—233	15—234	15—235
			水泥白石子浆			
项　　　目			1：1.5	1：2	1：2.5	1：3
材	水泥 42.5MPa	kg	945	709	567	473
	白石子	kg	1189	1376	1519	1600
料	水	m³	0.30	0.30	0.30	0.30

注：白水泥、彩色石子浆配合比同本配合比相同。白水泥替换水泥，彩色石子替换白石子。

换算后人工 $=1.227\times0.3669=0.450$ 工日 $/\mathrm{m}^2$。

换算后台班 $=1.227\times0.0042=0.0052$ 台班 $/\mathrm{m}^2$。

换算后材料用量（见表 2.11～表 2.13）如下。

42.5MPa 水泥：$\dfrac{15}{12}\times0.0139\times490+\dfrac{12}{10}\times0.0116\times709=18.38\mathrm{kg/m}^2$。

粗砂：$\dfrac{15}{12}\times0.0139\times1.03=0.0179\mathrm{m}^3/\mathrm{m}^2$。

白石子：$\dfrac{12}{10}\times0.0116\times1376=19.15\mathrm{kg/m}^2$。

其他材料不变。

表 2.13　每立方米抹灰砂浆配合比（摘录）

定　额　编　号		单位	15—213	15—214	15—215	15—216	15—217
			水泥砂浆				
项　　　目			1：1	1：1.5	1：2	1：2.5	1：3
材	水泥 42.5MPa	kg	765.00	644.00	557.00	490.00	408.00
	粗砂	m³	0.64	0.81	0.94	1.03	1.03
料	水	m³	0.30	0.30	0.30	0.30	0.30

4. 块料用量换算

当墙面、墙裙贴块料面层的设计规格和灰缝宽度与预算定额规定不同时，就要进行换算。

【例 2.38】　设计要求：外墙面贴 200mm×200mm 无釉面砖，灰缝 5mm，面砖损耗率 1.5%。试计算每 100m² 外墙贴面砖的总消耗量。

【解】　根据表 2.14 中定额 2—130 换算。

$$\begin{aligned}
\text{每 100m}^2\text{ 的 200mm}\times\text{200mm 面砖总消耗量} &= \frac{100}{(0.20+0.005)(0.20+0.005)}\times(1+1.5\%)\\
&= \frac{100}{0.042\,025}\times1.015\\
&= 2415.23\text{ 块}/(100\text{ m}^2)
\end{aligned}$$

折合面积 $=2415.23\times0.2\times0.2$

$$= 96.61 \text{m}^2 / (100 \text{m}^2)$$

$$= 0.9661 \text{m}^2 / \text{m}^2$$

其他材料用量不变，均按原定额。

表 2.14　每平方米建筑装饰工程预算定额（摘录）

工作内容：1. 清理修补基层表面、打底抹灰、砂浆找平。

　　　　　2. 选料、抹结合层砂浆（刷黏结剂）、贴面砖、擦缝、清洁表面。

定　额　编　号			2—130	2—131	2—132	2—133	2—134	2—135
项　　　目			150mm×75mm 面砖（水泥砂浆粘贴）			150mm×75mm 面砖（干粉型黏结剂粘贴）		
			面砖灰缝					
			5mm	10mm以内	20mm以内	5mm	10mm以内	20mm以内
名　　称	单位	代码	数　　量					
人工　综合人工	工日	000001	0.6143	0.6132	0.6108	0.6894	0.6882	0.6857
材料　墙面砖 150mm×75mm	m²	AH0678	0.9312	0.8804	0.7777	0.9312	0.8804	0.7777
石料切割锯片	片	AN5900	0.0075	0.0075	0.0075	0.0075	0.0075	0.0075
棉纱头	kg	AQ1180	0.0100	0.0100	0.0100	0.0100	0.0100	0.0100
水	m³	AV0280	0.0079	0.0079	0.0079	0.0068	0.0068	0.0068
水泥砂浆 1∶1	m³	AX0680	0.0015	0.0022	0.0041	0.0015	0.0022	0.0041
水泥砂浆 1∶2	m³	AX0682	0.0051	0.0051	0.0051	—	—	—
水泥砂浆 1∶3	m³	AX0684	0.0168	0.0168	0.0168	0.0135	0.0135	0.0135
干粉型黏结剂	kg	JB0850	—	—	—	4.2100	5.0272	5.6032
机械　灰浆搅拌机 200L	台班	TM0200	0.0038	0.0040	0.0043	0.0024	0.0026	0.0029
石料切割机	台班	TM0640	0.0116	0.0116	0.0116	0.0116	0.0116	0.0116

5. 系数换算

系数换算是指按定额规定，在使用某些预算定额时，定额的人工、材料、机械台班乘上一定的系数。例如：

楼梯踢脚线按相应定额乘以系数 1.15；

圆弧形、锯齿形等不规则墙面抹灰、镶贴块料按相应项目人工乘以系数 1.15，材料乘以系数 1.05；

木龙骨基层是按双向计算的，如设计为单向时，材料、人工用量乘以系数 0.55；

定额中的单层木门刷油是按双面刷油考虑的，如采用单面刷油，其定额含量乘以系数 0.49 计算；

天棚面安装圆弧装饰线条人工乘系数 1.6，材料乘系数 1.1。

【例 2.39】　水泥砂浆贴锯齿形花岗岩墙面，根据表 2.15 中定额 2—059 及定额规定换算。

表 2.15　每平方米建筑装饰工程预算定额（摘录）

工作内容：1. 清理基层、调运砂浆、打底刷浆。

　　　　　2. 镶贴块料面层、刷黏结剂、切割面料。

　　　　　3. 磨光、擦缝、打蜡养护。

定　额　编　号			2—059	2—060	2—061	2—062	2—063
项　　　目			粘贴花岗岩（水泥砂浆粘贴）			粘贴花岗岩（干粉型黏结剂粘贴）	
			砖墙面	混凝土墙面	零星项目	墙面	零星项目
名　　称	单位	代码	数　　量				
人工　综合人工	工日	000001	0.5710	0.6110	0.6286	0.5904	0.6540
白水泥	kg	AA0050	0.1550	0.1550	0.1750	0.1550	0.1750
花岗岩板（综合）	m²	AG0291	1.0200	1.0200	1.0600	1.0200	1.0600
石料切割锯片	片	AN5900	0.0269	0.0269	0.0299	0.0269	0.0299
棉纱头	kg	AQ1180	0.0100	0.0100	0.0111	0.0100	0.0111
水	m³	AV0280	0.0070	0.0066	0.0078	0.0059	0.0065
材　水泥砂浆 1：2.5	m³	AX0683	0.0067	0.0067	0.0075	—	—
料　水泥砂浆 1：3	m³	AX0684	0.0135	0.0112	0.0149	0.0134	0.0149
清油	kg	HA1000	0.0053	0.0053	0.0059	0.0053	0.0059
煤油	kg	JA0470	0.0400	0.0400	0.0444	0.0400	0.0444
松节油	kg	JA0660	0.0060	0.0060	0.0067	0.0060	0.0067
草酸	kg	JA0770	0.0100	0.0100	0.0111	0.0100	0.0111
硬白蜡	kg	JA2930	0.0265	0.0265	0.0294	0.0265	0.0294
YJ-302 黏结剂	kg	JB0350	—	0.1580	—	—	—
干粉型黏结剂	kg	JB0850	—	—	—	6.8420	8.4300
YJ-Ⅲ 黏结剂	kg	JB1200	0.4210	0.4210	0.4670		
机　灰浆搅拌机 200L	台班	TM0200	0.0033	0.0030	0.0037	0.0033	0.0037
械　石料切割机	台班	TM0640	0.0408	0.0408	0.0449	0.0408	0.0449

【解】　换算后：

人工：$0.5710 \times 1.15 = 0.6567$ 工日/m²。

白水泥：$0.1550 \times 1.05 = 0.1628$ kg/m²。

花岗岩板：$1.0200 \times 1.05 = 1.071$ m²/m²。

石料切割锯片：$0.0269 \times 1.05 = 0.0282$ 片/m²。

棉纱头：$0.0100 \times 1.05 = 0.0105$ kg/m²。

水：$0.0070 \times 1.05 = 0.0074$ m³/m²。

1：2.5 水泥砂浆：$0.0067 \times 1.05 = 0.0070$ m³/m²。

1：3 水泥砂浆：$0.0135 \times 1.05 = 0.0142$ m³/m²。

清油：$0.0053 \times 1.05 = 0.0056$ kg/m²。

煤油：$0.0400 \times 1.05 = 0.042$ kg/m²。

松节油：$0.0060 \times 1.05 = 0.0063 \text{kg/m}^2$。

草酸：$0.0100 \times 1.05 = 0.0105 \text{kg/m}^2$。

硬白蜡：$0.0265 \times 1.05 = 0.0278 \text{kg/m}^2$。

YJ-Ⅲ黏结剂：$0.4210 \times 1.05 = 0.4421 \text{kg/m}^2$。

【例 2.40】 天棚面圆弧形木装饰线（13×6）安装，根据表 2.16 中 6－067 定额和有关规定换算。

表 2.16　每米建筑装饰工程预算定额（摘录）

工作内容：定位、弹线、下料、加楔、涂胶、安装、固定等全部操作过程。

定　额　编　号			6－067	6－068	6－069	6－070
项　　　目			木质装饰线条			
			宽度			
			15mm 以内	25mm 以内	50mm 以内	80mm 以内
名称	单位	代码	数　　量			
人工	综合人工	工日	000001	0.0239	0.0239	0.0299	0.0329
材料	木质装饰线 19×6	m	AG1150	—	1.0500	—	—
	木质装饰线 13×6	m	AG1152	1.0500	—	—	—
	木质装饰线 50×20	m	AG1153	—	—	1.0500	—
	木质装饰线 80×20	m	AG1154	—	—	—	1.0500
	铁钉（圆钉）	kg	AN0580	0.0053	0.0053	0.0070	0.0070
	锯材	m³	GB0070			0.0001	0.0001
	202 胶 FSC-2	kg	JB1210	0.0019	0.0028	0.0076	0.0118

【解】 换算后：

人工：$0.0239 \times 1.60 = 0.0382$ 工日/m。

木质装饰线（13×6）：$1.05 \times 1.10 = 1.155 \text{m/m}$。

铁钉：$0.0053 \times 1.10 = 0.0058 \text{kg/m}$。

202 胶 FSC-2：$0.0019 \times 1.10 = 0.0209 \text{kg/m}$。

6. 其他换算

其他换算是指不属于上述几种换算情况的换算。例如：

1）隔墙（间壁）、隔断（护壁）、幕墙等定额中龙骨间距、规格如与设计不同时，定额用量允许调整。

2）铝合金地弹门制作型材（框料）按 101.6mm×44.5mm、厚 1.5mm 方管制定，如实际采用的型材断面及厚度与定额取定规格不符者，可按图示尺寸乘以线密度加 6% 的施工损耗计算型材重量。

【例 2.41】 某工程隔墙采用 60mm×30mm×1.5mm 的铝合金龙骨，单向，间距 400mm，计算定额用量。

【解】 通过分析，铝合金龙骨的断面不变，只需调整由于间距变化的定额用量。

采用比例法可以计算出需用量。根据表 2.17 中 2－183 定额换算。

$$换算后铝合金龙骨用量 = 2.4822 \times \frac{500}{400} = 3.1028 m/m^2$$

表 2.17　每平方米建筑装饰工程预算定额（摘录）

工作内容：定位、弹线、安装龙骨。

定　额　编　号			2－182	2－183	2－184	2－185
			轻钢龙骨	铝合金龙骨	型钢龙骨	
项　　　目			竖 603mm 以内 横 1500mm 以内	单向 500mm 以内	单向 1500mm 以内	石膏龙骨
名　　称	单位	代码	数　　量			
人工	综合人工	工日	000001	0.0874	0.1009	0.1173	0.0874
材料	石膏粉	kg	AC0760	—	—	—	3.1300
	轻钢龙骨 75mm×40mm×0.63mm	m	AF0380	1.0638	—	—	—
	轻钢龙骨 75mm×50mm×0.63mm	m	AF0390	1.9946	—	—	—
	铝合金龙骨 60mm×30mm×1.5mm	m	AF0400	—	2.4822	—	—
	石膏龙骨 75mm×50mm	m	AF0660	—	—	—	4.6269
	膨胀螺栓 M16	套	AM6020	2.2676	5.9523	2.7211	2.1020
	铆钉	个	AN0453	9.4000	—	—	—
	铁钉（圆钉）	kg	AN0580	—	—	—	5.1020
	合金钢钻头	个	AN3223	0.0622	0.1276	0.0622	0.0538
	电焊条	kg	AR0211	—	—	0.0016	—
材料	槽钢	kg	DA0311	—	—	—	0.8400
	角钢	kg	DA1201	—	—	4.2644	—
	乙炔气	m³	JB0010	—	—	0.0016	—
	氧气	m³	JB0050	—	—	0.0048	—
	791 黏结剂	kg	JB0730	—	—	—	0.7625
	792 黏结剂	kg	JB0740	—	—	—	0.0024
机械	电锤 520W	台班	TM0370	0.0311	0.0638	0.0311	0.0269
	交流电焊机 30kV·A	台班	TM0400	—	—	0.0140	—
	电动切割机	台班	TM0670	0.0200	0.0300	0.0175	—

复习思考题

2.1　什么是建筑装饰工程预算定额？

2.2　叙述所在地区的定额管理模式。

2.3　定额有哪些特性？

2.4　叙述预算定额的编制原则。

2.5　叙述预算定额的编制步骤。

2.6　如何确定人工单价？

2.7　如何确定材料单价？

2.8　如何确定机械台班单价？

2.9　如何正确套用定额？

2.10　预算定额有哪几种换算类型？各有什么特点？

第3章
建筑装饰工程量计算

3.1 建筑面积

3.1.1 建筑面积的概念

建筑面积亦称建筑展开面积，是建筑物各层面积的总和。建筑面积包括附属于建筑物的室外阳台、雨篷、檐廊、室外走廊、室外楼梯等。

建筑面积包括使用面积、辅助面积和结构面积三部分。

1. 使用面积

使用面积是指建筑物各层平面中直接为生产或生活使用的净面积之和，例如住宅建筑中的居室、客厅、书房，卫生间、厨房等。

2. 辅助面积

辅助面积是指建筑物各层平面中为辅助生产或辅助生活所占的净面积之和，例如住宅建筑中的楼梯、走道等。使用面积与辅助面积之和称有效面积。

3. 结构面积

结构面积是指建筑物各层平面中的墙、柱等结构所占的面积之和。

3.1.2 建筑面积的作用

1. 重要管理指标

建筑面积是建设投资、建设项目可行性研究、建设项目勘察设计、建设项目评估、建设项目招标投标、建筑工程施工和竣工验收、建设工程造价管理、建筑工程造价控制等一系列管理工作的重要指标。

2. 重要技术指标

建筑面积是计算开工面积、竣工面积、优良工程率、建筑装饰规模等重要的技术指标。

3. 重要经济指标

建筑面积是计算建筑、装饰等单位工程或单项工程的单位面积工程造价、人工消耗指标、机械台班消耗指标、工程量消耗指标的重要经济指标。

各经济指标的计算公式为

$$每平方米工程造价 = \frac{工程造价}{建筑面积} \text{元}/\text{m}^2$$

$$每平方米人工消耗 = \frac{单位工程用工量}{建筑面积} \text{工日}/\text{m}^2$$

$$每平方米材料消耗 = \frac{单位工程某材料用量}{建筑面积} \text{kg}/\text{m}^2 \text{、} \text{m}^3/\text{m}^2 \text{等}$$

$$每平方米机械台班消耗 = \frac{单位工程某机械台班用量}{建筑面积} \text{台班}/\text{m}^2 \text{等}$$

$$每平方米工程量 = \frac{单位工程某项工程量}{建筑面积} \text{m}^2/\text{m}^2 \text{、} \text{m}/\text{m}^2 \text{等}$$

4. 重要计算依据

建筑面积是计算有关工程量的重要依据，例如装饰用满堂脚手架工程量等。

综上所述，建筑面积是重要的技术经济指标，在全面控制建筑、装饰工程造价和建设过程中起着重要作用。

3.1.3　建筑面积计算规则

由于建筑面积是计算各种技术经济指标的重要依据，这些指标又起着衡量和评价建设规模、投资效益、工程成本等方面重要尺度的作用，中华人民共和国住房和城乡建设部颁发了《建筑工程建筑面积计算规范》（GB/T 50353—2013），规定了建筑面积的计算方法。

《建筑工程建筑面积计算规范》主要规定了三个方面的内容：①计算全部建筑面积的范围和规定；②计算部分建筑面积的范围和规定；③不计算建筑面积的范围和规定。

这些规定主要基于以下几个方面的考虑：

1）尽可能准确地反映建筑物各组成部分的价值量。例如，有柱雨篷应按其结构板水平投影面积的 1/2 计算建筑面积；建筑物间有围护结构的走廊（增加了围护结构的工料消耗）应按其围护结构外围水平面积计算全面积。又如，多层建筑坡屋顶内和场馆看台下的建筑空间，结构净高在 2.10m 及以上的部位应计算全面积；结构净高在 1.20m 及以上至 2.10m 以下的部位应计算 1/2 面积；结构净高在 1.20m 以下的部位不应计算建筑面积。

2）通过建筑面积计算规范的规定，简化建筑面积的计算过程。例如，附墙柱、垛等不计算建筑面积。

3.1.4　应计算建筑面积的范围

1. 建筑物建筑面积计算

（1）计算规定

建筑物的建筑面积应按自然层外墙结构外围水平面积之和计算。结构层高在 2.20m

及以上的，应计算全面积；结构层高在 2.20m 以下的，应计算 1/2 面积。

（2）计算规定解读

1）建筑物可以是民用建筑、公共建筑，也可以是工业厂房。

2）建筑面积只包括外墙的结构面积，不包括外墙抹灰厚度、装饰材料厚度所占的面积。如图 3.1 所示，其建筑面积为

$S=a×6$（外墙外边尺寸，不含勒脚厚度）

3）当外墙结构本身在一个层高范围内不等厚时，以楼地面结构标高处的外围水平面积计算。

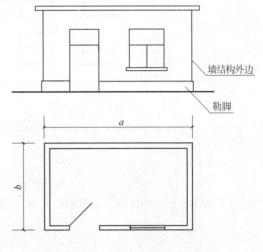

图 3.1　建筑面积计算示意图

2. 局部楼层建筑面积计算

（1）计算规定

建筑物内设有局部楼层时，对于局部楼层的二层及以上楼层，有围护结构的应按其围护结构外围水平面积计算，无围护结构的应按其结构底板水平面积计算，且结构层高在 2.20m 及以上的应计算全面积，结构层高在 2.20m 以下的应计算 1/2 面积。

（2）计算规定解读

1）单层建筑物内设有部分楼层的例子见图 3.2。这时，局部楼层的围护结构墙厚应包括在楼层面积内。

2）本规定没有说不算建筑面积的部位，我们可以理解为局部楼层层高一般不会低于 1.20m。

【例 3.1】　根据图 3.2 计算该建筑物的建筑面积（墙厚均为 240mm）。

【解】　底层建筑面积＝(6.0＋4.0＋0.24)×(3.30＋2.70＋0.24)

　　　　　　　　＝10.24×6.24

　　　　　　　　＝63.90m²

　　　楼隔层建筑面积＝(4.0＋0.24)×(3.30＋0.24)

　　　　　　　　＝4.24×3.54

　　　　　　　　＝15.01m²

全部建筑面积＝69.30＋15.01＝78.91m²

3. 坡屋顶建筑面积计算

（1）计算规定

对于形成建筑空间的坡屋顶，结构净高在 2.10m 及以上的部位应计算全面积；结构净高在 1.20m 及以上至 2.10m 以下的部位应计算 1/2 面积；结构净高在 1.20m 以下的部位不应计算建筑面积。

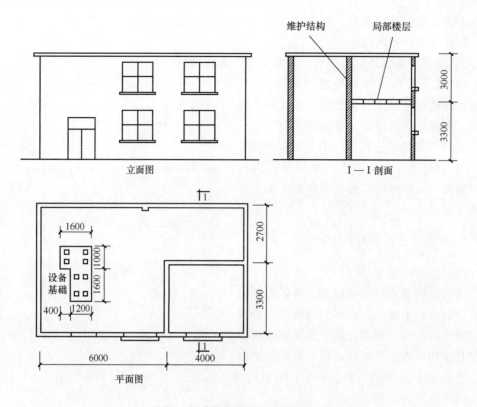

图 3.2　建筑物局部楼层示意图

（2）计算规定解读

多层建筑坡屋顶内和场馆看台下的空间应视为坡屋顶内的空间，设计加以利用时，应按其结构净高确定其建筑面积的计算；设计不利用的空间，不应计算建筑面积，其示意图见图 3.3。

【例 3.2】　根据图 3.3 中所示尺寸，计算坡屋顶内的建筑面积。

【解】　应计算 1/2 面积：（Ⓐ～Ⓑ轴）

$$\text{符合 1.2m 高的宽}\quad\text{坡屋面长}$$
$$S_1=(2.70-0.40)\times\ \ 5.34\ \ \times0.50=6.15\text{m}^2$$

应计算全部面积：（Ⓑ～Ⓒ轴）

$$S_2=3.60\times5.34=19.22\text{m}^2$$

小计：

$$S_1+S_2=6.15+19.22=25.37\text{m}^2$$

4. 看台下的建筑空间悬挑看台建筑面积计算

（1）计算规定

对于场馆看台下的建筑空间，结构净高在 2.10m 及以上的部位应计算全面积；结构净高在 1.20m 及以上至 2.10m 以下的部位应计算 1/2 面积；结构净高在 1.20m 以下的部位不应计算建筑面积。室内单独设置的有围护设施的悬挑看台，应按看台结构底板水平投影面积计算建筑面积。有顶盖无围护结构的场馆看台应按其顶盖水平投影面积的

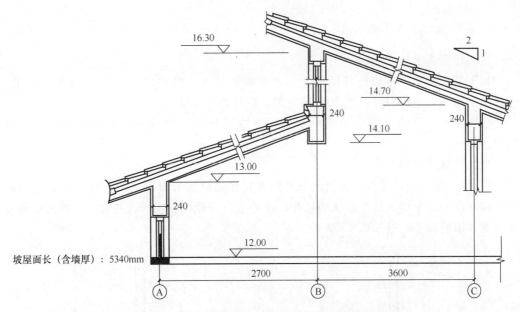

图 3.3 利用坡屋顶空间应计算建筑面积示意图

1/2 计算面积。

（2）计算规定解读

场馆看台下的建筑空间因其上部结构多为斜（或曲线）板，所以采用净高的尺寸划定建筑面积的计算范围和对应规则，其示意图见图 3.4。

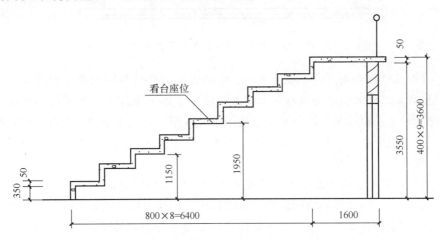

图 3.4 看台下空间（场馆看台剖面图）建筑面积计算示意图

室内单独设置的有围护设施的悬挑看台，因其看台上部设有顶盖且可供人使用，所以按看台板的结构底板水平投影计算建筑面积。这一规定与建筑物内阳台的建筑面积计算规定是一致的。

室内单独设置的有围护设施的悬挑看台，应按看台结构底板水平投影面积计算建筑面积。

5. 地下室、半地下室及出入口

(1) 计算规定

地下室、半地下室应按其结构外围水平面积计算。结构层高在 2.20m 及以上的，应计算全面积；结构层高在 2.20m 以下的，应计算 1/2 面积。

出入口外墙外侧坡道有顶盖的部位，应按其外墙结构外围水平面积的 1/2 计算面积。

(2) 计算规定解读

1) 地下室采光井是为了满足地下室的采光和通风要求设置的。一般在地下室围护墙上口开设一个矩形或其他形状的竖井，井的上口一般设有铁栅，井的一个侧面安装采光和通风用的窗子，见图 3.5。

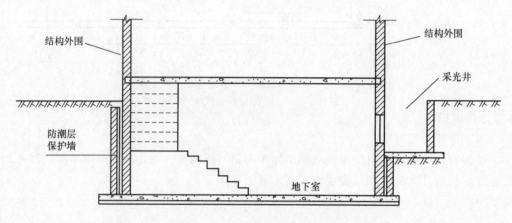

图 3.5　地下室建筑面积计算示意图

2) 以前的计算规则规定：按地下室、半地室上口外墙外围水平面积计算，文字上不甚严密，"上口外墙"容易被理解成为地下室、半地下室的上一层建筑的外墙。因为通常情况下，上一层建筑外墙与地下室墙的中心线不一定完全重叠，多数情况是凹进或凸出地下室外墙中心线，所以要明确规定地下室、半地下室应以其结构外围水平面积计算建筑面积。

3) 出入口坡道分有顶盖出入口坡道和无顶盖出入口坡道，出入口坡道顶盖的挑出长度为顶盖结构外边线至外墙结构外边线的长度；顶盖以设计图纸为准，对后增加及建设单位自行增加的顶盖等，不计算建筑面积。顶盖不分材料种类（如钢筋混凝土顶盖、彩钢板顶盖、阳光板顶盖等）。地下室出入口见图 3.6。

6. 建筑物架空层及坡地建筑物吊脚架空层建筑面积计算

(1) 计算规定

建筑物架空层及坡地建筑物吊脚架空层（图 3.7），应按其顶板水平投影计算建筑面积。结构层高在 2.20m 及以上的，应计算全面积；结构层高在 2.20m 以下的，应计算 1/2 面积。

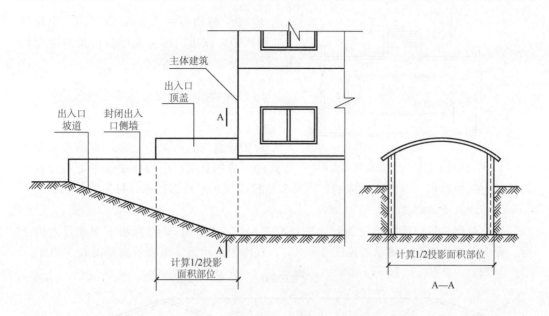

图 3.6　地下室出入口

（2）计算规定解读

1）建于坡地的建筑物吊脚架空层示意见图 3.7。

2）本规定既适用于建筑物吊脚架空层、深基础架空层建筑面积的计算，也适用于目前部分住宅、学校教学楼等工程在底层架空或在二楼或以上某个甚至多个楼层架空，作为公共活动、停车、绿化等空间的建筑面积的计算。架空层中有围护结构的建筑空间按相关规定计算。

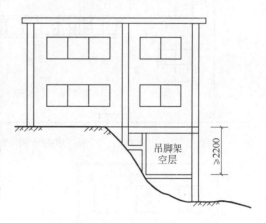

图 3.7　坡地建筑物吊脚架空层示意图

7. 门厅、大厅及设置的走廊建筑面积计算

（1）计算规定

建筑物的门厅、大厅应按一层计算建筑面积，门厅、大厅内设置的走廊应按走廊结构底板水平投影面积计算建筑面积。结构层高在 2.20m 及以上的，应计算全面积；结构层高在 2.20m 以下的，应计算 1/2 面积。

（2）计算规定解读

1）"门厅、大厅内设置的走廊"是指建筑物大厅、门厅的上部（一般该大厅、门厅占两个或两个以上建筑物层高）四周向大厅、门厅、中间挑出的走廊，见图 3.8。

2）宾馆、大会堂、教学楼等大楼内的门厅或大厅，往往要占建筑物的二层或二层以上的层高，这时也只能计算一层面积。

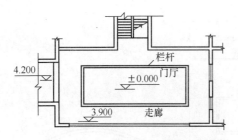

图 3.8　大厅、门厅内设置走廊示意图

3）"结构层高在 2.20m 以下的，应计算 1/2 面积"应该指门厅、大厅内设置的走廊结构层高可能出现的情况。

8. 建筑物间的架空走廊建筑面积计算

（1）计算规定

对于建筑物间的架空走廊，有顶盖和围护设施的，应按其围护结构外围水平面积计算全面积；无围护结构、有围护设施的，应按其结构底板水平投影面积计算 1/2 面积。

（2）计算规定解读

架空走廊是指建筑物与建筑物之间，在二层或二层以上专门为水平交通设置的走廊。无围护结构架空走廊示意见图 3.9（a），有围护结构架空走廊示意见图 3.9（b）。

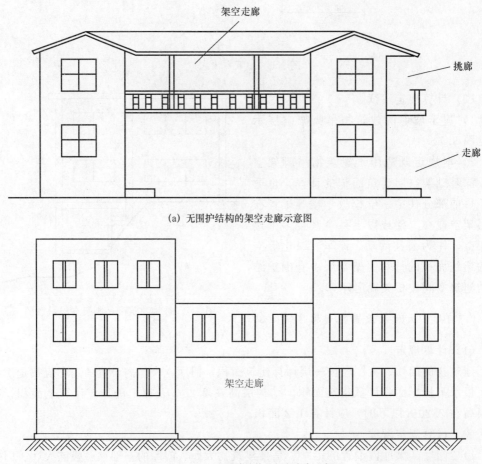

（a）无围护结构的架空走廊示意图

（b）有围护结构的架空走廊示意图

图 3.9　架空走廊

9. 建筑物内门厅、大厅

计算规定：建筑物的门厅、大厅按一层计算建筑面积。门厅、大厅内设有回廊时，应按其结构底板水平面积计算。层高在 2.20m 及以上者应计算全面积；层高不足 2.20m 者应计算 1/2 面积。

10. 立体书库、立体仓库、立体车库建筑面积计算

（1）计算规定

对于立体书库、立体仓库、立体车库，有围护结构的，应按其围护结构外围水平面积计算建筑面积；无围护结构、有围护设施的，应按其结构底板水平投影面积计算建筑面积。无结构层的应按一层计算，有结构层的应按其结构层面积分别计算。结构层高在 2.20m 及以上的，应计算全面积；结构层高在 2.20m 以下的，应计算 1/2 面积。

（2）计算规定解读

1）本条主要规定了图书馆中的立体书库、仓储中心的立体仓库、大型停车场的立体车库等建筑的建筑面积计算规定。起局部分隔、存储等作用的书架层、货架层或可升降的立体钢结构停车层均不属于结构层，故该部分隔层不计算建筑面积。

2）立体书库建筑面积计算（按图 3.10 计算）如下。

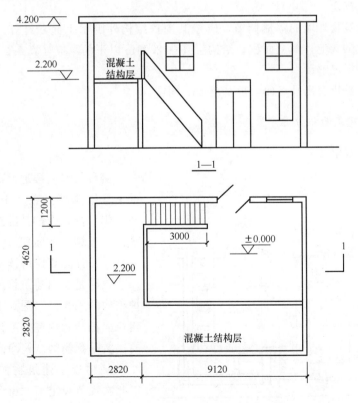

图 3.10　立体书库建筑面积计算示意图

$$\begin{aligned}
\text{底层建筑面积}&=(2.82+4.62)\times(2.82+9.12)+\overbrace{3.0\times1.20}^{\text{楼梯}}\\
&=7.44\times11.94+3.60\\
&=92.43\text{m}^2\\
\text{结构层建筑面积}&=(4.62+2.82+9.12)\times2.82\times0.50\text{（层高2m）}\\
&=16.56\times2.82\times0.50\\
&=23.35\text{m}^2
\end{aligned}$$

11. 舞台灯光控制室

（1）计算规定

有围护结构的舞台灯光控制室，应按其围护结构外围水平面积计算。结构层高在 2.20m 及以上的，应计算全面积；结构层高在 2.20m 以下的，应计算 1/2 面积。

（2）计算规定解读

如果舞台灯光控制室有围护结构且只有一层，那么就不能另外计算面积，因为整个舞台的面积计算已经包含了该灯光控制室的面积。

12. 落地橱窗建筑面积计算

（1）计算规定

附属在建筑物外墙的落地橱窗，应按其围护结构外围水平面积计算。结构层高在 2.20m 及以上的，应计算全面积；结构层高在 2.20m 以下的，应计算 1/2 面积。

（2）计算规定解读

落地橱窗是指突出外墙面，根基落地的橱窗。

13. 飘窗建筑面积计算

（1）计算规定

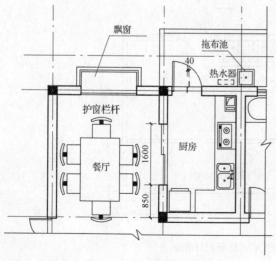

图 3.11　飘窗示意图

窗台与室内楼地面高差在 0.45m 以下且结构净高在 2.10m 及以上的凸（飘）窗，应按其围护结构外围水平面积计算 1/2 面积。

（2）计算规定解读

飘窗是突出建筑物外墙四周有维护结构的采光窗（图 3.11）。2005 年建筑面积计算规范是不计算建筑面积的。实际飘窗的结构净高可能要超过 2.1m，体现了建筑物的价值量，所以此次规范规定了"窗台与室内楼地面高差在 0.45m 以下且结构净高在 2.10m 及以上的凸（飘）窗"应按其围护结构外围水平面积计算 1/2 面积。

14. 走廊（挑廊）建筑面积计算

（1）计算规定

有围护设施的室外走廊（挑廊），应按其结构底板水平投影面积计算 1/2 面积；有围护设施（或柱）的檐廊，应按其围护设施（或柱）外围水平面积计算 1/2 面积。

（2）计算规定解读

1）挑廊是指挑出建筑物外墙的水平交通空间，见图 3.12。

2）走廊指建筑物底层的水平交通空间，见图 3.13。

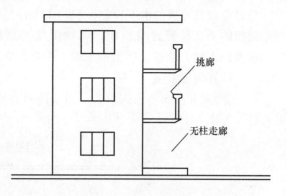

图 3.12　挑廊、无柱走廊示意图

3）檐廊是指设置在建筑物底层檐下的水平交通空间，见图 3.13。

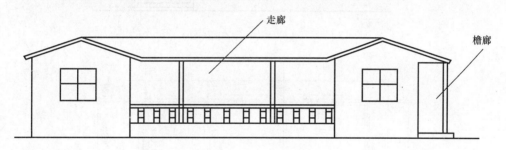

图 3.13　走廊、檐廊示意图

15. 门斗建筑面积计算

（1）计算规定

门斗应按其围护结构外围水平面积计算建筑面积，且结构层高在 2.20m 及以上的应计算全面积，结构层高在 2.20m 以下的应计算 1/2 面积。

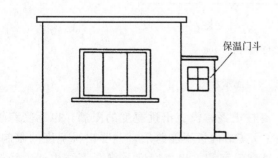

图 3.14　有围护结构门斗示意图

（2）计算规定解读

门斗是指建筑物入口处两道门之间的空间，在建筑物出入口设置的起分隔、挡风、御寒等作用的建筑过渡空间。保温门斗一般有围护结构，见图 3.14。

16. 门廊、雨篷建筑面积计算

（1）计算规定

门廊应按其顶板的水平投影面积的 1/2 计算建筑面积；有柱雨篷应按其结构板水平投影面积的 1/2 计算建筑面积；无柱雨篷的结构外边线至外墙结构外边线的宽度在 2.10m 及以上的，应按雨篷结构板的水平投影面积的 1/2 计算建筑面积。

（2）计算规定解读

1）门廊是在建筑物出入口，三面或两面有墙，上部有板（或借用上部楼板）围护的部位，见图 3.15。

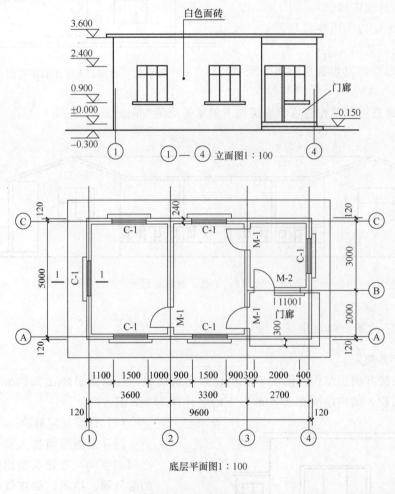

图 3.15　门廊示意图

2）雨篷分为有柱雨篷和无柱雨篷。有柱雨篷，没有出挑宽度的限制，也不受跨越层数的限制，均计算建筑面积。无柱雨篷，其结构板不能跨层，并受出挑宽度的限制，设计出挑宽度大于或等于 2.10m 时才计算建筑面积。出挑宽度系指雨篷结构外边线至外墙结构外边线的宽度，弧形或异形时取最大宽度。

有柱的雨篷、无柱的雨篷见图 3.16。

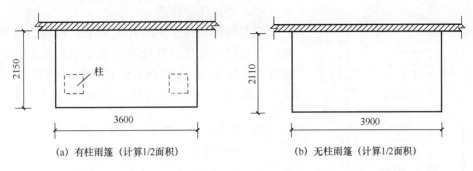

(a) 有柱雨篷（计算1/2面积）　　　　(b) 无柱雨篷（计算1/2面积）

图 3.16　雨篷示意图

17. 楼梯间、水箱间、电梯机房建筑面积计算

（1）计算规定

设在建筑物顶部的、有围护结构的楼梯间、水箱间、电梯机房等，结构层高在 2.20m 及以上的应计算全面积，结构层高在 2.20m 以下的应计算 1/2 面积。

（2）计算规定解读

1）如遇建筑物屋顶的楼梯间是坡屋顶时，应接坡屋顶的相关规定计算面积。

2）单独放在建筑物屋顶上的混凝土水箱或钢板水箱不计算面积。

3）建筑物屋顶水箱间、电梯机房示意见图 3.17。

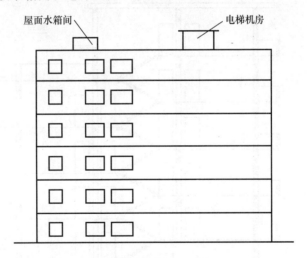

图 3.17　屋面水箱间、电梯机房示意图

18. 围护结构不垂直于水平面楼层建筑物建筑面积计算

（1）计算规定

围护结构不垂直于水平面的楼层，应按其底板面的外墙外围水平面积计算。结构净高在 2.10m 及以上的部位，应计算全面积；结构净高在 1.20m 及以上至 2.10m 以下的

部位，应计算 1/2 面积；结构净高在 1.20m 以下的部位，不应计算建筑面积。

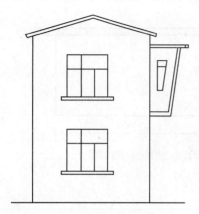

图 3.18　围护结构不垂直于
水平面而超出地板外沿的建筑物

（2）计算规定解读

设有围护结构、不垂直于水平面而超出地板外沿的建筑物，是指向外倾斜的墙体超出地板外沿的建筑物（图 3.18）。若遇有向建筑物内倾斜的墙体，应视为坡屋面，应按坡屋顶的有关规定计算面积。

19. 室内楼梯、电梯井、提物井、管道井等建筑面积计算

（1）计算规定

建筑物的室内楼梯、电梯井、提物井、管道井、通风排气竖井、烟道，应并入建筑物的自然层计算建筑面积。有顶盖的采光井应按一层计算面积，且结构净高在 2.10m 及以上的应计算全面积，结构净高在 2.10m 以下的应计算 1/2 面积。

（2）计算规定解读

1）室内楼梯间的面积计算，应按楼梯依附的建筑物的自然层数计算，合并在建筑物面积内。若遇跃层建筑，其共用的室内楼梯应按自然层计算面积；上下两错层户室共用的室内楼梯，应选上一层的自然层计算面积，见图 3.19。

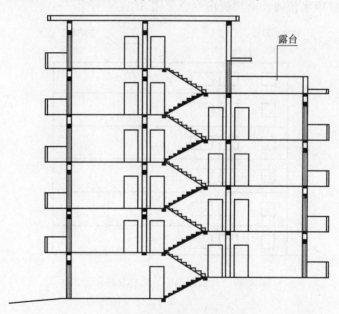

图 3.19　户室错层剖面示意图

2）电梯井是指安装电梯用的垂直通道，见图 3.20。

【例 3.3】　某建筑物共 12 层，电梯井尺寸（含壁厚）见图 3.19，求电梯井面积。

【解】　　　　　　　　$S = 2.80 \times 3.40 \times 12$ 层 $= 114.24 \text{m}^2$

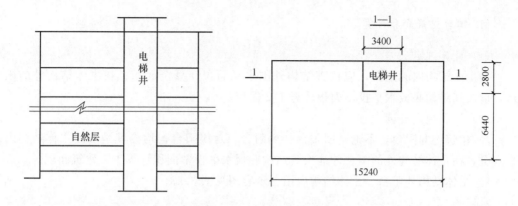

图 3.20　电梯井示意图

3）有顶盖的采光井包括建筑物中的采光井和地下室采光井（图 3.21）。

4）提物井是指图书馆提升书籍、酒店提升食物的垂直通道。

5）垃圾道是指写字楼等大楼内每层设垃圾倾倒口的垂直通道。

6）管道井是指宾馆或写字楼内集中安装给排水、采暖、消防、电线管道用的垂直通道。

20. 室外楼梯建筑面积计算

（1）计算规定

室外楼梯应并入所依附建筑物自然层，并应按其水平投影面积的 1/2 计算建筑面积。

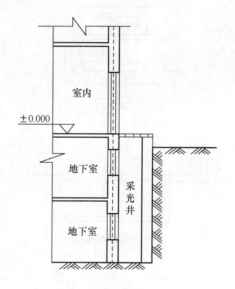

图 3.21　地下室采光井

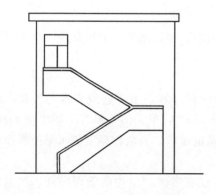

图 3.22　室外楼梯示意图

（2）计算规定解读

1）室外楼梯作为连接该建筑物层与层之间交通不可缺少的基本部件，无论从其功能还是工程计价的要求来说，均需计算建筑面积。层数为室外楼梯所依附的楼层数，即梯段部分投影到建筑物范围的层数。利用室外楼梯下部的建筑空间不得重复计算建筑面积；利用地势砌筑的为室外踏步，不计算建筑面积。

2）室外楼梯示意见图 3.22。

21. 阳台建筑面积计算

（1）计算规定

在主体结构内的阳台，应按其结构外围水平面积计算全面积；在主体结构外的阳台，应按其结构底板水平投影面积计算 1/2 面积。

（2）计算规定解读

1）建筑物的阳台，不论是凹阳台、挑阳台、封闭阳台，均按其是否在主体结构内来划分，在主体结构外的阳台才能按其结构底板水平投影面积计算 1/2 建筑面积。

2）主体结构外阳台、主体结构内阳台示意图见图 3.23。

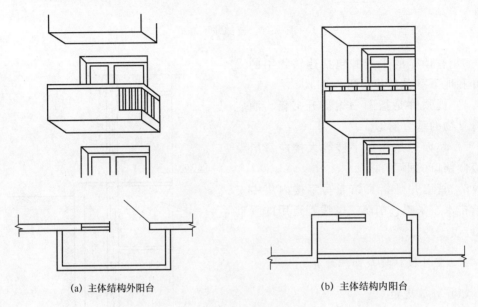

(a) 主体结构外阳台　　　　　　　　　　(b) 主体结构内阳台

图 3.23　建筑物的阳台示意图

22. 车棚、货棚、站台、加油站等建筑面积计算

（1）计算规定

有顶盖无围护结构的车棚、货棚、站台、加油站、收费站等，应按其顶盖水平投影面积的 1/2 计算建筑面积。

（2）计算规定解读

1）车棚、货棚、站台、加油站、收费站等的面积计算，由于建筑技术的发展，出现许多新型结构，如柱不再是单纯的直立柱，而出现正 V 形、倒 ∧ 形等不同类型的柱，给面积计算带来许多争议。为此，我们不以柱来确定面积，而依据顶盖的水平投影面积计算。

2）在车棚、货棚、站台、加油站、收费站内设有带围护结构的管理房间、休息室等，应另按有关规定计算面积。

3）站台示意图见图 3.24，其面积为

$$S = 2.0 \times 5.50 \times 0.5 = 5.50 \text{m}^2$$

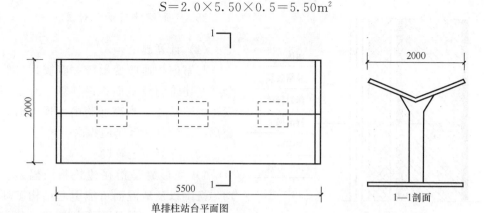

单排柱站台平面图　　1—1剖面

图 3.24　单排柱站台示意图

23. 幕墙作为围护结构的建筑面积计算

（1）计算规定

以幕墙作为围护结构的建筑物，应按幕墙外边线计算建筑面积。

（2）计算规定解读

1）幕墙以其在建筑物中所起的作用和功能来区分，直接作为外墙起围护作用的幕墙按其外边线计算建筑面积。

2）设置在建筑物墙体外起装饰作用的幕墙不计算建筑面积。

24. 建筑物的外墙外保温层建筑面积计算

（1）计算规定

建筑物的外墙外保温层应按其保温材料的水平截面积计算，并计入自然层建筑面积。

（2）计算规定解读

建筑物外墙外侧有保温隔热层的，保温隔热层以保温材料的净厚度乘以外墙结构外边线长度按建筑物的自然层计算建筑面积，其外墙外边线长度不扣除门窗和建筑物外已计算建筑面积构件（如阳台、室外走廊、门斗、落地橱窗等部件）所占长度。

当建筑物外已计算建筑面积的构件（如阳台、室外走廊、门斗、落地橱窗等部件）有保温隔热层时，其保温隔热层也不再计算建筑面积。外墙是斜面者按楼面楼板处的外墙外边线长度乘以保温材料的净厚度计算。外墙外保温以沿高度方向满铺为准，某层外墙外保温铺设高度未达到全部高度时（不包括阳台、室外走廊、门斗、落地橱窗、雨篷、飘窗等），不计算建筑面积。保温隔热层的建筑面积是以保温隔热材料的厚度来计算的，不包含抹灰层、防潮层、保护层（墙）的厚度。建筑外墙外保温见图 3.25。

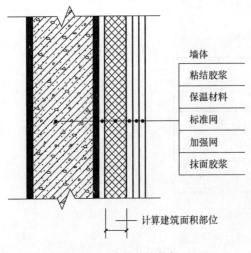

图 3.25　建筑外墙外保温

25. 变形缝建筑面积计算

（1）计算规定

与室内相通的变形缝，应按其自然层合并在建筑物建筑面积内计算。对于高低联跨的建筑物，当高低跨内部连通时，其变形缝应计算在低跨面积内。

（2）计算规定解读

1）变形缝是指在建筑物因温差、不均匀沉降以及地震而可能引起结构破坏变形的敏感部位或其他必要的部位，预先设缝将建筑物断开，令断开后建筑物的各部分成为独立的单元，或者是划分为简单、规则的段，并令各段之间的缝达到一定的宽度，以能够适应变形的需要。根据外界破坏因素的不同，变形缝一般分为伸缩缝、沉降缝、抗震缝三种。

2）本条规定所指建筑物内的变形缝是与建筑物相联通的变形缝，即暴露在建筑物内、可以看得见的变形缝。

3）室内看得见的变形缝示意图如图 3.26 所示。

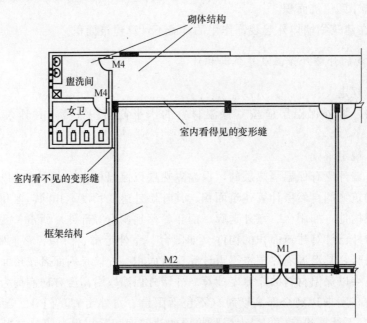

图 3.26　室内看得见的变形缝示意图

4）高低联跨建筑物示意图见图 3.27。

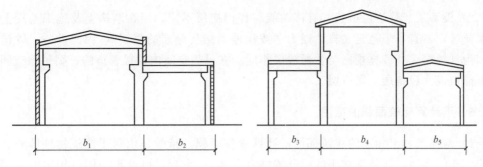

图 3.27　高低跨单层建筑物建筑面积计算示意图

5）建筑面积计算示例。

【例 3.4】　图 3.27 中，当建筑物长为 L 时，其建筑面积分别为多少？

【解】

$$S_{高1} = b_1 \times L$$
$$S_{高2} = b_4 \times L$$
$$S_{低1} = b_2 \times L$$
$$S_{低2} = (b_3 + b_5) \times L$$

26．建筑物内的设备层、管道层、避难层等建筑面积计算

（1）计算规定

对于建筑物内的设备层、管道层、避难层等有结构层的楼层，结构层高在 2.20m 及以上的应计算全面积，结构层高在 2.20m 以下的应计算 1/2 面积。

（2）计算规定解读

1）高层建筑的宾馆、写字楼等，通常在建筑物高度的中间部位分设置管道、设备层等，主要用于集中放置水、暖、电、通风管道及设备。这一设备管道层应计算建筑面积，如图 3.28 所示。

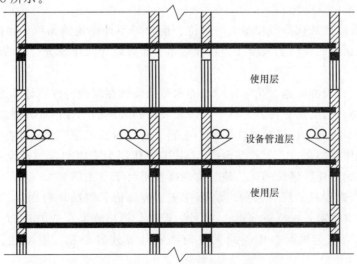

图 3.28　设备管道层示意图

2）设备层、管道层虽然其具体功能与普通楼层不同，但在结构上及施工消耗上并无本质区别，且本规范定义自然层为"按楼地面结构分层的楼层"，因此设备、管道楼层归为自然层，其计算规则与普通楼层相同。在吊顶空间内设置管道的，则吊顶空间部分不能被视为设备层、管道层。

3.1.5　不计算建筑面积的范围

1）与建筑物不相连的建筑部件不计算建筑面积。指的是依附于建筑物外墙外，不与户室开门连通，起装饰作用的敞开式挑台（廊）、平台，以及不与阳台相通的空调室外机搁板（箱）等设备平台部件。

2）建筑物的通道不计算建筑面积。

① 计算规定。骑楼、过街楼底层的开放公共空间和建筑物通道，不应计算建筑面积。

② 计算规定解读。骑楼是指楼层部分跨在人行道上的临街楼房，见图 3.29（a）。过街楼是指有道路穿过建筑空间的楼房，见图 3.29（b）。

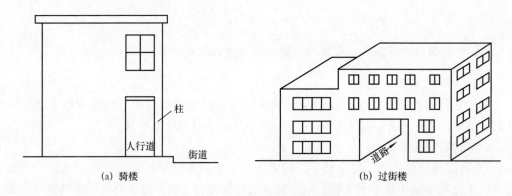

(a) 骑楼　　　　　　　　　　　　　　(b) 过街楼

图 3.29　骑楼、过街楼示意图

3）舞台及后台悬挂幕布和布景的天桥、挑台等不计算建筑面积。指的是影剧院的舞台及为舞台服务的可供上人维修、悬挂幕布、布置灯光及布景等搭设的天桥和挑台等构件设施。

4）露台、露天游泳池、花架、屋顶的水箱及装饰性结构构件不计算建筑面积。

5）建筑物内的操作平台、上料平台、安装箱和罐体的平台不计算建筑面积。

建筑物内不构成结构层的操作平台、上料平台（包括工业厂房、搅拌站和料仓等建筑中的设备操作控制平台、上料平台等），其主要作用为室内构筑物或设备服务的独立上人设施，因此不计算建筑面积。建筑物内操作平台示意见图 3.30（a）。

6）勒脚、附墙柱、垛、台阶、墙面抹灰、装饰面、镶贴块料面层、装饰性幕墙，主体结构外的空调室外机搁板（箱）、构件、配件，挑出宽度在 2.10m 以下的无柱雨篷和顶盖高度达到或超过两个楼层的无柱雨篷不计算建筑面积。附墙柱、垛示意图见图 3.30（b）。

7）窗台与室内地面高差在 0.45m 以下且结构净高在 2.10m 以下的凸（飘）窗，窗

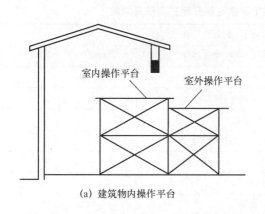

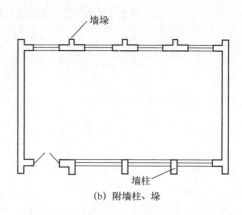

(a) 建筑物内操作平台   (b) 附墙柱、垛

图 3.30 建筑物内操作平台和附墙柱、垛示意图

台与室内地面高差在 0.45m 及以上的凸
（飘）窗不计算建筑面积。

8）室外爬梯、室外专用消防钢楼梯不
计算建筑面积。

室外钢楼梯需要区分具体用途，如专
用于消防楼梯，则不计算建筑面积；如果
是建筑物唯一通道，兼用于消防，则需要
按建筑面积计算规范的规定计算建筑面积。
室外消防钢梯示意图见图 3.31。

9）无围护结构的观光电梯不计算建筑
面积。

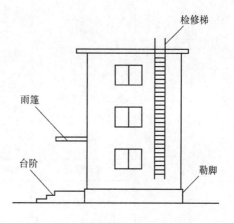

图 3.31 室外消防钢梯示意图

10）建筑物以外的地下人防通道，独
立的烟囱、烟道、地沟、油（水）罐、气柜、水塔、贮油（水）池、贮仓、栈桥等构筑
物不计算建筑面积。

3.2 楼地面工程量计算

3.2.1 楼地面工程主要子目

《全国统一建筑装饰装修工程消耗量定额》（GYD-901—2002）（以下简称《装饰定
额》）中的楼地面工程分部共列出了 242 个子目。这些子目主要从两个方面划分：一是
按部位划分，例如地面、台阶、楼梯、栏杆、踢脚线等；二是按材料划分，例如大理
石、花岗石、地砖、地毯、木地板、不锈钢管栏杆等。对于初学者，应该熟悉这些子目
及这些子目的划分，只有这样才能够在编制装饰工程预算的过程中较好地、较完整地列
出楼地面装饰工程的项目，避免出现漏项或重复计算的现象。

《装饰定额》中楼地面分部的主要子目构成见表 3.1。

表 3.1 装饰装修工程消耗量定额楼地面分部主要子目构成

楼地面分部 （一）	大理石	单色（m²）（按周长划分）	
		多色（m²）（按周长划分）	
		拼花（m²）	
		点缀（个）	
		碎拼（m²）	
	花岗岩	单色（m²）（按周长划分）	
		多色（m²）（按周长划分）	
		拼花（m²）	
		点缀（个）	
		碎拼（m²）	
	踢脚线	直线形	大理石（m²）
			花岗岩（m²）
		弧形	大理石（m²）
			花岗岩（m²）
	成品踢脚线	大理石（m）	
		花岗岩（m）	
	楼梯	大理石（m²）	
		花岗岩（m²）	
	弧形楼梯	大理石（m²）	
	台阶	大理石（m²）	
		花岗岩（m²）	
	弧形台阶	大理石（m²）	
		花岗岩（m²）	
	零星项目	大理石（m²）	
		花岗岩（m²）	
		碎拼大理石（m²）	
		碎拼花岗岩（m²）	
	波打线（嵌边）	大理石（m²）	
		花岗岩（m²）	
	石材底面刷养护液	光面石材	花岗岩（m²）
			大理石（m²）
		亚光石材	花岗岩（m²）
			大理石（m²）
		粗面石材	剁斧板（m²）
			火烧板（m²）
			蘑菇石（m²）
	石材底面刷养护液	光面石材（m²）	

	人造大理石板	水泥砂浆（m²）		
		黏结剂（m²）		
	水磨石	带嵌条（m²）		
		带艺术嵌条（m²）		
	彩色镜面水磨石	带嵌条（m²）		
		带艺术嵌条（m²）		
	陶瓷地砖	陶瓷地砖（按周长划分）（m²）		
	玻璃地砖	激光玻璃砖（按厚度和周长划分）（m²）		
		幻影玻璃地砖（按厚度和周长划分）（m²）		
	缸砖	楼地面（m²）		
		楼梯（m²）		
		台阶（m²）		
		踢脚线（m²）		
		零星项目（m²）		
楼地面分部（二）	陶瓷锦砖	楼地面	拼花（m²）	
			不拼花（m²）	
		台阶（m²）		
		踢脚线（m²）		
	水泥花砖、广场砖	水泥花砖	楼地面（m²）	
			台阶（m²）	
		广场砖	拼图案（m²）	
			不拼图案（m²）	
	分隔嵌条、防滑条	楼地面嵌金属分隔条（按型号规格划分）（m）		
		楼梯、台阶踏步防滑条（按材料规格划分）（m）		
	酸洗打蜡	楼地面（m²）		
		楼梯台阶（m²）		
	塑料、橡胶板	楼地面	塑料板	平口（m²）
				企口装配板（m²）
			塑料卷材（m²）	
			橡胶板（m²）	
		踢脚线	塑料板	装配式（m²）
				黏结（m²）
	地毯及附件	楼地面	羊毛地毯	固定（m²）
				不固定（m²）
			化纤地毯	固定（m²）
				不固定（m²）

楼地面分部（三）	楼梯	化纤地毯（按带垫不带垫划分）（m²）	
		羊毛地毯（按带垫不带垫划分）（m²）	
	楼梯地毯配件	铜质［按压棍（套）、压板（m）划分］	
		不锈钢［按压棍（套）、压板（m）划分］	
	竹、木地板	硬木拼花地板	铺在水泥地上（分平口、企口）（m²）
			铺在木楞上（分平口、企口）（m²）
			铺在毛地板上（分平口、企口）（m²）
		硬木不拼花地板	铺在水泥地上（分平口、企口）（m²）
			铺在木楞上（分平口、企口）（m²）
			铺在毛地板上（分平口、企口）（m²）
		硬木地板砖	铺在水泥地上（分平口、企口）（m²）
			铺在毛地板上（分平口、企口）（m²）
		长条复合地板	铺在混凝土面上（m²）
			铺在毛地板上（m²）
		长条杉木地板	铺在木龙骨上（分平口、企口）（m²）
			铺在毛地板上（分平口、企口）（m²）
		长条松木地板	铺在木龙骨上（分平口、企口）（m²）
			铺在毛地板上（分平口、企口）（m²）
		直线形木踢脚板	杉木（m²）
			榉木夹板（m²）
			橡木夹板（m²）
		弧线形木踢脚板	榉木夹板（m²）
			橡木夹板（m²）
		成品木踢脚板	成品木踢脚板（m）
	防静电活动地板	防静电活动地板安装	铝质（m²）
			木质（m²）
		防静电地毯（m²）	
		踢脚线	金属板（m²）
			复合板（m²）
			防静电板（m²）
	栏杆、栏板、扶手	铝合金栏杆（按不同玻璃及半玻、全玻划分）（m）	
		不锈钢管栏杆（按直线型、圆弧型、螺旋型划分）（m）	
		大理石栏板（按直形、弧形划分）（m）	
		铁花栏杆（m）	
		木栏杆（按车花、不车花划分）（m）	
		铝合金扶手（m）	
		不锈钢扶手（按直形、弧形及直径划分）（m）	
		硬木扶手（按直形、弧形及不同断面划分）（m）	
		钢管扶手（按圆管、方管划分）（m）	
		铜管扶手（按直形、弧形划分）（m）	
		塑料扶手（m）	
		大理石扶手（按直形、弧形划分）（m）	
		螺旋形扶手（按硬木、不锈钢划分）（m）	
		弯头（按不锈钢、钢管、铜管、硬木及不同规格划分）（个）	
		大理石弯头（个）	
		靠墙扶手（按不同材质划分）（m）	

本章工程量计算规则采用《全国统一装饰装修工程消耗量定额》（GYD-901—2002）中的规定。

3.2.2　楼地面装饰子目的特点

楼地面装饰子目主要有以下特点。

1. 块料装饰类按块料周长划分项目

我们从上述的装饰定额中可以看到，大理石、花岗岩、地砖等地面块料装饰按其每块周长的不同划分子目。通过分析，还可以发现，同一种材料因块料周长不同划分的子目，其材料消耗量基本相同，只是定额中的综合人工有不同的变化。

2. 应注意子目的工程量计量单位

由于装饰工程量的计量单位是根据定额子目的单位确定的，所以我们应该首先弄明白装饰定额中各个子目的计量单位。

在楼地面装饰定额中，一般子目以 m^2 为计量单位。但是也有一些子目的计量单位不能想当然地确定，应查阅装饰定额后再确定。例如，大理石、花岗岩地面点缀子目以个为计量单位；天然石材的成品踢脚线以 m 为计量单位；楼梯地毯压棍以套为计量单位；夹板木踢脚线以 m^2 为计量单位；各种栏杆、扶手以 m 为计量单位；栏杆弯头以个为计量单位等。

3.2.3　楼地面面层

1. 计算规则

楼地面装饰面积按饰面的净面积计算，不扣除 $0.1m^2$ 以内的孔洞所占面积。拼花部分按实贴面积计算。

2. 解读计算规则及工程量计算

1)"按饰面的净面积计算"，可以理解为按实铺面积计算。在计算实铺面积时，主要是明确两个方面的问题：一是要扣除墙厚（结构尺寸）所占的面积；二是要扣除墙面抹灰层厚度所占的面积。例如，在图 3.32 中，墙的抹灰厚度为 20mm 时，3.90m 开间要铺花岗岩板的尺寸为

$$\overset{（墙厚）}{3.90-0.24}\overset{（抹灰厚）}{-0.02\times2}=3.62m$$

【例 3.5】　根据图 3.32 所示尺寸，计算花岗岩地面的净面积。

【解】 花岗岩地面净面积 $=[(\overset{（大房间）}{6.0}-\overset{（墙厚）}{0.24}-\overset{（抹灰厚）}{0.02}\times2)\times(\overset{（墙厚）}{3.90}-0.24\overset{（抹灰厚）}{-0.02}\times2)$

$-(0.24+0.02\times2)\overset{（附墙柱）}{-4}\times0.12]+[(\overset{（小房间）}{3.0}-\overset{（墙厚）}{0.24}-\overset{（抹灰厚）}{0.02}\times2)$

$$\qquad\qquad\qquad\text{（墙厚）（抹灰厚）}\qquad\qquad\text{（开口部分:M3门）}$$
$$\times(5.10-0.24-0.02\times2)\times2]+[(0.90-0.02\times2)$$
$$\qquad\qquad\text{（墙厚）（抹灰厚）}$$
$$\times(0.24+0.02\times2)$$
$$\qquad\text{（M4门）（抹灰厚）}\qquad\text{（墙厚）（抹灰厚）}$$
$$+(1.0-0.02\times2)\times(0.24+0.02\times2)]$$
$$=(5.72\times3.62-0.76)+(2.72\times4.82\times2)$$
$$+(0.86\times0.28+0.96\times0.28)$$
$$=19.95+26.22+0.51$$
$$=46.68\text{m}^2$$

2）"不扣除 0.1m^2 以内的孔洞所占面积"。楼地面装饰过程中，如果遇到穿过楼地面的上、下水管道，就会出现孔洞。当该类孔洞面积大于 0.1m^2 时，计算楼地面工程量时应予扣除。

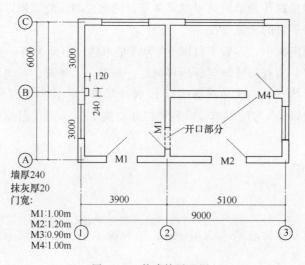

图 3.32　某建筑平面图

3）"拼花部分按实贴面积计算"。拼花是指采用不同材质、不同颜色的天然石材拼组成各种图案的装饰项目，一般常在大厅、大堂地面出现，如图 3.33 所示。

【例 3.6】　图 3.33 为某宾馆大堂中心拼花地案图，如果整个大堂地面都是中国红花岗岩板材铺设，那么边长为 3.4m 的正方形就是拼花地面部分，试计算该部分的工程量。

【解】　　　　　大理石拼花面积 $=3.40\times3.40=11.56\text{m}^2$

3．计算公式

（1）楼地面面层

$$\text{楼地面面层装饰面积}=\text{（房间长的轴线尺寸}-\text{墙厚}-\text{抹灰厚）}$$
$$\times\text{（房间宽的轴线尺寸}-\text{墙厚}-\text{抹灰厚）}$$
$$+\text{门开口部分面积}-\text{柱、垛及大于 0.1m}^2\text{孔洞面积}$$

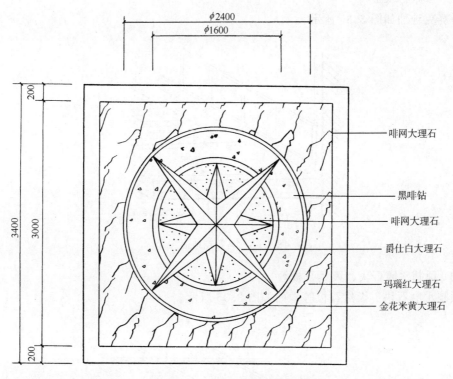

图 3.33　一层大堂中心地案图

　　说明： 按饰面的净面积计算的要求，应该扣除墙面抹灰厚度所占面积，实际施工的多数情况也是这样。但是这给计算上带来一些麻烦，所以在实际工作中一般没有扣除抹灰层厚度。在后面的实例中，我们也没有扣除抹灰厚。但是这方面的问题我们应搞清楚。

　　（2）拼花

楼地面拼花面积＝实贴面积

4. 块料面层图示

（1）缸砖地面

缸砖地面如图 3.34 所示。

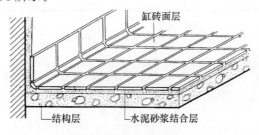

图 3.34　缸砖地面

（2）马赛克地面

马赛克地面如图 3.35 所示。

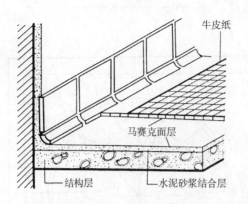

图 3.35　马赛克地面

（3）预制水磨石块、天然石板等

预制水磨石块、天然石板等地面如图 3.36 所示。

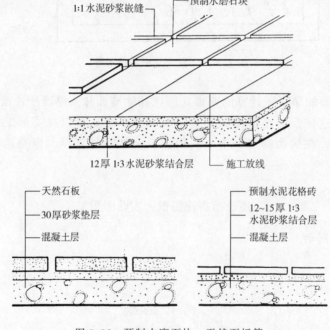

图 3.36　预制水磨石块、天然石板等

（4）木地板

实铺木地板如图 3.37 所示。架空木地板如图 3.38 所示。双层木地板如图 3.39 所示。

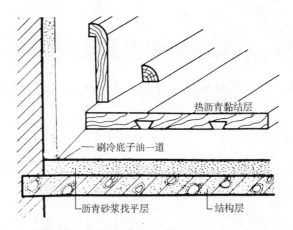

图 3.37　实铺木地板

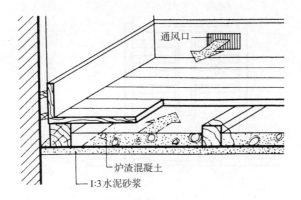

图 3.38　架空木地板地面

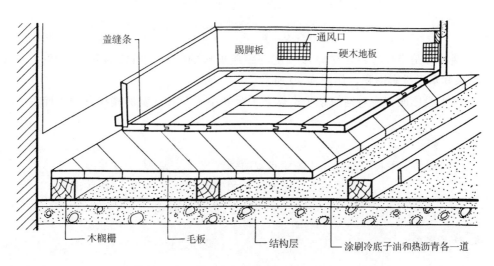

图 3.39　双层木地板

3.2.4 楼梯面层

1. 计算规则

楼梯面积（包括踏步、休息平台以及小于 50mm 宽的楼梯井）按水平投影面积计算。

2. 解读计算规则

1）休息平台是指每层楼之间两跑或三跑楼梯连接的平台，不能指楼层上的平台，如图 3.40 所示。（说明：这一结论可以从楼梯面层装饰定额中的材料消耗量分析证实。）

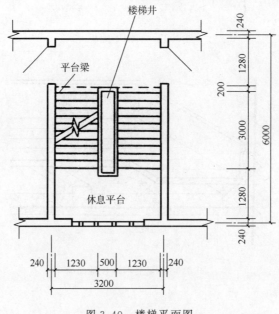

图 3.40　楼梯平面图

2）楼梯井是指楼梯转弯时离开一定的距离形成的空间。当楼梯井宽度超过 50mm 时应扣除其水平投影面积，如图 3.40 所示。

3）水平投影面积应包括梯踏步、休息平台和小于 50mm 宽的楼梯井的净面积。

3. 计算公式

$$楼梯水平投影面积 =（楼梯间宽的轴线尺寸 - 墙厚 - 抹灰厚）$$
$$\times（楼梯间长的轴线尺寸 - 墙厚 - 抹灰厚）$$
$$- 50mm 以上宽楼梯井面积$$

4. 计算实例

【例 3.7】　如果图 3.33 中的墙厚为 240mm；墙面抹灰厚度为 25mm 时，计算楼梯铺贴花岗岩板的工程量。

　　　　　　　　　　　　　　　　　　　　（墙厚）　（抹灰厚）　　　　　　　　　（墙厚）

【解】　楼梯铺花岗岩工程量＝（3.20－0.24－0.025×2）×（6.0－0.24

　　　　　　　　　　　　　　　　　（楼层平台）（抹灰厚）　　　（楼梯井）

　　　　　　　　　　　　－　1.28　－　0.025　）－0.50×3.0

　　　　　　　　　　＝2.91×4.46－1.50

　　　　　　　　　　＝11.48m²

3.2.5　台阶面层

1. 计算规则

台阶面层（包括踏步及最上层踏步外沿加 300mm）按水平投影面积计算。

2. 解读计算规则

1）水平投影面积与楼梯计算规则相同，虽然规则要求按水平投影面积计算，但台阶踏步立面的装饰材料已经折算在装饰定额的消耗量中。这是简化工程量计算的一种方法。

2）包括踏步及最上一层踏步外沿加 300mm 是指台阶与地面连接时，要将地面边上的 300mm 划给台阶计算，如图 3.41 中虚线所示。

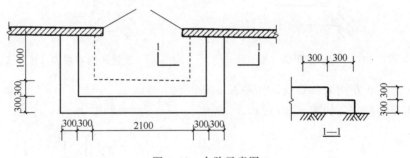

图 3.41　台阶示意图

3. 计算公式

　　　　台阶水平投影面积＝台阶踏步的中心线长×台阶踏步共宽

4. 计算实例

【例 3.8】　按图 3.41 所示尺寸，计算花岗岩台阶工程量。

【解】

　　　　　　　　　　　　（宽方向）　　　　　　　　（长方向）　　　　（台阶共宽）

花岗岩台阶工程量＝[（1.0＋0.30）×2＋（2.10＋　0.30　×2）]×（0.30×2）

　　　　　　　　＝（2.60＋2.70）×0.60

　　　　　　　　＝3.18m²

3.2.6 踢脚线

1. 计算规则

踢脚线按实贴长乘以高以 m² 计算，成品踢脚线按实贴延长米计算。楼梯踢脚线按相应定额乘以系数 1.15。

2. 踢脚线（板）图示

1）水泥砂浆踢脚线，如图 3.42 所示。
2）现浇水磨石踢脚线，如图 3.43 所示。

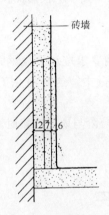 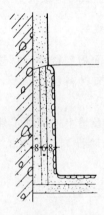

图 3.42　水泥砂浆踢脚（板）线　　　图 3.43　现浇水磨石踢脚（板）线

3）大理石、花岗岩踢脚线，如图 3.44 所示。
4）陶板踢脚线，如图 3.45 所示。

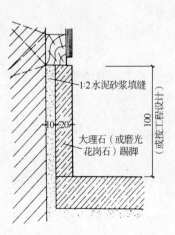 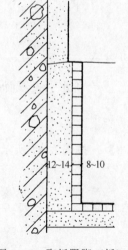

图 3.44　大理石（或磨光花岗石）踢脚（板）线　　　图 3.45　陶板踢脚（板）线

5）塑料踢脚线，如图 3.46 所示。

3. 解读计算规则

1）踢脚线工程量的两种计量单位。踢脚线在定额中分为成品和非成品两类。计算规则规定，凡是成品踢脚线按延长米计算，不是成品的踢脚线按 m² 计算。

2）楼梯踢脚线也分成品与非成品两类。凡是楼梯踢脚线都要在工程量上乘以 1.15 的系数后，套用相应的定额。由于楼梯踏步处的踢脚线呈锯齿形，其人工和材料消耗量大于楼地面踢脚线，在没有另外列出楼梯踢脚线定额项目的情况下，利用楼地面踢脚线定额乘以大于 1 的系数调整了人工和材料消耗量。

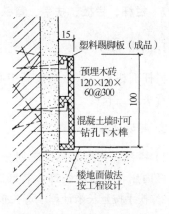

图 3.46　塑料踢脚（板）线

4. 计算公式

$$楼地面踢脚线工程量（成品）＝实贴延长米$$
$$楼地面踢脚线工程量（非成品）＝实贴长×踢脚板高$$
$$楼梯踢脚线工程量（成品）＝实贴延长米×1.15$$
$$楼梯踢脚线工程量（非成品）＝实贴长×踢脚线高×1.15$$

5. 计算实例

【例 3.9】　根据图 3.32 计算花岗岩踢脚线（非成品、120mm 高）的工程量。

【解】　1）大房间。

$$
\begin{aligned}
S &= [(6.0 - \underset{(墙厚)}{0.24} - \underset{(抹灰厚)}{0.02} \times 2 + 3.9 - \underset{(墙厚)}{0.24} - \underset{(抹灰厚)}{0.02} \times 2) \times 2 \\
&\quad + \underset{(垛侧面)}{0.12 \times 2} - \underset{(门洞M1、M3)}{(1.0 + 0.9)}] \times 0.12 \\
&= (18.68 + 0.24 - 1.90) \times 0.12 \\
&= 17.02 \times 0.12 \\
&= 2.04\,\mathrm{m^2}
\end{aligned}
$$

2）小房间。

$$
\begin{aligned}
S &= [(3.0 - \underset{(墙厚)}{0.24} - \underset{(抹灰厚)}{0.02} \times 2 + 5.10 - \underset{(墙厚)}{0.24} - \underset{(抹灰厚)}{0.02} \times 2) \times 2 \times 2\,间 \\
&\quad - \underset{(M4)}{1.0 \times 2} - \underset{(M3)}{0.90} - \underset{(M2)}{1.20}] \times 0.12 \\
&= (30.16 - 4.1) \times 0.12 \\
&= 3.13\,\mathrm{m^2}
\end{aligned}
$$

$$花岗岩踢脚线工程量＝2.04＋3.13＝5.17\,\mathrm{m^2}$$

3. 2. 7　栏杆、栏板、扶手、弯头

1. 计算规则

栏杆、栏板、扶手均按其中心线长度以延长米计算，弯头按个计算，计算扶手时不扣除弯头所占长度。

2. 解读计算规则

1）栏杆、栏板是按材质划分项目的，例如铝合金栏杆、铁花栏杆、木栏杆等。不管栏杆内用什么材料装饰，装饰定额规定均按延长米计算，如图 3.47～图 3.57 所示。

2）扶手按延长米计算，弯头按个计算，它们之间是相关联的。扶手一般按材质划分为不锈钢、硬木、铜管、塑料、大理石等扶手，弯头也随之相对应，如图 3.47～图 3.57 所示。

3. 栏杆、扶手、弯头图示

（1）金属栏杆、半玻栏板

金属栏杆、半玻栏板如图 3.47 所示。

（2）金属栏杆、全玻栏板

金属栏杆、全玻栏板如图 3.48 所示。

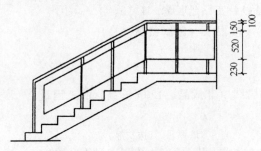

图 3.47　金属栏杆、半玻栏板

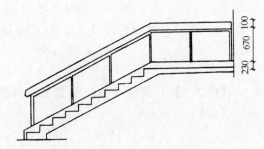

图 3.48　金属栏杆、全玻栏板

（3）金属栏杆、直线型

金属栏杆、直线型如图 3.49 和图 3.50 所示。

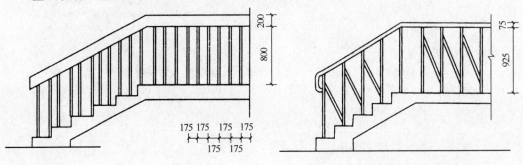

图 3.49　金属栏杆、直线型（一）　　　　　图 3.50　金属栏杆、直线型（二）

（4）铁花栏杆

铁花栏杆如图 3.51 所示。

（5）木栏杆

车花木栏杆如图 3.52 所示。

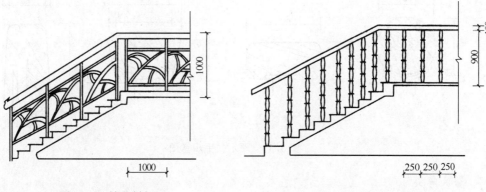

图 3.51　铁花栏杆　　　　　　　　图 3.52　车花木栏杆

不车花木栏杆如图 3.53 所示。

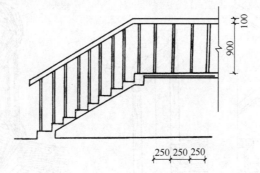

图 3.53　不车花木栏杆

（6）靠墙扶手

靠墙不锈钢管扶手如图 3.54 所示。

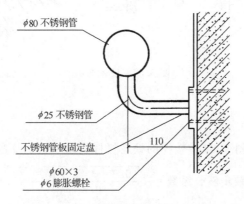

图 3.54　不锈钢管靠墙扶手示意图

（7）硬木扶手

硬木扶手如图 3.55 所示。

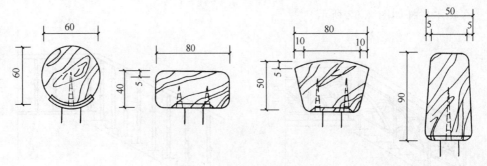

图 3.55　硬木扶手示意图

（8）弯头

硬木扶手弯头如图 3.56 所示。

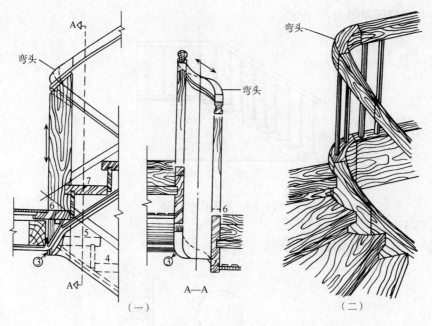

（一）　　　　　A—A　　　　　（二）

图 3.56　硬木弯头

4. 计算实例

【例 3.10】　计算图 3.57 中楼梯的铁花栏杆、硬木扶手及弯头工程量。

【解】　　　　　$梯踏步斜长系数=\dfrac{\sqrt{(0.3)^2+(0.15)^2}}{0.3}=1.118$

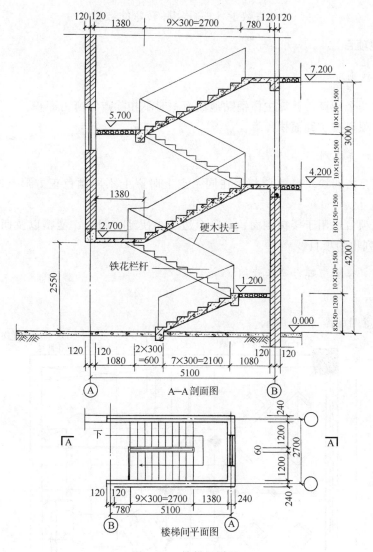

图 3.57 楼梯间详图

（第一跑） （第二跑） （第三跑） （第四跑）

铁花栏杆长＝[2.10 ＋(2.10 ＋0.60)＋ 0.30 ×9＋ 0.30 ×10

（第五跑） （第三跑水平长）（第五跑水平长） 转弯水平长

＋ 0.30 ×10]×1.118＋ 0.60 ＋(1.20＋0.06)＋(0.06×4)

＝13.5×1.118＋1.86＋0.24

＝17.19m

硬木扶手长＝17.19m（同栏杆长）

硬木弯头＝1×5＝5 个

5. 计算公式

楼梯栏杆（扶手）长＝各跑楼梯水平长×斜长系数＋水平长

弯头数量＝栏杆实际转弯的数量

3.2.8　其他项目

1. 计算规则

1）点缀按个计算，计算主体铺贴地面面积时不扣除点缀所占面积。
2）零星项目按实铺面积计算。

2. 解读计算规则

1）点缀是指四块块料的角相聚在同一点上时嵌上不同颜色正方形点缀块的装饰，如图 3.58 所示。
2）零星项目适用于楼梯侧面、台阶牵边、小便池、蹲台、池槽以及面积在 $1m^2$ 以内且定额未列出的项目。

3. 点缀、台阶、蹲台等示意图

（1）点缀
点缀示意图如图 3.58 所示。

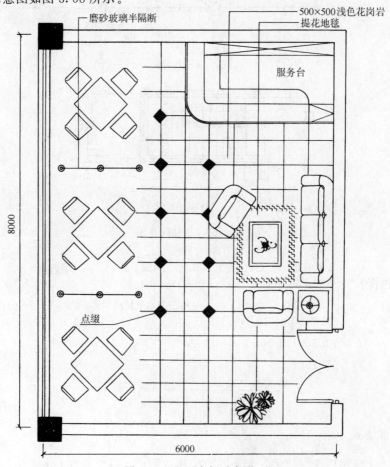

图 3.58　地面点缀示意图

（2）台阶

台阶示意图如图 3.59 所示。

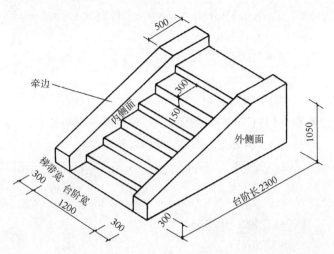

图 3.59 台阶示意图

（3）厕所蹲台

厕所蹲台示意图如图 3.60 所示。

（4）水池

水池贴块料面层示意图如图 3.61 所示。

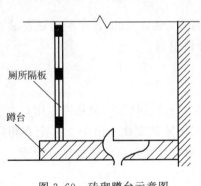

图 3.60 砖砌蹲台示意图

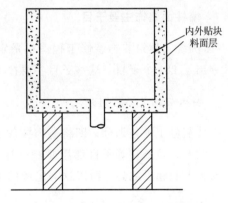

图 3.61 水池（槽）示意图

4. 计算实例

【例 3.11】 根据图 3.58 中数据（结构尺寸）分别计算花岗岩板（板厚 20mm，10mm 厚水泥砂浆粘贴）贴台阶牵边、内侧面、外侧面、端头侧面面积。

【解】 外侧面面积 $= \left[(1.05+0.30) \times \dfrac{1}{2} \times (2.30-0.50) + 0.50 \times 1.05 \right] \times 2$

$= 1.74 \times 2$

$= 3.48 \text{m}^2$

$$内侧面面积＝（外侧面面积－台阶所占面积）\times 2$$
$$＝[1.74－（0.15\times 0.3＋0.15\times 2\times 0.3＋0.15\times 3$$
$$\times 0.3＋0.15\times 4\times 0.3＋0.15\times 5\times 0.3＋$$
$$0.15\times 6\times 0.5）]\times 2$$
$$＝（1.74－1.125）\times 2$$
$$＝1.23m^2$$
$$端头侧面面积＝0.3\times 0.3\times 2＝0.18m^2$$
$$牵边面积＝（斜长＋端头侧面板厚、砂浆厚＋水平长）$$
$$\times （牵边宽＋两侧面板厚、砂浆厚）$$
$$＝[\sqrt{(2.30－0.50＋0.02＋0.01)^2＋(1.05－0.30＋0.02＋0.01)^2}$$

$$\underset{（水平长）\qquad\qquad（板厚）\qquad（砂浆厚）}{＋\quad 0.50\quad]\times（0.30＋\ 0.02\times 2＋\ 0.01\ \times 2）\times 2}$$
$$＝（1.989＋0.50）\times 0.36\times 2$$
$$＝1.79m^2$$

　　说明：上述 4 项工程量中，牵边、内侧面、端头侧面按零星项目定额套用；外侧面大于 $1m^2$，应单独列项，套用相应定额项目。

3.3　墙柱面工程量计算

3.3.1　墙柱面装饰主要子目

　　《全国统一建筑装饰装修工程消耗量定额》（GYD-901—2002）中的墙柱面装饰分部共列出了 281 个子目。这些子目主要按下列三种情况划分。

　　1. 按抹灰施工工艺划分

　　按抹灰施工工艺划分，即将装饰抹灰的子目归为一类。例如，墙柱面水刷石、干粘石、斩假石、拉条灰等子目都需要经过抹灰这道工序才能完成。由于工艺上有相同之处，材料上有相近之处，所以这类定额的用工、用料、机械台班消耗量比较接近。

　　2. 按镶贴施工工艺划分

　　按镶贴施工工艺划分，即将镶贴做法的子目归为一类。这是因为，各种石板材、各种瓷板、各种面砖等的镶贴在施工工艺上相近，其工作内容和操作程序也有相似之处。

　　3. 按各种装饰效果的材料划分

　　墙柱面除了上述两类装饰外，还可以采用许多新材料或其他材料进行装饰。这些装饰项目往往还有一个特点，即一般要计算基层和面层两个项目，这两个项目的材料又不相同。例如镜面玻璃墙面要计算胶合板基层和镜面玻璃面层两个项目。

　　装饰定额中墙柱面的子目见表 3.2。

表 3.2　装饰装修工程消耗量定额墙柱面分部主要子目构成

墙柱面工程	装饰抹灰	水刷石	水刷豆石	砖、混凝土墙面（m²）
				毛石墙面（m²）
				柱面（m²）
				零星项目（m²）
			水刷白石子	砖、混凝土墙面（m²）
				毛石墙面（m²）
				柱面（m²）
				零星项目（m²）
		干粘石	干粘白石子	砖、混凝土墙面（m²）
				毛石墙面（m²）
				柱面（m²）
				零星项目（m²）
		斩假石	斩假石	砖、混凝土墙面（m²）
				毛石墙面（m²）
				柱面（m²）
				零星项目（m²）
		拉条灰、甩毛灰	墙、柱面拉条	砖墙柱面（m²）
				混凝土墙柱面（m²）
			墙、柱面甩毛	砖墙柱面（m²）
				混凝土墙柱面（m²）
		装饰抹灰分格嵌缝	分格嵌缝	玻璃嵌缝（m²）
				分格（m²）
	镶贴块料面层	大理石	挂贴大理石	砖墙面（m²）
				混凝土墙面（m²）
				砖柱面（m²）
				混凝土柱面（m²）
				零星项目（m²）
			拼碎大理石	砖墙面（m²）
				混凝土墙面（m²）
				砖柱面（m²）
				混凝土柱面（m²）
				零星项目（m²）
			粘贴大理石（水泥砂浆）	砖墙面（m²）
				混凝土墙面（m²）
			粘贴大理石（干粉型黏结剂）	零星项目（m²）
				墙面（m²）
				零星项目（m²）
			干挂大理石	墙面密缝（m²）
				墙面勾缝（m²）
				柱面（m²）

墙柱面工程	镶贴块料面层	大理石	包圆柱（m²）	
			方柱包圆柱（m²）	
		花岗岩	挂贴花岗岩	砖墙面(m²)混凝土墙面(m²)
				砖柱面（m²）
				混凝土柱面（m²）
				零星项目（m²）
			拼碎花岗岩	砖墙面（m²）
				混凝土墙面（m²）
				砖柱面（m²）
				混凝土柱面（m²）
				零星项目（m²）
			粘贴花岗岩（水泥砂浆）	砖墙面（m²）
				混凝土墙面（m²）
				零星项目（m²）
			粘贴花岗岩（干粉型黏结剂）	墙面（m²）
				零星项目（m²）
			干挂花岗岩	墙面密缝（m²）
				墙面勾缝（m²）
				柱面（m²）
			包圆柱（m²）	
			方柱包圆（m²）	
		钢骨架上干挂石板	花岗岩板（按墙面、柱面、零星项目划分）（m²）	
			钢骨架（t）	
			不锈钢骨架（t）	
		挂贴大理石、花岗岩其他零星项目	圆柱腰线（m）	
			阴角线（m）	
			柱墩（m）	
			柱帽（m）	
		凹凸假麻石	按水泥砂浆、干粉黏结剂及墙面、柱面划分（m²）	
		陶瓷锦砖	按水泥砂浆、干粉黏结剂及墙面、柱面划分（m²）	
		瓷板、文化石	按规格及水泥砂浆、干粉黏结剂及墙面、柱面划分（m²）	
		面砖	按规格及水泥砂浆、干粉黏结剂及墙面、柱面划分（m²）	
	墙、柱面装饰	龙骨基层	木龙骨（按木龙骨断面和中距划分）（m²）	
			轻钢龙骨（m²）	
			铝合金龙骨（m²）	

续表

墙柱面工程	墙、柱面装饰	龙骨基层	型钢龙骨（m²）	
			石膏龙骨（m²）	
		夹板、卷材基层	玻璃棉毡隔离层（m²）	
			石膏板（m²）	
			胶合板（按厚度划分）（m²）	
			细木工板（m²）	
			油粘隔离层（m²）	
		面层	镜面玻璃	按在胶合板上粘贴及墙面、柱面划分（m²）
				按在砂浆面上粘贴及墙面、柱面划分（m²）
			激光玻璃	按在胶合板上粘贴及墙面、柱面划分（m²）
				按在砂浆面上粘贴及墙面、柱面划分（m²）
			不锈钢面板	墙面（m²）
				方形梁、柱面（m²）
				圆形梁、柱面（m²）
				柱帽、柱脚及其他（m²）
				不锈钢卡口槽（m）
			贴人造革	按柱面、墙面、墙裙划分（m²）
			墙面、墙裙贴丝绒（m²）	
			墙面、墙裙塑料板面（m²）	
			墙面、墙裙胶合板面（m²）	
			硬木吸音条墙面（m²）	
			硬木板条墙面（m²）	
			石膏板墙面（m²）	
			竹片内墙面（m²）	
			电化铝板墙面（m²）	
			铝合金装饰板墙面	
			铝合金复合板墙面	在胶合板基层上（m²）
				在木龙骨基层上（m²）
			镀锌铁皮墙面（m²）	
			按纤维板、刨花板、木丝板、石棉板等划分（m²）	
		隔断	木骨架按半玻、全玻及玻璃品种划分（m²）	
			全玻璃隔断按玻璃品种和边框划分（m²）	
			不锈钢柱玻璃隔断（m²）	
			铝合金玻璃隔断（m²）	
			花式木隔断（m²）	
			浴厕隔断（m²）	

			圆柱包铜按木龙骨和钢龙骨划分（m²）
墙柱面工程	墙、柱面装饰	柱龙骨基层及饰面	方柱包圆铜（m²）
			包方柱镶条按不锈钢、钛金条、柚木板等划分（m²）
			包方柱镶条按不同材料划分（m²）
			包圆柱按人造革、饰面板划分（m²）
			包方柱按镜面玻璃、饰面板等不同材料划分（m²）
		幕墙	玻璃幕墙按隐框、半隐框、明框划分（m²）
			铝板幕墙按铝塑板、铝单板划分（m²）
			全玻璃幕墙按挂式、点式划分（m²）

3.3.2　墙柱面装饰子目的主要特点

1. 标明了装饰抹灰厚度

装饰定额的墙柱面分部中列出了抹灰砂浆的抹灰厚度。使用者知道了定额中抹灰的厚度，就可以对照定额子目中的砂浆用量分析净用量和损耗量。分析出的这些数据是换算定额和补充定额的依据。

2. 各定额子目采用的单位

在墙柱面分部中，大多数定额子目采用 m² 为定额单位，这反映了该分部装饰的本质特征。但也有少数子目的单位为 m，例如挂贴大理石、花岗岩的圆柱腰线、阴角线、柱墩、柱帽等项目就采用 m 为单位。个别子目的单位为 t，例如钢骨架子目。

3. 系数换算的内容简化了定额编制的内容

当装饰工程中出现了不能直接套用装饰预算定额的子目时，可以按规定套用相应定额子目再乘以规定系数的方法来解决。例如，装饰定额中规定，圆弧形、锯齿形等不规则墙面抹灰、镶贴块料按相应子目的人工乘以系数 1.15，材料乘以系数 1.05。如果这些缺项不采用乘系数的方法，那么就要重新编出满足上述要求的装饰定额，这样显然比较麻烦。所以，当实际工作中出现定额缺项时，采用乘系数的方法来调整人工、材料耗用量的差别，简便易行，实质上也起到了扩大定额使用范围的目的。

当然，也可以用乘以小于 1 的系数的方法来调减用量。例如，装饰定额中，木龙骨基层子目按双向计算的，如果设计为单向时，材料、人工用量乘以系数 0.55。

3.3.3　外墙面装饰抹灰

1. 计算规则

外墙面装饰抹灰面积按垂直投影面积计算，扣除门窗洞口和 0.3m² 以上孔洞所占的面积，门窗洞口及孔洞侧壁面积亦不增加。附墙柱侧面抹灰面积并入外墙抹灰面积工程量内。

2. 解读计算规则

1) 按垂直投影面积计算是指从室外地面标高到檐口下标高的高度乘以外墙全长的面积。如图 3.63 中外墙垂直投影面积为

$$(9.20 + 0.15) \times (13.20 + 0.24) = 125.66\text{m}^2$$

2) 门窗侧壁面积。外墙上的门窗安装好以后，在窗的四周还会留出一定宽度的外侧面，也称侧壁。门窗侧壁装饰通常与外墙面相同。窗侧壁示意图如图 3.62 所示。

应该指出，计算规则规定门窗侧壁面积不增加，并不是不计算这部分的面积，而是在编制装饰定额时，这部分的工料消耗已经综合在定额中了。这种处理方法的目的是简化工程量计算。

3) 附墙柱。当装饰墙面有突出的附墙柱时，垂直投影面积计算完后，还要增加计算两个侧面的面积才能把外墙装饰面算完。

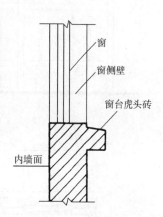

图 3.62 窗侧壁示意图

3. 计算实例

【例 3.12】 如图 3.63 所示，根据图示尺寸和有关条件计算正立面外墙浅色水刷石装饰工程量（腰线、窗台线宽 120mm）。

【解】 计算门窗面积。

$$\text{C-1 窗面积} = 1.80 \times 1.80 \times 11 = 35.64\text{m}^2$$
$$\text{M-2 门面积} = 2.70 \times 1.80 \times 1 = 4.86\text{m}^2$$

外墙水刷石面积 = (9.20 + 0.15) × (13.20 + 0.24) − (35.64 + 4.86)
（室外地面） （墙厚） （窗） （门）

（柱侧面）
+ (9.20 + 0.15) × (0.37 − 0.12) × 8

（腰线, 窗台线） （门） （上下侧面）
− [(3.30 − 0.24) × 4 × 5 − 1.80] × (0.12)

= 9.35 × 13.44 − 40.50 + 9.35 × 0.25 × 8 − 59.4 × 0.12

= 96.24m²

3.3.4 柱抹灰、柱饰面

1. 计算规则

柱抹灰按结构断面周长乘柱高计算。
柱饰面面积按外围饰面尺寸乘以高度计算。

正立面图

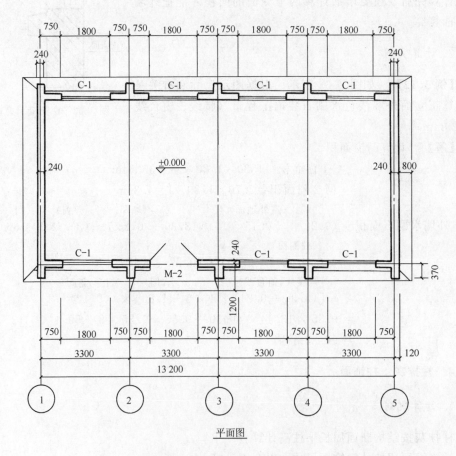

平面图

图 3.63 外墙面计算实例用图

2. 解读计算规则

1) 柱抹灰按结构断面周长计算的规定，没有考虑因抹灰厚度而增加的面积。例如，柱断面为 600mm×600mm，抹灰厚度为 20mm，按结构断面计算周长时，周长＝0.60×4＝2.40m；按外围饰面计算周长时，周长＝(0.60+0.02×2)×4＝2.56m。

2) 由于柱装饰使用的材料和工艺不同，会引起外围饰面尺寸产生较大的变化，所以计算规则规定，要按外围饰面周长乘高度计算柱装饰面积。用水泥砂浆粘贴石材饰面示意如图 3.64 所示；用钢骨架固定圆柱石材饰面示意如图 3.65 所示。

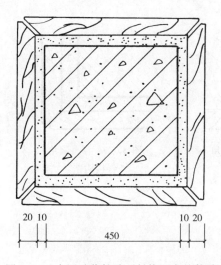

图 3.64　水泥砂浆粘贴石材饰面方柱构造

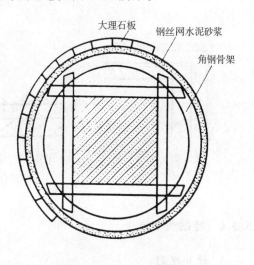

图 3.65　镶贴石材饰面板的圆柱构造

3. 计算实例

【例 3.13】　根据图 3.64 中尺寸计算 3.40m 高方柱贴花岗岩装饰面积。

【解】　柱花岗岩装饰面积＝(0.45+0.01×2+0.02×2)×4×3.40（高）

　　　　　　＝6.94m²

【例 3.14】　在图 3.58 中钢丝网水泥砂浆饰面的半径是 400mm，大理石饰面的半径是 430mm，试计算圆柱高为 6.80m 时的钢丝网水泥砂浆和大理石装饰面的工程量。

【解】　钢丝网水泥砂浆面积＝0.40×2×3.1416×6.80＝17.09m²

　　　　　圆柱大理石饰面面积＝0.43×2×3.1416×6.80＝18.37m²

3.3.5　墙面贴块料面层

1. 计算规则

墙面贴块料面层按实贴面积计算。

2. 解读计算规则

按实贴面积计算墙面块料面层有以下几种情况需注意：

1）墙面阴角。当块料在墙面阴角对接时，计算装饰长度应该在砂浆粘接层表面尺寸上扣减一个块料厚度，如图 3.66 所示。

2）墙面阳角。当块料在墙面阳角对接时，计算装饰长度应在砂浆粘接层表面尺寸上加上一个块料厚度，如图 3.67 所示。

当块料在墙面阳角斜接时，计算装饰长度应按块料面的外包尺寸计算，如图 3.68 所示。

图 3.66　墙面阴角　　　　图 3.67　墙面阳角　　　　图 3.68　墙面阳角
　　对接构造　　　　　　　　对接构造　　　　　　　　斜接构造

3.3.6　挂贴和干挂

1. 计算规则

墙面挂贴和干挂块料面层按实贴、实挂面积计算。

2. 解读计算规则

1）挂贴。墙面挂贴块料面层是指既用铁件固定块料，又要用水泥砂浆黏结和填充块料。这表现在挂贴大理石定额项目中的材料包含了膨胀螺栓、铁件和水泥砂浆的用量。

2）干挂块料面层，只用连接件固定，不用砂浆黏结。这也反映在干挂大理石定额项目中只有连接件和膨胀螺栓等材料用量，没有水泥砂浆的材料用量。

3. 挂贴、干挂块料连接图示

（1）挂贴连接图示
挂贴连接图示如图 3.69 所示。
（2）干挂连接图示
干挂连接图示如图 3.70 所示。

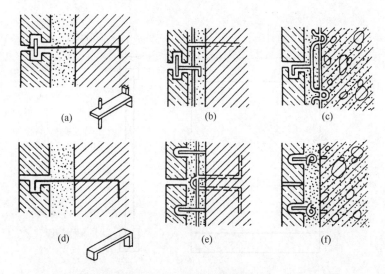

图 3.69　块料挂贴连接示意图

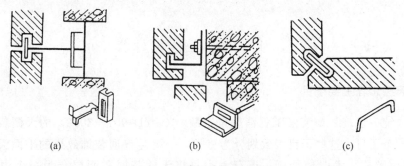

图 3.70　块料干挂连接示意图

3.3.7　隔断

1. 计算规则

隔断按墙的净长乘净高计算，扣除门窗洞口及 0.3m² 以上孔洞所占面积。

全玻隔断的不锈钢边框工程量按边框展开面积计算。

2. 解读计算规则

1）隔断。通常将不承重、只起分隔室内空间作用且高度没有与楼板底面连接的墙体称为隔断。

2）隔断的分类。在装饰定额中，隔断的项目一般按材质来分类，即木隔断、玻璃隔断、铝合金隔断、玻璃砖隔断、塑钢隔断等。

3）全玻隔断不锈钢边框。全玻隔断不锈钢边框按展开面积计算，如图 3.71 所示。

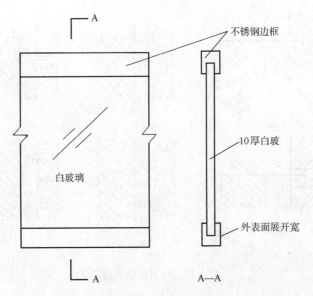

图 3.71　不锈钢边框展开宽示意图

3.4　天棚工程量计算

3.4.1　天棚工程主要子目

　　《全国统一建筑装饰装修工程消耗量定额》（GYD-901—2002）的天棚装饰分部共列出 3278 个子目。这些子目大致划分为三类：一类是普通装饰效果的平面天棚和跌级天棚；另一类是艺术造型天棚；还有一类是将天棚基层和面层合为一个内容的定额子目。

　　天棚装饰定额主要子目构成见表 3.3。

表 3.3　装饰装修工程消耗量定额天棚工程分部主要子目构成

天棚工程	平面、跌级天棚	对剖圆椽木（搁在砖墙上）		按单层楞、双层楞及面层规格划分（m²）
		方木楞（搁在砖墙上）		按单层楞、双层楞及面层规格划分（m²）
		方木楞（吊在梁、板下）		按单层楞、双层楞及面层规格划分（m²）
		轻钢龙骨	U 型（不上人）	按面层规格及平面、跌级划分（m²）
			U 型（上人）	按面层规格及平面、跌级划分（m²）
			弧型	按上人、不上人划分（m²）

天棚工程	平面、跌级天棚	铝合金龙骨	T 型（不上人）　按面层规格及平面、跌级划分（m²）
			T 型（上人）　按面层规格及平面、跌级划分（m²）
			方板（不上人）　嵌入式按面层规格划分（m²）
			浮搁式按面层规格划分（m²）
			方板（上人）　嵌入式按面层规格划分（m²）
			浮搁式按面层规格划分（m²）
			板条　按中型和轻型划分（m²）
		天棚基层	按胶合板、石膏板等材料划分（m²）
		天棚面层	按胶合板、埃特板、矿棉板、石膏板、不锈钢板、铝合金板、铝扣板、镜面玻璃等材料划分（m²）
	艺术造型天棚	天棚灯槽	悬挑式灯槽　直型、弧型和不同面层划分（m²）
			附加式灯槽（m²）
		轻钢龙骨	藻井天棚　平面按圆弧型、矩形划分（m²）
			拱型按圆弧型、矩形划分（m²）
			吊挂式天棚　按弧拱型、圆弧型、矩形划分（m²）
			阶梯型天棚　按直线型、弧型划分（m²）
			锯齿型天棚　按直线型、弧型划分（m²）
		方木龙骨	按圆型、半圆型划分（m²）
		基层	藻井天棚　按平面情况的圆弧型、矩形及不同材料划分（m²）
			按拱型情况的圆弧型、矩形及不同材料划分（m²）
			吊挂式天棚　按弧拱型、圆形、矩形及不同材料划分（m²）
			阶梯型天棚　按直线型、弧型及不同材料划分（m²）
			锯齿型天棚　按直线型、弧型及不同材料划分（m²）
		面层	藻井天棚　按平面情况的圆弧型、矩形及不同材料划分（m²）
			按拱型情况的圆弧型、矩形及不同材料划分（m²）
			吊挂式天棚　按弧拱型、圆形、矩形及不同材料划分（m²）
			阶梯型天棚　按直线型、弧型及不同材料划分（m²）
			锯齿型天棚　按直线型、弧型及不同材料划分（m²）
	其他天棚	烤漆龙骨天棚	按 T 型、H 型及明架和暗架式划分（m²）
		铝合金搁栅天棚	按型号及规格划分（m²）
		玻璃采光天棚	按铝骨架、钢骨架及玻璃品种划分（m²）
		木搁栅天棚	按木搁栅、胶合板搁栅及井格规格划分（m²）
		网架及其他天棚	钢网架（m²）
			不锈钢钢管网架（m²）
			织物软吊顶（m²）
			藤条造型悬挂吊顶（m²）
			雨篷底吊铝骨架铝条天棚（m²）
		其他	天棚板面上铺放各种保温、吸音材料（m²）
			送（回）风口安装按硬木及铝合金划分（m²）

3.4.2 使用天棚装饰定额的几点说明

1. 平面天棚与跌级天棚

天棚面层在同一标高者为平面天棚，如图 3.72 所示。

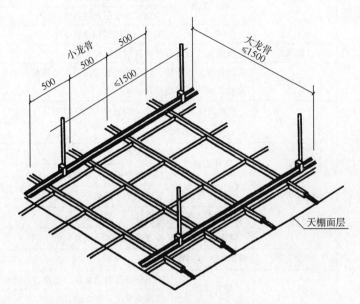

图 3.72　平面天棚示意图

天棚面层不在同一标高者为跌级天棚，如图 3.73 所示。

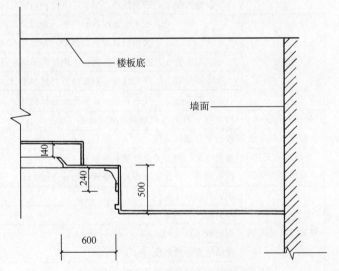

图 3.73　胶合板面跌级天棚示意图

2. 普通天棚与艺术造型天棚

普通天棚就是指一般的平面天棚和跌级天棚，其特征是直线形天棚。艺术造型天棚是按用户的要求设计，通过各种弧形、拱形的艺术造型来表现一定视觉效果的装饰天棚。通常艺术造型天棚还包括灯光槽的制作安装，如图 3.74 所示。

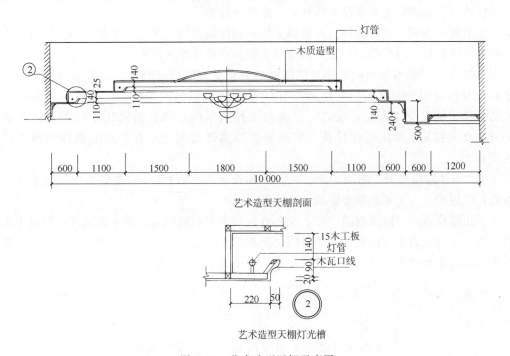

艺术造型天棚剖面

艺术造型天棚灯光槽

图 3.74　艺术造型天棚示意图

3. 基层与面层合二为一的定额子目

（1）龙骨和面层合二为一的定额子目

装饰定额的天棚装饰分部将一些装饰子目的天棚龙骨和天棚面层合成了一个定额子目。例如，矿棉吸音板轻钢龙骨吊顶定额子目内包含了 H 型龙骨和矿棉吸音板安装的全部内容。

（2）骨架、面层在结构上合二为一的定额子目

某些项目不划分骨架和面层，骨架就是面层，面层就是骨架。例如，木格栅天棚，其木井格既是骨架，又是天棚面层。又如，钢网架天棚，其骨架就是一种装饰，不需要面层。

3.4.3　天棚龙骨

1. 计算规则

各种吊顶天棚龙骨按主墙间净空面积计算，不扣除间壁墙、检查洞、附墙烟囱、

柱、垛和管道所占面积。

2. 解读计算规则

1)"主墙间净面积"。天棚龙骨按主墙间净面积计算，一般指按承重墙之间的净面积计算。不扣除间壁墙所占面积的原因是，间壁墙厚一般没有占据天棚龙骨的面积，因为天棚跨过间壁墙时龙骨并没有断开，是连成一片的。

主墙间净面积有两种理解：一是按主墙间扣除墙厚结构尺寸的面积；另外一种是在扣除墙厚结构尺寸的基础上，还要扣除墙上的抹灰厚度所占的面积。

上述两种理解可以根据装饰定额编制时数据处理的情况确定。如果编制定额时已经在龙骨材料用量中事先扣除了墙面抹灰厚度所占面积的用量，那么就应按第一种方法计算天棚龙骨工程量；反之，没有扣除抹灰厚度，那么就采用第二种方法计算天棚龙骨工程量。为了简化计算，后面的预算编制实例中没有扣除墙面抹灰厚度所占的面积。

2)"不扣除检查洞、附墙烟囱、柱、垛和管道所占面积"。检查洞是指天棚上人检查孔；管道是指上下水、采暖通风及穿线管道。

不扣除检查洞、附墙烟囱、柱、垛和管道所占面积的规定，并不是说可以多算工程量，而是在编制装饰定额确定该项目的材料耗用量时已经做了扣除。这一规定实质上是在编制装饰定额时作了综合考虑，是一种实现简化工程量计算的方法。

3. 计算公式

方法一：

$$天棚龙骨面积 ＝建筑面积 － 墙厚结构面积$$
$$＝房间净长 × 房间净宽$$

方法二：

$$天棚龙骨面积 ＝建筑面积 － 墙厚结构面积 － 墙面抹灰厚所占面积$$

说明：方法二较麻烦，实际工作中常采用第一种方法。

4. 计算实例

【例 3.15】　根据图 3.75 计算主卧室轻钢龙骨吊顶工程量（墙厚 240mm，混合砂浆抹墙面厚 20mm）。

【解】　　　　主卧室轻钢龙骨面积

$$＝(1.5＋3.0－0.24－0.02×2)×(3.5－0.24－0.02×2)$$
$$＝4.22×3.22$$
$$＝13.59m^2$$

5. 天棚龙骨图示

(1) 天棚方木龙骨

天棚方木龙骨图示如图 3.76 所示。

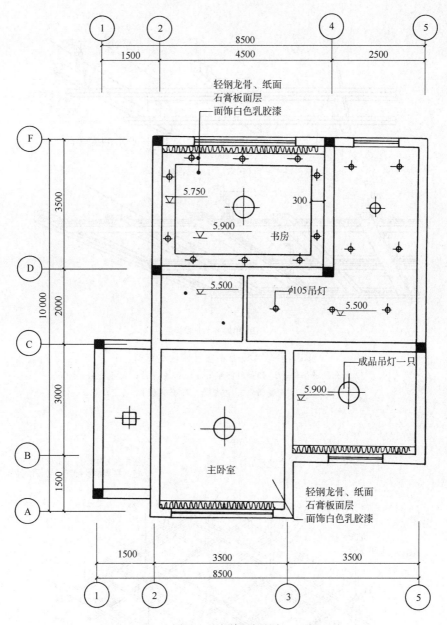

图 3.75　顶棚平面图

（2）U 型轻钢天棚龙骨

U 型轻钢龙骨示意图如图 3.77 所示。

（3）L、T 型装配式铝合金天棚龙骨

L、T 型装配式铝合金天棚龙骨示意图如图 3.78 所示。

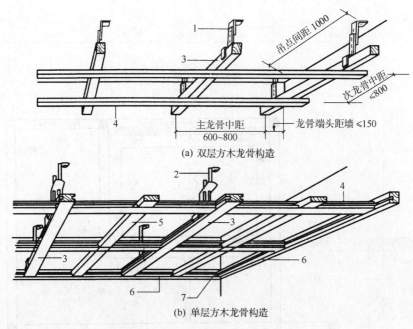

(a) 双层方木龙骨构造

(b) 单层方木龙骨构造

图 3.76　天棚方木龙骨构造示意图

1. 开孔铁带吊件；2. 弹簧可伸缩吊件；3. 主龙骨；4. 次龙骨；

5. 间距龙骨；6. 边龙骨；7. 角接榫板

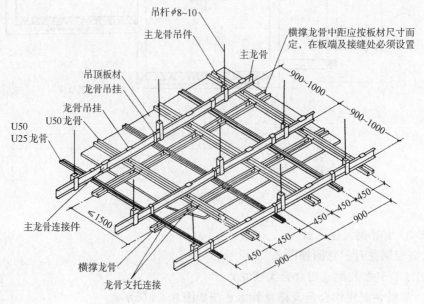

图 3.77　U 型上人轻钢龙骨安装示意图

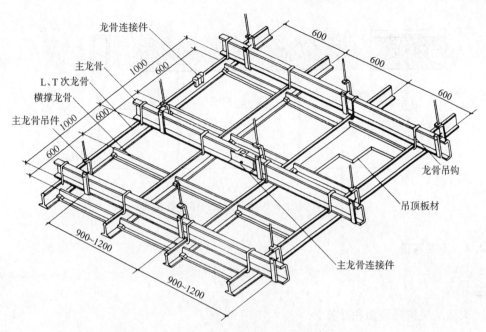

图 3.78 L、T 型装配式铝合金龙骨吊顶安装示意图

（4）上人天棚吊点连接

上人天棚吊点连接示意图如图 3.79 所示。

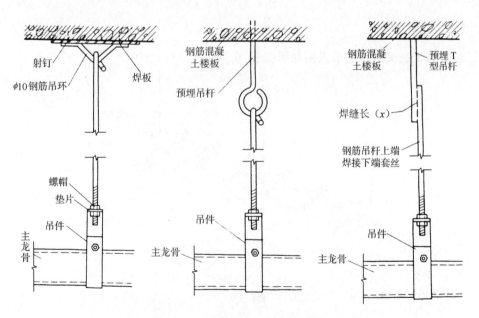

图 3.79 上人天棚吊点连接示意图

（5）不上人天棚及钢结构吊点

不上人天棚及钢结构吊点图示如图 3.80 所示。

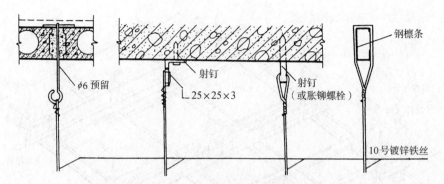

图 3.80　不上人天棚及钢结构吊点连接图示

3.4.4　天棚基层

1. 计算规则

天棚基层按展开面积计算。

2. 天棚基层说明

天棚基层是介于天棚龙骨与天棚面层之间的中间层。天棚基层的常用材料有胶合板、石膏板等。

3. 天棚基层图示

纸面石膏板天棚基层示意图如图 3.81 所示。

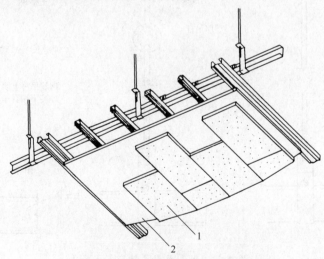

图 3.81　纸面石膏板天棚基层示意图
1. 矿棉吸音板面层；2. 纸面石膏板天棚基层

3.4.5　天棚面层

1. 计算规则

天棚装饰面层按主墙间实钉（胶）面积以 m^2 计算，不扣除间壁墙、检查口、附墙烟囱、垛和管道所占面积，但应扣除 $0.3m^2$ 以上的孔洞、独立柱、灯槽及与天棚相连的窗帘盒所占面积。

2. 解读计算规则

1）按主墙间实钉（胶）面积计算有两种理解：一是按展开的净面积计算［见艺术造型天棚断面示意图（图 3.82）］；另一种是还应扣除墙面抹灰厚度所占面积。

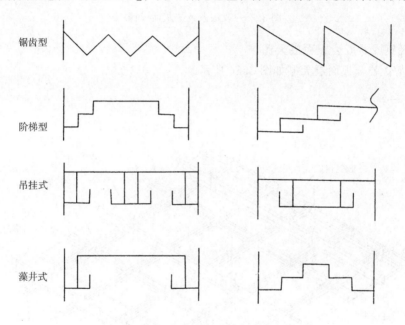

图 3.82　艺术造型天棚断面示意图

2）不扣除间壁墙所占面积。在装饰天棚面层时，遇到间壁间会产生两种情况：一是先做天棚面层后做间壁墙，这时不扣除间壁墙面积是符合实际情况的；另一种是先做间壁墙后做天棚面层，天棚面层没有覆盖间壁墙的厚，出现这种情况时，计算规则规定也不扣除面层面积。

3）应扣除灯槽及与天棚相连窗帘盒所占面积。当天棚上有灯槽时，一般不做天棚面层。与天棚相连的窗帘盒一般也没有面层。所以，这两个地方应扣除天棚面层面积。应该指出，窗帘盒安装在天棚面层上时，不应扣除天棚面层面积。

3. 天棚面层图示

（1）灰板条及抹灰面天棚

灰板条及抹灰面天棚如图 3.83 所示。

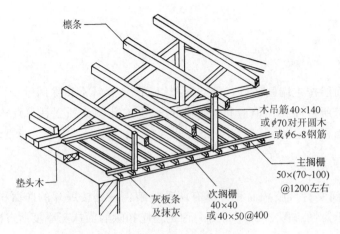

图 3.83　灰板条及抹灰面天棚

（2）轻钢龙骨胶合板面层天棚

轻钢龙骨胶合板面层天棚如图 3.84 所示。

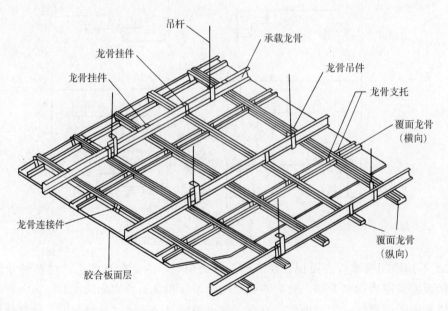

图 3.84　轻钢龙骨胶合板面层天棚

（3）嵌入式铝合金方板天棚

嵌入式铝合金方板天棚如图 3.85 所示。

（4）闭缝式铝合金条板天棚

闭缝式铝合金条板天棚如图 3.86 所示。

（5）开缝式铝合金条板天棚

开缝式铝合金条板天棚如图 3.87 所示。

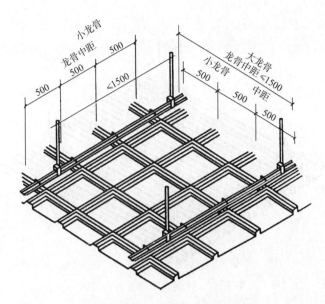

图 3.85　嵌入式铝合金方板天棚

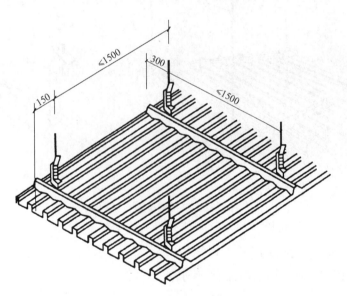

图 3.86　闭缝式铝合金条板天棚

（6）格片型金属板天棚

格片型金属板天棚如图 3.88 所示。

（7）木格栅型吊顶天棚

木格栅型吊顶天棚如图 3.89 所示。

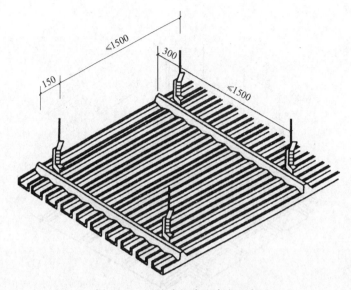

图 3.87　开缝式铝合金条板天棚

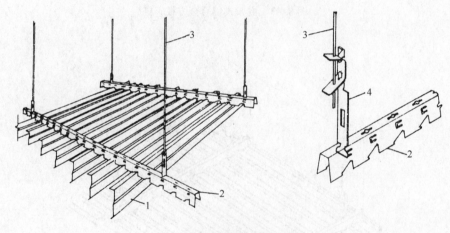

图 3.88　格片型金属板天棚
1. 格片型金属板；2. 格片龙骨；3. 吊杆；4. 吊挂件

（8）铝合金格栅型吊顶天棚

铝合金格栅型吊顶天棚如图 3.90 所示。

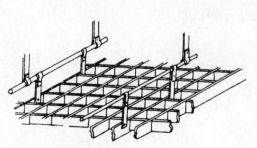

图 3.89　木格栅型吊顶天棚

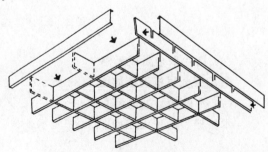

图 3.90　铝合金格栅型吊顶天棚

4. 计算公式

　　天棚面层面积＝主墙间实钉（胶）面积－灯槽与天棚相连窗帘盒所占面积

5. 计算实例

【例 3.16】　　根据图 3.75 顶棚平面图，计算其中书房纸面石膏板天棚面层工程量（图中窗帘盒宽 150mm，墙面抹灰厚 20mm）。

【解】　　书房纸面石膏板
天棚面积

$$
\begin{aligned}
&\ \overset{(平面)}{}\ \overset{(墙厚)}{}\ \overset{(抹灰厚)}{}\\
&=[\ (4.50-0.24-\ 0.02\ \times2)\times(3.50-0.24-0.02\\
&\ \overset{(窗帘盒)}{\qquad\qquad}\ \overset{(跌级侧面长)}{\qquad\qquad}\\
&\times2-\ 0.15)\ ]+[\ (4.50-0.24-0.02\times2-0.30\times2)\\
&+(3.50-0.24-0.02\times2-0.15-0.30\times2)]\times2\\
&\ \overset{(高)}{}\\
&\times(5.90-5.75)\\
&=4.22\times3.07+(3.62+2.47)\times2\times0.15\\
&=14.79\mathrm{m}^2
\end{aligned}
$$

3.4.6　天棚保温层

1. 计算规则

　　天棚保温层按水平投影面积计算。

2. 天棚保温层图示

　　天棚玻璃棉垫吸声保温层如图 3.91 所示。

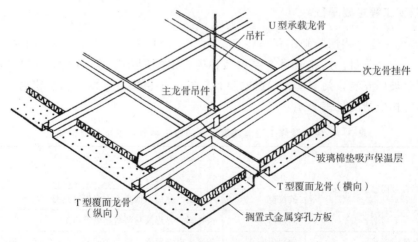

图 3.91　天棚吸声保温层示意图

3.4.7 网架

1. 计算规则

网架按水平投影面积计算。

2. 网架图示

钢网架平面示意图如图 3.92 所示。

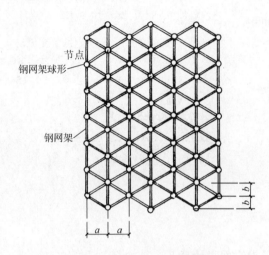

图 3.92 钢网架平面示意图

3.5 门窗工程量计算

3.5.1 门窗工程主要子目

《全国统一建筑装饰装修工程消耗量定额》（GYD-901—2002）中的门窗工程分部共列出了 103 个子目。这些子目主要包括各类门窗的制作安装，门框、门扇的制作安装，无框全玻门安装，门窗套、门窗贴脸、门窗筒子板安装，窗帘盒、窗台板等安装。上述子目的构成情况见表 3.4。

表 3.4 装饰装修工程消耗量定额门窗工程分部主要子目构成

门窗工程	铝合金门窗制作、安装	地弹门	按单扇、双扇、有亮无亮划分（m²）
		平开门	按有亮无亮划分（m²）
		推拉窗	按双扇、三扇、四扇及有亮无亮划分（m²）
		固定窗	按矩形、异形及材料规格划分（m²）
	卷闸门安装	卷闸门安装	按有无电动装置、活动小门划分（m²、套、扇）
	彩板组角钢门窗安装	彩板组角钢门窗安装	彩板窗（m²）
			彩板门（m²）

门窗工程	塑钢门窗安装	塑钢门	带亮（m²）
			不带亮（m²）
		塑钢窗	单层（m²）
			带纱（m²）
	防盗装饰门窗安装	按门窗划分（m²）	
	防火门安装	按钢质、木质、卷帘门划分（m²）	
	装饰门框、门扇制作、安装	实木按不同造型、形式划分（m²）	
		装饰门安装（m²）	
		门扇双面包不锈钢板（m²）	
	电子感应自动门及转门	电子感应自动门（樘）	
		全玻转门（樘）	
	不锈钢电动伸缩门	不锈钢电动伸缩门（樘）	
	不锈钢板包门框、无框全玻门	不锈钢板包门框	木龙骨（m²）
			钢龙骨（m²）
		无框全玻门（m²）	
		固定无框玻璃窗（m²）	
	门窗套	门窗套	带木筋（m²）
			不带木筋（m²）
		不锈钢窗套（m²）	
		成品大理石花岗石门套（m²）	
	门窗贴脸	按不同宽度划分（m）	
	门窗筒子板	硬木	带木筋（m²）
			不带木筋（m²）
		榉木面木工板基层不带木筋（m²）	
	窗帘盒	按细木工板、榉木面、硬木划分（m）	
	窗台板	按硬木、装饰板、大理石等材料划分（m²）	
	窗帘轨道	按不锈钢管、铝合金、硬木等划分（m）	
	五金安装	按各种品名划分	
	闭门器安装	按明装暗装划分（副）	

3.5.2　有关问题

1. 铝合金门窗安装的两种情况

铝合金门窗安装可以套用两类定额：一是制作安装定额；二是成品安装定额。凡是购买铝合金门窗型材在加工厂或现场加工的，应套用铝合金门窗制作安装定额子目。凡购买的是铝合金成品门窗的，只能套用铝合金成品门窗安装定额子目。

2. 装饰门的框、扇项目

在定额中，装饰门框与门扇是分开列项的。装饰板门扇的制作按木骨架、基层、装饰面层分别列项计算。

3. 铝合金门窗型材换算

装饰定额中，铝合金地弹门制作型材（框料）按 101.6mm×44.5mm、厚 1.5mm 方管制定，单扇平开门、双扇平开窗按 38 系列制定，推拉窗按 90 系列（厚 1.5mm）制定。如实际采用的型材断面及厚度与定额取定规格不符者，可按图示尺寸乘以线密度加 6% 的施工损耗计算型材重量。换算公式为

$$\frac{\text{门窗铝合金}}{\text{型材重量}} = \frac{\text{定额铝合金}}{\text{型材重量}} \times \frac{\text{换入型材线密度}}{\text{原定额型材线密度}} \times (1+6\%)$$

3.5.3 铝合金门窗、彩板组角门窗、塑钢门窗安装

1. 计算规则

铝合金门窗、彩板组角门窗、塑钢门窗安装均按洞口面积以 m² 计算。纱扇制作安装按扇外围面积计算。

2. 解读计算规则

1)"均按洞口面积计算"。通常，上述门窗的框外围面积均小于墙的洞口面积。计算规则要求按洞口面积而不是按门窗的框外围面积来计算门窗工程量，是一个简化工程量计算的处理方法，因为可以在编制门窗安装定额时就已经扣除了洞口面积与框外围面积相差的工料数量。

2) 彩板组角门窗简称彩板钢门窗，是以 0.7～1.1mm 厚的彩色镀锌卷板和 4mm 厚平板玻璃或中空玻璃为主要原料，经机械加工制成的钢门窗。门窗四角用插接件、螺钉连接，门窗全部缝隙用橡胶密封条和密封膏密封。

彩板组角门窗分带副框和不带副框两种情况。若带副框，那么在洞口上先安装好副框，等洞口的内外墙皮处理与装饰工作完成后再安装彩板组角门窗。带副框的彩板组角门窗安装节点如图 3.93 所示。

3.5.4 卷闸门

1. 计算规则

卷闸门安装按其高度乘以门的实际宽度以 m² 计算。安装高度算至滚筒顶点为准。带卷筒罩的按展开面积增加。电动装置安装以套计算，小门安装以个计算，小门面积不扣除。

2. 解读计算规则

卷闸门的安装分两种情况：一种是不管有没有卷筒罩，卷闸门的高都应从洞口底面

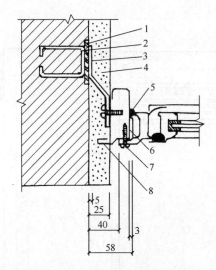

图 3.93　带副框的彩板钢门窗安装节点示例
1. 预埋铁板；2. 预埋 φ10 圆铁；3. 连接件；4. 水泥砂浆层；
5. 密封膏；6. 垫片；7. 自攻螺钉；8. 副框

算至滚筒顶面；另一种是当有卷筒罩时，还应增加卷筒罩的展开面积。

3. 计算公式

卷闸门工程量计算公式为

$$卷闸门安装面积＝卷闸门实际宽度×（洞口底至滚筒顶高度）$$
$$＋卷筒罩展开面积$$

4. 计算实例

【例 3.17】　　根据图 3.94 所示尺寸，计算带卷筒罩的卷闸门工程量。（图中的洞口高 3.6m，卷闸门宽 3.2m，洞口上口至滚筒顶点高 0.30m。卷筒罩宽 0.65m、高 0.52m、宽 3.60m。）

【解】　　　　卷闸门工程量＝3.20×（3.60＋0.30）＋3.60×（0.65＋0.52）
　　　　　　　　　　　　　　＝3.20×3.90＋3.60×1.17
　　　　　　　　　　　　　　＝16.69m²

3.5.5　门窗套等

1. 计算规则

不锈钢板包门框、门窗套、花岗岩门套、门窗筒子板按展开面积计算。门窗贴脸、窗帘盒、窗帘轨按延长米计算。

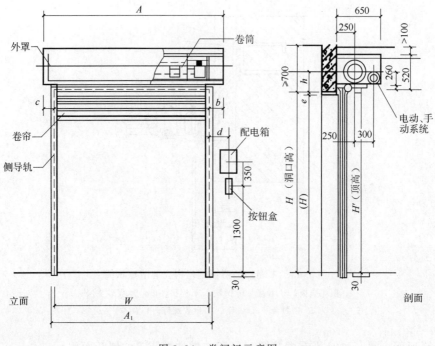

图 3.94　卷闸门示意图

2. 不锈钢板包门框

一般是在钢筋混凝土或金属结构门框上包不锈钢板装饰成不锈钢板门框。全玻璃门不锈钢包门框示意图如图 3.95 所示。

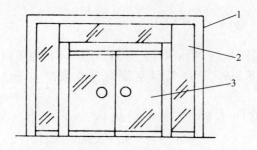

图 3.95　全玻璃门不锈钢板包门框
1. 不锈钢板包门框；2. 固定部分；3. 活动门扇

（1）无框全玻璃门

无框全玻璃门常采用 10mm 厚以上的白玻璃，上下挡用不锈钢包边，如图 3.96 所示。

（2）门窗筒子板、门窗套

筒子板指门窗内墙面方向的侧壁、顶壁的装饰板。门窗套是指沿门窗框一周与墙面接触的装饰条，如图 3.97 所示。

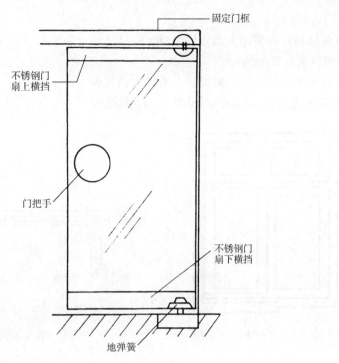

图 3.96　无框全玻璃活动门扇

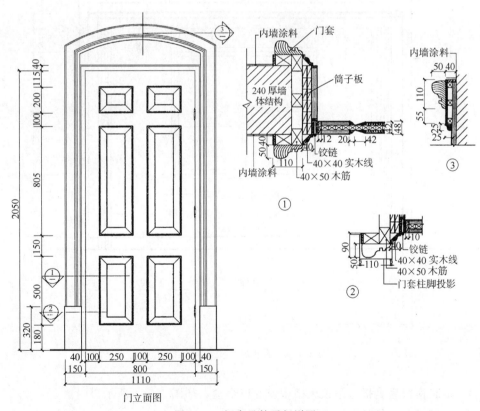

门立面图

图 3.97　门套及筒子板详图

（3）门窗贴脸

门窗贴脸是在内墙面上盖住门窗框与洞口之间缝隙的条子，如图 3.98 所示。

（4）窗帘盒、窗帘轨

窗帘盒分为明装、暗装两类，多采用木质材料。

1）明装木窗帘盒如图 3.99 和图 3.100 所示。

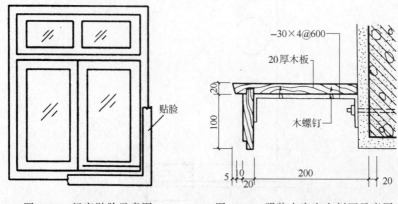

图 3.98　门窗贴脸示意图　　　　图 3.99　明装木窗帘盒剖面示意图

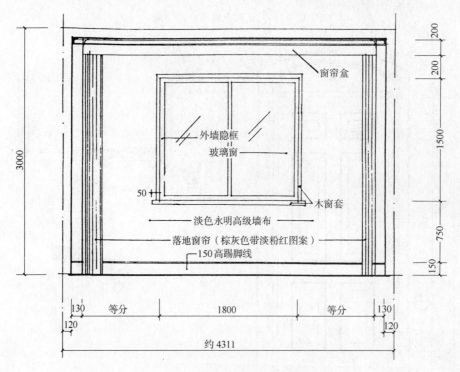

图 3.100　明装窗帘盒立面示意图

2）暗装窗帘盒是指与吊顶天棚相连的窗帘盒，如图 3.101 所示。

3）挂窗帘布用的窗帘轨如图 3.102 所示。

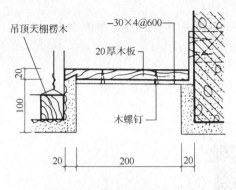

图 3.101　暗装窗帘盒示意图

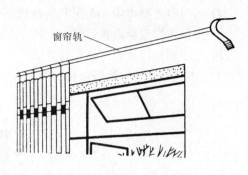

图 3.102　窗帘轨示意图

3.5.6　其他工程量计算规则

1）防盗门、防盗窗、不锈钢格栅门按框外围面积以 m^2 计算。

2）成品防火门以框外围面积计算。

3）防火卷帘门从地（楼）面算至端板顶点乘设计宽度计算。

4）实木门框制作安装以延长米计算。

5）实木门扇制作安装及装饰门扇制作按扇外围面积计算。装饰门示意如图 3.103 所示。

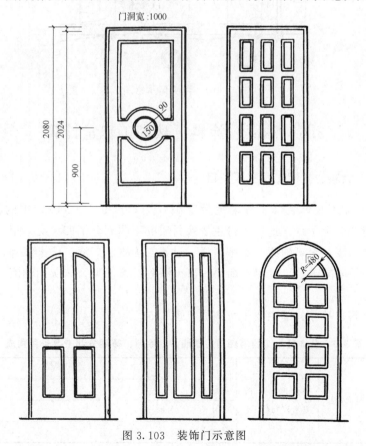

图 3.103　装饰门示意图

6）装饰门扇及成品门扇安装按扇计算。

7）木门扇皮制作隔音面层和装饰板隔音面层，按单面面积计算，如图 3.104 所示。

8）窗台板按实铺面积计算。

9）电子感应门及转门以樘计算。

10）不锈钢电动伸缩门以樘计算。

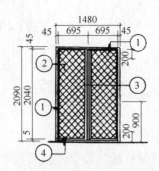

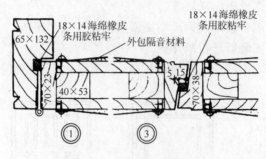

图 3.104　隔音门示意图

3.6　油漆、涂料、裱糊工程量计算

3.6.1　油漆、涂料、裱糊工程主要子目

《全国统一建筑装饰装修工程消耗量定额》（GYD-901—2002）中的油漆、涂料、裱糊分部共有 295 个子目。这些子目主要按材质的不同划分了四大类。第一类为木材面油漆，包括调和漆、聚氨酯漆、硝基清漆、过氯乙烯漆、广漆、防火漆等；第二类为金属面油漆，包括醇酸磁漆、过氯乙烯漆、防火漆等；第三类为抹灰面油漆；第四类为各种涂料与裱糊。

油漆、涂料、裱糊分部主要子目构成见表 3.5。

表 3.5　装饰装修工程消耗量定额油漆、涂料、裱糊分部主要子目构成

油漆、涂料、裱糊工程	木材面油漆	按调和漆、磁漆遍数划分	单层木门
			单层木窗
			木扶手
			其他木材面

续表

油漆、涂料、裱糊工程	木材面油漆	按聚氨酯漆遍数划分	单层木门
			单层木窗
			划分木扶手
			其他木材面
		按清漆遍数划分	单层木门
			单层木窗
			木扶手
			其他木材面
		漆片、硝基清漆、磨退出亮	单层木门
			单层木窗
			木扶手（m）
			其他木材面
		过氯乙烯漆	按刷漆遍数及门窗、木扶手、其他木材面划分（m²、m）
		广漆	按刷漆遍数及门窗、木扶手、其他木材面划分（m²、m）
		手扫漆	按刷漆遍数及门窗、木扶手、其他木材面划分（m²、m）
		素色家具面漆	按刷漆遍数及门窗、木扶手、其他木材面划分（m²、m）
		水清木器面漆	按刷漆遍数及门窗、木扶手、其他木材面划分（m²、m）
		亚光面漆	按刷漆遍数及门窗、木扶手、其他木材面划分（m²、m）
		木地板	按刷漆遍数划分（m²）
		防火漆	按刷漆遍数及门窗、木扶手、其他木材面划分（m²、m）
	金属面油漆	醇酸磁漆	按刷漆遍数划分（m²）
		过氯乙烯	按刷漆遍数划分（m²）
		天棚金属龙骨防火漆	按龙骨间距划分
	抹灰面油漆	乳胶漆	抹灰面
			砖墙面等
			线条（按宽度划分）（m）
		外墙面	刷涂、滚漆、喷涂
	涂料、裱糊	喷塑	按墙、柱、天棚面及花型划分（m²）
		外墙涂料	按清水墙、抹灰面及涂料品种划分
		内墙涂料	按涂料品种划分
		墙面贴装饰纸	墙纸对花
			墙纸不对花
		织锦缎	按墙面、柱面划分

3.6.2　有关说明

1. 扩大了定额子目的使用范围

本分部有些定额子目扩大了使用范围。例如，可以执行木门油漆定额子目的有单层木门、双层（一玻一纱）木门、双层（单裁口）木门、单层全玻门、木百页门等项目。虽然这些分项工程项目执行同一个定额子目，但在计算工程量时分别按计算规则规定乘上了对应的系数，从而达到了调整定额消耗量的目的。该方法是一种简化定额编制的有效方法。

2. 门窗分色

门窗油漆分色有两种情况：一种是在同一平面上分色；还有一种是门窗的内外面分色。这两种分色情况的工料增减情况，定额已做了综合考虑，无需再调整。

3. 喷塑（一塑三油）规格

本定额对天棚面、墙面喷塑（一塑三油）的规格做了如下划分。
（1）大压花
大压花指喷塑点压平后点面积在 $1.2cm^2$ 以上。
（2）中压花
中压花指喷点压平后点面积在 $1\sim1.2cm^2$ 以内。
（3）喷中点、幼点
喷中点、幼点指喷点面积在 $1cm^2$ 以下。

3.6.3　喷刷涂料、抹灰面油漆及裱糊

1. 计算规则

楼地面、天棚、墙、柱、梁面的喷刷涂料，扶灰面油漆及裱糊工程，均按附表相应的计算规则计算。

2. 解读计算规则

1）喷刷涂料、扶灰面油漆及裱糊工程量乘系数见表 3.6。

表 3.6　抹灰面油漆、涂料、裱糊

项 目 名 称	系　数	工程量计算方法
混凝土楼梯底（板式）	1.15	水平投影面积
混凝土楼梯底（梁式）	1.00	展开面积
混凝土花格窗、栏杆花饰	1.82	单面外围面积
楼地面、天棚、墙、柱、梁面	1.00	展开面积

2）壁纸、墙布通用标志如图 3.105 所示。

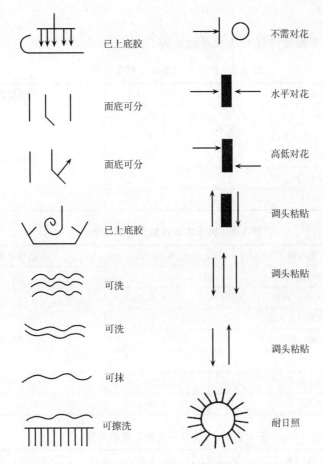

图 3.105　壁纸、墙布通用标志

　　3）混凝土板式楼梯底面的油漆、涂料及裱糊，按水平投影面积计算工程量后，再乘以表 3.6 中系数，然后再套用相应定额子目。

　　4）混凝土梁式楼梯底面的油漆、涂料及裱糊，按展开面积计算工程量后套用相应的定额子目。

　　5）混凝土花格窗、栏杆花饰的油漆、涂料，按单面外围面积计算工程量后，再乘以表 3.6 中系数，然后再套用相应定额子目。

　　6）楼地面、天棚、墙、柱、梁面的油漆、涂料（裱糊）按展开面积计算工程量后，再套用相应的定额子目。

3.6.4　木材面油漆

　　1. 计算规则

　　木材面油漆工程量分别按表 3.7～表 3.10 中相应的计算规则计算。

2. 解读计算规则

1）木材面油漆工程量计算方法及系数见表 3.7～表 3.10。

表 3.7　执行木门定额工程量系数

项　目　名　称	系　　数	工程量计算方法
单层木门	1.00	按单面洞口面积计算
双层（一玻一纱）木门	1.36	
双层（单裁口）木门	2.00	
单层全玻门	0.83	
木百叶门	1.25	

表 3.8　执行木窗定额工程量系数

项　目　名　称	系　　数	工程量计算方法
单层玻璃窗	1.00	按单面洞口面积计算
双层（一玻一纱）木窗	1.36	
双层框扇（单裁口）木窗	2.00	
双层框三层（二玻一纱）木窗	2.60	
单层组合窗	0.83	
双层组合窗	1.13	
木百叶窗	1.50	

表 3.9　执行木扶手定额工程量系数

项　目　名　称	系　　数	工程量计算方法
木扶手（不带托板）	1.00	按延长米计算
木扶手（带托板）	2.60	
窗帘盒	2.04	
封檐板、顺水板	1.74	
挂衣板、黑板框、单独木线条100mm以外	0.52	
挂镜线、窗帘棍、单独木线条100mm以内	0.35	

表 3.10　执行其他木材面定额工程量系数

项　目　名　称	系　　数	工程量计算方法
木板、纤维板、胶合板天棚	1.00	长×宽
木护墙、木墙裙	1.00	
窗台板、筒子板、盖板、门窗套、踢脚线	1.00	
清水板条天棚、檐口	1.07	
木方格吊顶天棚	1.20	

续表

项 目 名 称	系 数	工程量计算方法
吸音板墙面、天棚面	0.87	长×宽
暖气罩	1.28	
木间壁、木隔断	1.90	单面外围面积
玻璃间壁露明墙筋	1.65	
木栅栏、木栏杆（带扶手）	1.82	
衣柜、壁柜	1.00	按实刷展开面积
零星木装修	1.10	展开面积
梁柱饰面	1.00	展开面积

2）执行木门定额。木门按单面洞口面积计算工程量。对双层（一玻一纱）木门、双层（单裁口）木门、单层全玻门、木百叶门应分别乘以附表中的工程量系数，然后再套用单层木门油漆定额。

3）执行木窗定额。木窗按单面洞口面积计算工程量。对双层（一玻一纱）木窗、双层框扇（单裁口）木窗、双层框三层（二玻一纱）木窗、单层组合窗、木百叶窗应分别乘以附表中的工程量系数，然后再套用单层玻璃窗油漆定额。

4）执行木扶手定额。带托板木扶手、不带托板木扶手、窗帘盒、封檐板、顺水板、挂衣板、黑板框、单独木线条 100mm 外、挂镜线、窗帘棍、单独木线条 100mm，应按延长米计算工程量后，分别乘上表 3.9 中的系数，再套用木扶手油漆定额。

5）执行其他木材面定额。木板、纤维板、胶合板天棚、木护墙、木墙裙、窗台板、筒子板、盖板、门窗套、踢脚线、清水板条天棚、檐口、木方格吊顶天棚、吸音板墙面、天棚面、暖气罩按长乘宽计算面积后分别乘上对应系数，套用其他木材面定额；木间壁、木隔断、玻璃间壁露明墙筋、木栅栏、木栏杆按单面外围面积计算工程量后乘上对应的系数，再执行其他木材面油漆定额；衣柜、壁柜按实刷展开面积计算工程量，执行其他木材面油漆定额；零星木装修、梁柱饰面按展开面积计算工程量，执行其他木材面油漆定额。

3.6.5　金属构件油漆

金属构件油漆的工程量按构件重量计算。

3.6.6　隔墙、护壁、柱、天棚木龙骨等刷防火涂料

1）隔墙、护壁木龙骨刷防火涂料按其面层正立面投影面积计算工程量。

2）柱木龙骨刷防火涂料按其面层外围面积计算工程量。

3）天棚木龙骨刷防火涂料按其水平投影面积计算工程量。

4）木地板中木龙骨及木龙骨带毛地板刷防火涂料按地板面积计算工程量。

3.6.7 木楼梯油漆

木楼梯（不包括底面）油漆，按其水平投影面积乘以系数 2.3，执行木地板相应定额子目。

3.7 其他工程量计算

3.7.1 其他工程主要子目

《全国统一建筑装饰装修工程消耗量定额》（GYD-901—2002）中的其他工程分部包括 211 个子目。较详细的子目构成情况见表 3.11。

表 3.11 装饰装修工程消耗量定额其他工程分部主要子目构成

其他工程	招牌、灯箱基层	平面招牌	木结构	按一般、复杂划分（m²）
			钢结构	按一般、复杂划分（m²）
		箱式招牌	钢结构	按厚度及矩形、异形划分（m²）
		竖式标箱	钢结构	按厚度及矩形、异形划分（m²）
		广告牌钢骨架（t）		
	招牌、灯箱面层	招牌、灯箱面层	按不同材料划分（m²）	
	美术字安装	泡沫塑料、有机玻璃字	按面积大小及各种墙面划分（个）	
		木质字	按面积大小及各种墙面划分（个）	
		金属字	按面积大小及各种墙面划分（个）	
	压条、装饰条	金属条	按压条、角条、槽线、铜嵌条划分（m）	
		镜面不锈钢装饰线	按宽度划分（m）	
		木质装饰线	按宽度划分（m）	
		石材装饰线	按宽度及粘贴、干挂划分（m）	
		其他装饰线	按石膏条、镜面玻璃条、铝塑线条等划分（m）	
	暖气罩	按不同材料及挂板式、平墙式、明式等划分（m²）		
	镜面玻璃	按面积及带框、不带框划分（m²）		
	货架、柜类	柜台	按不同材料及型号划分（m²）	
		货架	按不同材料及型号划分（m²）	
		收银台	按直形、弧形划分（个）	
		吧台、吧台吊柜（m）		
		壁柜、衣柜、书柜、酒柜（m²、m）		
		吊橱、壁橱（m²）		

续表

		楼地面铲除	按不同材料划分（m²）
其他工程	拆除	天棚面铲除	按不同材料划分（m²）
		墙面铲除	按不同材料划分（m²）
		清除油皮	按不同材料面划分（m²）
	其他	毛巾环（只）	
		卫生纸盒（只）	
		金属帘子杆（副）	
		大理石洗漱台（m²）	

3.7.2　有关说明

1. 平面招牌、箱体招牌、竖式标箱

平面招牌是指安装在门前墙面上的招牌。
箱体招牌是指水平挂在墙柱上的六面体招牌。
竖式标箱是指竖立挂在墙柱上的六面体招牌。

2. 一般招牌、复杂招牌

一般招牌和矩形招牌是指正立面平整无凸面的招牌。
复杂招牌和异形招牌是指正立面有凹凸造型的招牌。

3. 石材装饰线

石材装饰线条均以成品安装为准，其线条的磨边、磨圆角均包括在成品的单价中，不再另行计算。

4. 装饰线条

装饰线条安装以墙面长直线为准，如天棚安装直线形、圆弧形或其他图案者，按下列规定计算：
1）天棚面安装直线条，人工乘以系数 1.34。
2）天棚安装圆弧线条，人工乘以系数 1.6，材料乘以系数 1.1。
3）墙面安装圆弧形线条，人工乘以系数 1.2，材料乘以系数 1.1。
4）装饰线条做艺术图案时，人工乘以系数 1.8，材料乘以系数 1.1。

5. 工程量计量单位

本分部出现了多种不同的计量单位。常用的装饰面按 m² 计算；装饰线条按 m 计算；美术字按个计算；毛巾环、卫生纸盒按只计算；金属帘子杆按副计算。

3.7.3　计算规则

1. 招牌、灯箱

1）平面招牌基层按正立面面积计算，复杂形的凹凸造型部分亦不增加。

2）沿雨篷、檐口或阳台走向的立式招牌基层，按平面招牌复杂型执行时，应按展开面积计算。

3）箱体招牌和竖式标箱的基层按外围体积计算。突出箱外的灯饰、店徽及其他艺术装潢等均另行计算。

4）灯箱的面层按展开面积以 m^2 计算。

5）广告牌钢骨架以 t 计算。

2. 美术字安装

美术字安装示意图如图 3.106 所示。

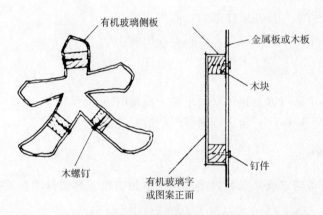

图 3.106　无衬底有机玻璃字或图案与金属或木质面板的固定

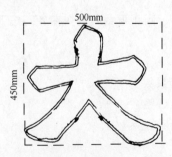

图 3.107　美术字最大外围矩形

美术字安装按字的最大外围矩形面积以个计算，如图 3.107 所示。

3. 压条、装饰线

1）压条示意图如图 3.108 所示。

2）装饰线示意图如图 3.109 所示。

3）木质挂镜线示意图如图 3.110 所示。

4）金属挂镜线示意图如图 3.111 所示。

5）塑料挂镜线示意图如图 3.112 所示。

4. 暖气罩

暖气罩（包括脚的高度在内）按边框外围尺寸垂直投影面积计算。

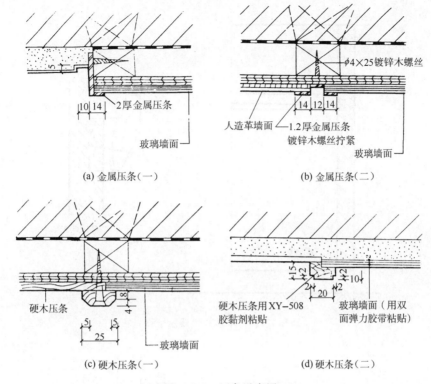

(a) 金属压条(一)　　　　　　　　　(b) 金属压条(二)

(c) 硬木压条(一)　　　　　　　　　(d) 硬木压条(二)

图 3.108　压条示意图

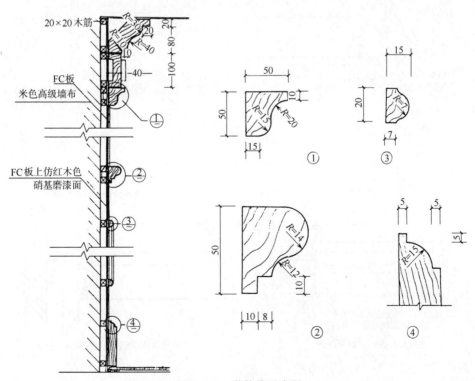

图 3.109　装饰线示意图

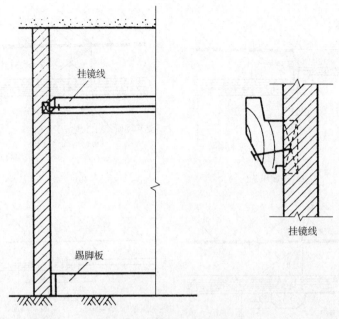

图 3.110　木质挂镜线示意图

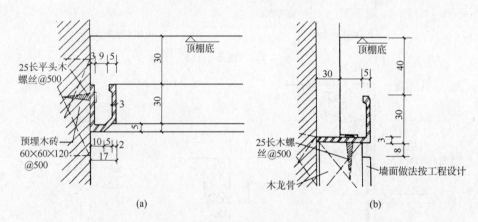

图 3.111　金属挂镜线示意图

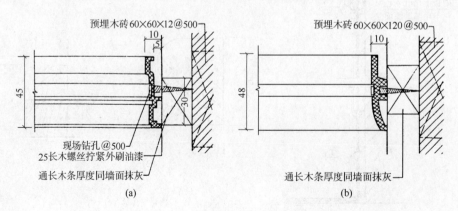

图 3.112　塑料挂镜线示意图

5. 镜面玻璃

镜面玻璃安装示意图如图 3.113 所示。

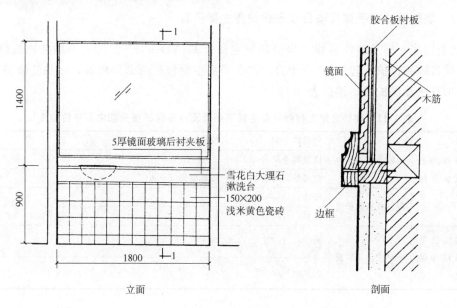

图 3.113 卫生间镜面玻璃示意图

镜面玻璃安装、盥洗室木镜箱以正立面面积计算。

6. 塑料镜箱、毛巾环等

塑料镜箱、毛巾环、肥皂盒、金属帘子杆、浴缸拉手、毛巾杆安装以只或副计算。
不锈钢旗杆以延长米计算。
大理石洗漱台以台面投影面积计算（不扣除孔洞面积）。

7. 货架、柜橱类

货架、柜橱类均以正立面的高（包括脚的高度在内）乘以宽以 m² 计算。

8. 收银台、试衣间等

收银台、试衣间等以个计算，其他以延长米为单位计算。

9. 拆除工程

拆除工程量按拆除面积或长度计算，执行相应子目。

3.8　装饰装修脚手架及项目成品保护费

3.8.1　装饰装修脚手架及项目成品保护费主要子目

《全国统一建筑装饰装修工程消耗量定额》（GYD-901—2002）中的装饰装修脚手架及项目成品保护费包括 16 个子目。这些子目主要包括两部分内容，一是装饰脚手架，二是项目成品保护费，详见表 3.12。

表 3.12　装饰装修工程消耗量定额脚手架及成品保护费分部主要子目构成

		外墙脚手架	按檐口高度划分（m²）
装饰脚手架及成品保护费	装饰脚手架	满堂脚手架（m²）	
		内墙粉饰脚手架	按高度划分（m²）
	项目成品保护费	楼地面（m²）	
		楼梯、台阶（m²）	
装饰脚手架及成品保护费	项目成品保护费	独立柱（m²）	
		内墙面（m²）	

3.8.2　计算规则及工程量计算方法

1. 满堂脚手架

（1）计算规则

满堂脚手架按实际搭设的水平投影面积计算，不扣除附墙柱、柱所占的面积。其基本层高以 3.6m 以上至 5.2m 为准。凡超过 3.6m、在 5.2m 以内的天棚抹灰及装饰装修，应计算满堂脚手架基本层；层高超过 5.2m，每增加 1.2m 计算一个增加层。室内凡计算了满堂脚手架者，其内墙面粉饰不再计算粉饰脚手架，只按每 100m² 墙面垂直投影面积增加改架工 1.28 工日。

（2）计算公式

满堂脚手架增加层层数计算公式为

$$增加层层数 = \frac{层高-5.2}{1.2}（按四舍五入取整）$$

（3）计算实例

【例 3.18】　某宾馆大堂净高 7.2m，试计算装饰天棚用满堂脚手架增加层的层数。

【解】

$$满堂脚手架增加层层数 = \frac{7.20-5.20}{1.20}$$
$$= 1.67$$
$$= 2 \text{ 层（取整）}$$

2. 装饰装修外脚手架

（1）计算规则

按外墙的外边线长乘墙高以 m² 计算，不扣除门窗洞口的面积。同一建筑物各面墙的高度不同，且不在同一定额步距内时，应分别计算工程量。

定额中所指的檐口高度 5～45m 以内，系指建筑物自设计室外地坪面至外墙顶点或建筑物顶面的高度，如图 3.114 所示。

（2）计算公式

$$外墙装饰脚手架＝建筑物外墙外边长×外墙高$$

（3）计算实例

【例 3.19】　根据图 3.114 所示尺寸，计算外墙装饰外脚手架工程量。

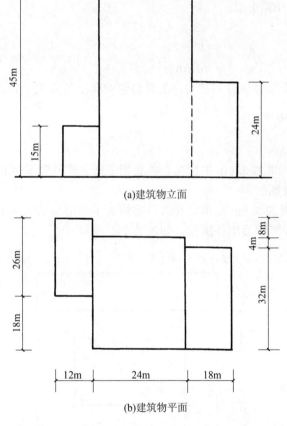

(a)建筑物立面

(b)建筑物平面

图 3.114　计算外墙脚手架工程量示意图

【解】

1）15m 高装饰外脚手架。

$$S_{15}＝(8+12×2+26)×15$$
$$＝58×15$$
$$＝870m^2$$

2）24m 高装饰外脚手架。

$$S_{24} = (18 \times 2 + 32) \times 24$$
$$= 68 \times 24$$
$$= 1632 \text{m}^2$$

3）45m 高装饰外脚手架。

$$S_{45} = (18 + 24 \times 2 + 4) \times 45$$
$$= 70 \times 45$$
$$= 3150 \text{m}^2$$

4）30m 高装饰外脚手架。

$$S_{30} = (26 - 8) \times (45 - 15)$$
$$= 18 \times 30$$
$$= 540 \text{m}^2$$

5）21m 高装饰外脚手架。

$$S_{21} = 32 \times (45 - 24)$$
$$= 32 \times 21$$
$$= 672 \text{m}^2$$

上述计算的 5 个项目应分别按对应的外墙装饰脚手架定额子目套用。

3. 独立柱装饰脚手架

（1）计算规则

独立柱按柱周长增加 3.6m 乘柱高，再套用装饰装修外脚手架相应高度定额子目。

（2）解读计算规则

独立柱按周长增加 3.6m 是指，在搭设装饰脚手架时应按柱每边增加 0.9m 长，四边共增加 3.6m 来计算脚手架外围长，如图 3.115 所示。

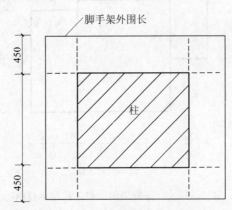

图 3.115　独立柱脚手架外围长示意图

（3）计算公式

$$\text{独立柱装饰脚手架面积} = (\text{柱外边周长} + 3.60) \times \text{柱高}$$

（4）计算实例

【例 3. 20】　某钢筋混凝土柱面贴花岗岩板，柱断面尺寸为 600mm×600mm，柱高 6.0m，试计算装饰柱脚手架工程量。

【解】

$$柱装饰脚手架面积＝（0.60×4＋3.60）×6.0$$
$$＝36.0m^2$$

4. 其他

（1）内墙面粉饰脚手架

内墙面粉饰脚手架均按内墙面垂直投影面积计算，不扣除门窗洞口所占面积。

（2）安全过道

安全过道按实际搭设的水平投影面积计算。

$$安全过道面积＝架宽×架长$$

（3）封闭式安全笆

封闭式安全笆按实际封闭的垂直投影面积计算。

（4）斜挑式安全笆

斜挑式安全笆按实际搭设的斜面面积计算。

$$斜挑式安全笆面积＝长×斜面宽$$

（5）满挂安全网

满挂安全网按实际满挂的垂直投影面积计算。

5. 项目成品保护

项目成品保护工程量计算规则，按装饰定额中各章节相应子目规则执行。项目成品保护费包括楼地面、楼梯、台阶、独立柱、内墙面饰面面层等。

3.9　垂直运输及超高增加费

《全国统一建筑装饰装修工程消耗量定额》（GYD-901—2002）中的垂直运输及超高增加费分部包括两部分内容，共 31 个子目，见表 3.13。

表 3.13　装饰装修工程消耗量定额垂直运输及超高增加费分部主要子目构成

垂直运输及 超高增加费	垂直运输	多层建筑物	按檐口高度划分（工日）
		单层建筑物	按檐口高度划分（工日）
	超高增加费	多层建筑物	按檐口高度划分（元）
		单层建筑物	按檐口高度划分（元）

3.9.1　垂直运输费

垂直运输费包括各种材料的垂直运输和施工人员上下班使用的外用电梯的费用。

1. 计算规则

1）装饰装修楼层（包括楼层所有装饰装修工程量）区别不同垂直运输高度（单层建筑物系檐口高度）按定额工日分别计算。

建筑物檐口高度示意图如图 3.116 所示。

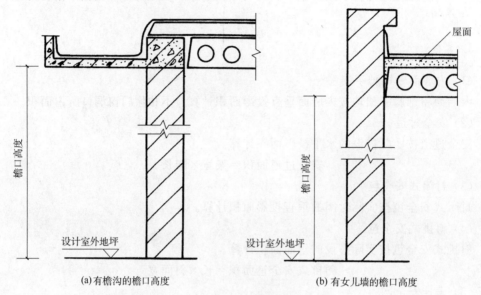

(a) 有檐沟的檐口高度　　　　　　(b) 有女儿墙的檐口高度

图 3.116　檐口高度示意图

2）檐口高度在 3.6m 以内的单层建筑物不计算垂直运输费。

2. 计算公式

（1）单层建筑物

$$\frac{单层建筑物}{垂直运输台班} = \frac{装饰装修项目的}{定额用工量} \times \frac{按檐口高度}{选定的定额台班消耗量}$$

（2）多层建筑物

$$\frac{多层建筑物}{垂直运输台班} = \frac{装饰装修项目的}{定额用工量} \times \frac{按檐口高度和垂直运输高度}{选定的定额台班消耗量}$$

3.9.2　超高增加费

超高增加费是指由于建筑物地上高度至檐口高度超过 20m 时操作工人工效降低，垂直运输运距加长而延长时间等发生的费用。

1. 计算规则

1）装饰装修楼面（包括楼层所有装饰装修工程量）区别不同的垂直运输高度（单层建筑物系檐口高度）以人工费与机械费之和按元分别计算。

2）檐高是指设计室外地坪至檐口高度（图 3.116）。突出主体建筑屋顶的电梯间、水箱间等不计入檐口高度。

2. 计算公式

$$\begin{array}{c}建筑物\\超高增加费\end{array} = \begin{array}{c}装饰装修工程项目\\人工费与机械费之和\end{array} \times \begin{array}{c}按垂直运输高度和建筑物檐口高度\\选定的人工、机械降效系数\end{array}$$

3.10　建筑装饰工程量计算示例

下面通过某市 A 型小别墅建筑装饰工程的工程量计算示例来说明计算装饰工程量的方法和过程。

3.10.1　A 型小别墅装饰施工图

详见本章后面的装饰施工图 1～装饰施工图 19。

3.10.2　A 型小别墅设计说明

1. 概况

A 型小别墅位于市区高档住宅小区——望江庭院内。本工程为土建初装完成后的室内二次装修，不包括室外装饰。

本图中，除注明墙厚外，其余均为 240mm 厚。室内外地坪高差 300mm。

2. 底层

1）地面：客厅木楞上毛地板垫层、樱桃木板面层；餐厅旧米黄色花岗岩板；卫生间、厨房地面高档耐磨地砖；阳台、楼梯间高档进口地砖；佣人房木地板地面。

2）楼梯：羊毛地毯、不锈钢压板、车花木栏杆、硬木扶手。

3）墙面：除立面图、详图说明外，其余为乳胶漆二遍，装饰板面刷聚氨酯漆二遍。

4）天棚：客厅、餐厅、走道、阳台轻钢龙骨吊顶，纸面石膏板面，面刷乳胶漆二遍；厨房、卫生间轻钢龙骨吊顶，铝合金扣板面；车库天棚面乳胶漆二遍。

5）踢脚线：同地面材料。

6）楼梯底面：乳胶漆二遍。

7）阳台栏板高 900mm，大理石阳台扶手宽 300mm，厚 60mm。

8）车库广场砖地面。

3. 楼层

1）地面：客房、卧室、主卧室、书房、走道铺橡木地板；卫生间高档耐磨地砖；阳台高档进口地砖。

2）墙面：除立面图、详图说明外，其余为乳胶漆二遍，装饰板面刷聚氨酯漆二遍。

3）天棚：卫生间轻钢龙骨吊顶，铝合金扣板面；走道、主卧室卫生间门前轻钢龙骨吊顶，纸面石膏板面，面刷乳胶漆二遍；其余房间乳胶漆二遍。

4）踢脚线：同地面材料。

4. 灯具和门窗

各种灯具见顶棚平面图说明。小别墅门窗统计见表 3.14。

5. 家具

1）5 人真皮沙发（带茶几）1 套；2 人真皮沙发 1 套。

2）电视柜 2 套（客厅、卧室）。

3）梳妆台（含椅）3 套（客房、卧室、主卧室）。

4）书房办公桌（含椅）1 套、书架 1 套。

5）佣人房组合柜（含椅）1 套。

6）大理石面吧台（含凳）1 套。

7）吧台酒柜 1 个。

8）餐厅电视柜 1 个。

9）6 人餐桌 1 套。

10）单人床（含床头柜）4 套。

11）主卧室双人床（含床头柜）1 套。

12）成品衣柜 3 个（卧室、主卧室）。

13）客房小衣柜 1 个。

14）楼梯间杂物柜 1 个。

15）盆栽大花卉 4 盆；盆栽小花卉 7 盆。

16）金丝绒窗帘，底层 2.20m 高，楼层 2.80m 高。

表 3.14　小别墅门窗统计

部位	名称	洞口尺寸/（mm×mm）	数量	备注
客厅	带纱塑钢窗	2700×1400	1	
餐厅	木质成品门	1500×2100	1	
餐厅	带纱塑钢窗	1500×1500	1	
底层卫生间	带纱塑钢窗	900×900	1	
底层卫生间	木质百叶成品门	800×2000	1	
佣人房	带纱塑钢窗	1200×1400	1	
佣人房	木质成品门	800×2000	1	
厨房	带纱塑钢窗	1500×1100	1	
厨房	木质成品门	800×2100	2	
客房	带纱塑钢窗	2700×1500	1	

续表

部位	名称	洞口尺寸/（mm×mm）	数量	备注
客房	木质成品门	900×2100	1	
二层卫生间	木质百叶成品门	800×2000	2	
二层卫生间	带纱塑钢窗	1200×1200	1	
楼梯间	带纱塑钢窗	1200×1500	1	
卧室	带纱塑钢窗	2600×1500	1	
卧室	木质成品门	1500×2100	1	
卧室	木质成品门	900×2100	1	
书房	木质成品门	900×2100	2	
书房	带纱塑钢窗	1500×1500	1	
主卧室	带纱塑钢窗	900×1500	1	
主卧室	木质成品门	2700×2100	1	
主卧室	木质成品门	900×2100	1	

3.10.3 A 型小别墅装饰项目列项

A 型小别墅列项见表 3.15。

表 3.15 A 型小别墅装饰项目列项

序号	定额号	项 目 名 称	单位	备注
		一、楼地面		
1	1—136	客厅木楞上毛地板垫层樱桃木地板面层	m²	
2	1—164	客厅成品樱桃木踢脚线	m	
3	1—008	餐厅旧米黄花岗岩板地面	m²	
4	1—037	餐厅旧米黄花岗岩板弧形台阶	m²	
5	1—025	餐厅花岗岩踢脚线	m²	
6	1—126	楼梯铺羊毛地毯面层	m²	
7	1—130	楼梯地毯不锈钢压板	m	
8	1—203	楼梯车花木栏杆	m	
9	1—211	楼梯硬木扶手	m	
10	1—234	扶手硬木弯头	个	
11	1—065	楼梯间、底层过道高档进口地砖地面 400×400	m²	
12	1—063	厨房、卫生间高档耐磨地砖地面 300×300	m²	

续表

序号	定额号	项 目 名 称	单位	备注
		一、楼地面		
13	1－069	楼梯间、过道、厨房、卫生间瓷砖踢脚线	m²	
14	1－134	佣人房成品木地板地面	m²	
15	1－164	佣人房成品木踢脚线	m	
16	1－065	阳台高档地砖地面 500×500	m²	
17	1－069	阳台瓷砖踢脚线	m²	
18	1－136	客房、书房、卧室、主卧室、楼层过道成品橡木地板	m²	
19	1－164	客房、书房、卧室、主卧室、楼层过道成品橡木踢脚线	m	
20	1－164	楼梯成品木踢脚线	m	
21	1－037	室外花岗岩弧形台阶	m²	
22	1－089	车库广场砖地面	m²	
23	1－070	车库地砖台阶	m²	
		二、墙面		
24	2－188	书房、客房、卧室、主卧室、客厅、餐厅墙面 5 厚夹板基层	m²	
25	2－209	书房花樟木夹板饰面	m²	
26	2－209	书房金丝柚夹板饰面	m²	
27	2－206	主卧室墙头丝织软包	m²	
28	2－209	主卧室墙头枫木夹板饰面	m²	
29	2－209	卧室枫木夹板墙裙	m²	
30	2－230	卧室墙裙雀眼木	m²	
31	2－209	卧室墙面枫木夹板饰面	m²	
32	2－209	客厅、餐厅墙面枫木夹板饰面	m²	
33	2－166	书房、客房、卧室、主卧室、客厅、餐厅墙面 木龙骨基层（断面 7.5cm²，30cm 中距）	m²	
34	2－179	客厅④轴装饰墙木龙骨（断面 45cm²，50cm 中距）	m²	
35	2－209	客厅④轴装饰墙枫木夹板饰面	m²	
36	2－104	卫生间、厨房西班牙进口瓷砖墙面	m²	

序号	定额号	项　目　名　称	单位	备注
		三、天棚		
37	3—160	客厅艺术轻钢龙骨吊顶	m²	
38	3—163	客厅艺术三夹板面层	m²	
39	3—021	客厅、餐厅、佣人房、厨房、卫生间、过道、阳台轻钢龙骨吊顶	m²	
40	3—097	客厅、餐厅、佣人房、卫生间、过道、阳台纸面石膏板面层	m²	
41	3—125	厨房、卫生间铝合金扣板面层	m²	
42	3—140	卫生间嵌入式不锈钢格栅灯槽	m²	
		四、门窗		
43	4—046	带纱塑钢窗安装	m²	
44	4—054	装饰门实木框制作安装	m	
45	市价—1	木质成品门扇安装	m²	
46	市价—2	卫生间木质带百页成品门扇安装	m²	
47	4—084	枫木窗帘盒安装	m	
48	4—084	柚木窗帘盒安装	m	
49	4—073	柚木门窗套安装	m²	
50	市价—3	金丝绒窗帘布安装	m²	
51	市价—4	餐厅百叶窗帘安装	m²	
		五、油漆、涂料		
52	5—195	楼梯底面乳胶漆二遍	m²	
53	5—195	车库、佣人房天棚乳胶漆二遍	m²	
54	5—195	客厅、餐厅、客房、卧室、主卧室、书房、楼梯间天棚乳胶漆二遍	m²	
55	5—288	客房、卧室、主卧室、客厅、餐厅墙面贴高档进口暗花墙纸	m²	
56	5—036	墙面装饰板聚氨酯漆二遍	m²	
57	5—164	基层板面刷防火漆二遍	m²	
58	5—195	佣人房、楼梯间墙面乳胶漆二遍	m²	
59	5—112	客厅艺术天棚乳胶漆二遍	m²	
60	5—035	窗帘盒聚氨酯漆二遍	m²	
61	5—036	门窗套聚氨酯漆二遍	m²	

序号	定额号	项 目 名 称	单位	备注
		六、其他		
62	6－070	门窗套装饰线（80 宽）	m	
63	6－070	卧室墙裙封口装饰线（80 宽）	m	
64	6－070	客房、卧室、主卧室、天棚柚木阴角线（80 宽）	m	
65	6－073	客房枫木夹板装饰线（160 宽）	m	
66	6－076	书房天棚柚木阴角压线（40 宽）	m	
67	6－074	书房柚木装饰线（100 宽）	m	
68	6－068	书房墙面分格压线（10 宽）	m	
69	6－084	阳台成品大理石扶手	m	
70	市价－26	盆栽大花卉	盆	
71	市价－27	盆栽小花卉	盆	
72	6－098	客厅、餐厅、佣人房石膏顶角线（80 宽）	m	
		七、灯具		
73	安 2－1404	客厅吊灯安装	套	
74	安 2－1390	餐厅拉伸吊灯安装	套	
75	安 2－1549	φ105 筒灯安装	套	
76	安 2－1549	酒吧牛眼灯安装	套	
77	安 2－1553	射灯安装	套	
78	安 2－1554	射灯滑轨安装	m	
79	安 2－1549	阳台 φ150 筒灯安装	套	
80	安 2－1387	佣人房、厨房、车库、阳台吸顶灯安装	套	
81	安 2－1403	客房、卧室、主卧室、书房吊灯安装	套	
82	安 2－1403	楼梯间吊灯安装	套	
83	安 2－1387	卫生间浴霸灯安装	套	
84	安 2－1595	卫生间嵌入式日光灯安装（双管）	套	
		八、家具		
85	市价－5	5 人真皮沙发（含茶几）	套	

续表

序号	定额号	项 目 名 称	单位	备注
		八、家具		
86	市价－6	2 人真皮沙发	套	
87	市价－7	大理石面吧台	套	
88	市价－8	酒柜	套	
89	市价－9	6 人餐桌（含椅）	套	
90	市价－10	成品大电视机柜	套	
91	市价－11	成品小电视机柜	套	
92	市价－12	成品杂物柜	套	
93	市价－13	成品组合柜	套	
94	市价－14	成品梳妆台（含椅）	套	
95	市价－15	单人床（含床头柜）	套	
96	市价－16	双人床（含床头柜）	套	
97	市价－17	成品大衣柜	个	
98	市价－18	成品小衣柜	个	
99	市价－19	成品办公桌（含椅）	套	
100	市价－20	成品书架	个	
		九、卫生洁具、燃具、橱柜		
101	市价－28	大理石洗面台安装	套	
102	安 8－404 代	立式淋浴间安装	套	
103	安 8－416	低水箱坐便器安装	套	
104	市价－21	卫生间梳妆镜安装	套	
105	安 8－381	高档浴盆安装	套	
106	市价－22	燃气灶安装	套	
107	安 8－393	洗涤盆安装	套	
108	市价－23	厨房操作台（柜）安装	套	
109	市价－24	排油烟机安装	套	
110	市价－25	厨房吊柜安装	套	

3.10.4　A 型小别墅装饰工程量计算

A 型小别墅装饰工程量计算见表 3.16。

表 3.16　工程量计算

工程名称：A 型小别墅

序号	定额编号	分项工程名称	单位	工程量	计 算 式
		一、楼地面			
1	1—136	客厅木楞上毛地板垫层 樱桃木地板面层	m^2	17.25	$A_1 (4.50-0.12-0.15)\times(3.50-0.12)+$ (台阶宽) $B_1 (4.50-0.18-0.12-2.0-0.30)$ $\times 1.0\times\frac{1}{2}+B_1 1.0\times 2.0$ $=4.23\times3.38+1.90\times1.0\times\frac{1}{2}+2.0$ $=17.25m^2$
2	1—164	客厅成品樱桃木踢脚线	m	11.96	(④轴) $(4.5-0.18-0.12)+(3.5$ (①轴) $-0.12+1.0)+(3.5-0.12)$ $=4.20+4.38+3.38$ $=11.96m$

序号	定额编号	项目名称	单位	数量	计算式
3	1—008	餐厅旧半黄花岗岩地面	m²	29.54	$A:$ $\underset{(台阶)}{(3.0+2.0-0.12-1.0-0.30)}$ $\times(3.5+3.5-0.24)+\overset{B:}{}$ $(1.0-0.12+0.30)\times(2.5-0.12-0.15)+$ $C:$ $(4.5+0.15-0.12-2.0)\times$ $(2.0-1.0)\times(4.5-0.15-0.12-2.0)\times\frac{1}{2}$ $\underset{(门洞处)}{}\underset{(墙边)}{}$ $+1.50\times0.24+(2.5-0.24+2.5-0.15-0.12)\times\frac{1}{2}$ $\times0.24$ $=3.58\times6.76+1.18\times2.23+2.53\times1.0\times\frac{1}{2}$ $+1.50\times0.24+4.49\times0.24$ $=24.20+2.63+1.27+0.36+1.08$ $=29.54\text{m}^2$
4	1—037	餐厅旧半黄花岗岩弧形台阶	m²	2.13	上客厅部分：$(\sqrt{(4.5-0.18-0.12-2.0)^2+1.0^2}\times0.60$ $=(\sqrt{(2.23)^2+1}\times0.60$ $=1.45\text{m}^2$ 上楼梯部分：$(2.5-0.12-0.12)\times\frac{1}{2}\times0.60$ $=0.68\text{m}^2$ $\left.\begin{array}{c}\\\\\end{array}\right\}2.13\text{m}^2$

续表

序号	定额编号	分项工程名称	单位	工程量	计 算 式
5	1—025	餐厅花岗岩踢脚线	m	11.64	$(3.0+2.0-0.12-1.0-\underset{\text{(吧台宽)}}{0.5})+(3.5+3.5-0.24-1.50)+(3.0+0.12-0.12)$（②轴）（B轴） $=3.38+5.26+3.0$ $=11.64\text{m}$
6	1—126	楼梯铺羊毛地毯面层	m²	8.59	$\left.\begin{array}{l}(2.5-0.24)\times(3.5-0.12+0.12)=7.91\text{m}^2\\ \text{上梯台阶部分}:0.60\times2.26\times\dfrac{1}{2}=0.68\text{m}^2\end{array}\right\}\ 8.59\text{m}^2$
7	1—130	楼梯地毯不锈钢压板	m	24.86	踏步数:$\underset{\text{(层高)}}{3.30}\div\underset{\text{(踏步高)}}{0.15}=22$步 每步宽:$(2.5-0.24)\times\dfrac{1}{2}=1.13\text{m}$ 压板长:$1.13\times22=24.86\text{m}$
8	1—203	楼梯车花木栏杆	m	6.57	楼梯斜面系数:$\dfrac{\sqrt{(300)^2+(150)^2}}{300}=1.118$ 楼梯栏杆水平长:$(3.5-1.5)\times2+0.3\times2=4.60\text{m}$ 转弯长:0.20m 安全栏杆长:$(2.50-0.24)\div2+\dfrac{0.20}{2}=1.23\text{m}$ 栏杆总长:$4.60\times1.118+0.20+1.23=6.57\text{m}$

序号	定额编号	项目名称	单位	数量	计算式
9	1—211	楼梯硬木扶手	m	6.57	同栏杆长:6.57m
10	1—234	扶手硬木弯头	个	2	2个
11	1—065	楼梯间、底层过道进口高档地砖 400×400	m²	10.28	梯间:$(2.5-0.24)\times(3.0-0.12+0.12)=6.78m^2$ 过道:$(2.0-0.12+0.12)\times(0.98-0.12-0.06)$ $+(2.5-0.12+0.12)\times(1.0-0.24)=3.50m^2$ $\Big\}\,10.28m^2$
12	1—063	厨房、卫生间高档耐磨地砖面 300×300	m²	17.94	底层: 卫生间:$(2.0-0.24)\times(3.0-0.98-0.06-0.12)+0.8\times0.12$ $=1.76\times1.84+0.8\times0.12=3.33m^2$ 厨房:$(2.5-0.24)\times(2.0+3.0-1.0\times2-0.24)+0.8\times0.24\times2=6.62m^2$ 楼层: 甲卫生间:$(2.40-0.12-0.06)\times(2.0-0.24)+0.8\times0.12$ $=2.22\times1.76+0.8\times0.12=4.00m^2$ 乙卫生间:$(3.0-1.0-0.24)\times(1.5+0.9-0.24)+0.8\times0.24=3.99m^2$ 小计:$3.33+6.62+4.0+3.99=17.94m^2$

续表

序号	定额编号	分项工程名称	单位	工程量	计 算 式
13	1—069	楼梯间、过道、厨房、卫生间瓷砖踢脚线	m²	5.30	梯间：$[(\underset{(①、⑤轴)}{3.5}-0.12)\times2+(2.5-0.24)]\times0.12=1.11m^2$ 过道：$[(2.0+0.12-0.12)+(2.0-1.04+0.12\times2)+(2.5-0.12+0.12-0.90)+(1.0-0.12+0.12)]\times0.12=5.80\times0.12=0.70m^2$ 厨房：$[(2.0+3.0-1.0\times2-0.24)+(2.5-0.24-0.80)]\times2\times0.12=(2.76+1.46)\times2\times0.12=1.01m^2$ 卫生间： 底层：$\{[(2.0-0.24)+(3.0-0.98-0.12-0.06)]\times2-0.80\}\times0.12=[(1.76+1.84)\times2-0.80]\times0.12=0.77m^2$ 楼层甲：$\{[(2.4-0.12-0.06)+(2.0-0.24)]\times2-0.80\}\times0.12=[(2.22+1.76)\times2-0.80]\times0.12=0.86m^2$ 楼层乙：$\{[(3.0-1.0-0.24)+(1.5+0.9-0.24)]\times2-0.8\}\times0.12=[(1.76+2.16)\times2-0.80]\times0.12=0.85m^2$ 小计：$1.11+0.70+1.01+0.77+0.86+0.85=5.30m^2$
14	1—134	佣人房成品木地板	m²	7.62	$(3.0-0.24)\times(3.0-0.24)=7.62m^2$
15	1—164	佣人房成品木踢脚线	m	11.04	$(3.0-0.24)\times4=11.04m$

序号	定额编号	项目名称	单位	工程量	计算式
16	1-065	阳台高档地砖地面	m²	38.56	底层: $(3.5\times2-0.12+0.12)\times(1.5-0.24)+(1.50+3.0-0.5\times2-0.24)\times(1.5-0.24)+(0.75-0.24)\times(0.5-0.12+0.12)\times2$ $+(1.0-0.24)\times(2.5-0.24)+[(3.5-0.24)\times\frac{1}{2}]^2\times3.1416\times\frac{1}{2}$（半圆） $=7.0\times1.26+3.26\times1.26+0.51\times0.5\times2+0.76\times2.26+4.17$ $=19.33\text{m}^2$ 楼层: $(3.0+1.5-0.5-0.24)\times(1.5\times0.24)+[(5.0-0.24)$ $\times(1.5+3.0-0.24)-(2.0+3.0-1.04)\times1.50]$ $=3.76\times1.26+(4.76\times4.26-5.94)$ $=19.23\text{m}^2$ 小计:19.33+19.23=38.56m²
17	1-069	阳台瓷砖踢脚线	m²	5.76	底层: 大阳台:$\{(3.0+1.5+0.5-0.24)+[(1.5-0.24)\times2+0.12+0.24]$ $+(3.5-0.12+0.12+0.24)+(1.5-0.24)+(3.5\times2+3.0+0.5)\}\times0.12$ $=(4.76+2.88+3.74+1.26+10.5)\times0.12$ $=2.78\text{m}^2$ 小阳台:$[(1.0-0.24)\times2+(2.5-0.24)\times2-0.80]\times0.12$ $=(1.52+3.72)\times0.12$ $=0.63\text{m}^2$ 楼层: 小阳台:$[(3.0+1.5-0.5-0.24)\times2-1.5+(1.5-0.24)\times2]\times0.12$ $=(7.52-1.50+2.52)\times0.12$ $=1.02\text{m}^2$ 大阳台:$\{[(3.0+1.5-0.24)+(5.0-0.24)]\times2-2.70\}\times0.12$ $=(4.26+4.76\times2-2.70)\times0.12$ $=1.33\text{m}^2$ 小计:2.78+0.63+1.02+1.33=5.76m²

续表

序号	定额编号	分项工程名称	单位	工程量	计　算　式
18	1—136	客房、卧室、主卧室、楼层过道成品橡木地板	m²	68.51	客房：$(4.5-0.24)×(3.5-0.24)+0.9×0.24=14.10m^2$（洞口） 卧室：$(3.5-0.24)×(3.0+1.5-0.5-0.24)+1.5×0.24+0.9×0.24=12.83m^2$（洞口） 书房：$(3.5-0.24)×(3.0-0.24)+0.9×0.24×2=9.43m^2$ 主卧室：$(2.0+3.0-1.0-0.24)×(1.5+2.5+3.0-1.5-0.24)$（开口处） $+(2.0-0.24)×(1.5+0.9-0.24)+0.9×0.24×2+1.5×0.24$ $=24.37m^2$ 走道：$(2.0-0.24)×(3.5×2-2.4-0.06-0.12)=7.78m^2$ 小计：$14.10+12.83+9.43+24.37+7.78=68.51m^2$
19	1—164	客房、书房、卧室、主卧室、楼层过道成品橡木踢脚线	m	63.76	客房：$(4.5-0.24+3.5-0.24)×2-0.90=14.14m$ 卧室：$(3.5-0.24+3.0+1.5-0.5-0.24)×2-0.9-1.5=11.32m$ 书房：$(3.5-0.24+3.0-0.24)×2-0.9×2=10.24m$ 主卧室： 大间：$[(3.0-1.5+2.5+1.5-0.24)+(2.0+3.0-1.0-0.24)]$ $×2-2.7-0.9×2+0.24×2=14.02m$（门洞边） 小间：$(2.0-0.24+1.5+0.9-0.24)×2-0.9=6.94m$ 走道：$(3.5×2-2.4-0.18+2.0-0.24)×2×0.9×4-0.8$（门洞边） $-(2.5-0.24)+(0.24-0.10)×2×5$ $=7.10m$ 小计：$14.14+11.32+10.24+14.02+6.94+7.10=63.76m$

序号	定额编号	项目名称	单位	工程量	计算式
20	1—164	楼梯成品木踢脚线	m	10.65	(3.50×2+2.5-0.24)×1.15=10.65m
21	1—037	室外花岗岩弧形台阶	m²	3.36	(3.5-0.24+0.30)×3.1416×$\frac{1}{2}$×(0.30×2)=3.36m²
22	1—089	车库广场砖地面	m²	20.92	5.0×(4.5-0.24)-1.26×0.3=20.92m²
23	1—093	车库地砖台阶面	m²	0.76	(1.5-0.24)×(0.3×2)=0.76m²

二、墙面

序号	定额编号	项目名称	单位	工程量	计算式
24	2—188	书房、客房、卧室、主卧室、客厅、餐厅墙面5厚夹板基层	m²	218.19	书房:(3.5-0.24+3.0-0.24)×2×(3.0-0.12)-0.9×2.1×2 　　　　　　　　　　　　　　(高)　　　(门)　(窗) -1.5×1.5=34.68-6.03=28.65m² 　(窗) 客房:(4.5-0.24+3.5-0.24)×2×(3.0-0.12)-0.9×2.10-2.7×1.5=37.38m² 　　　　　　　　　　　　　　(高)　　　(门)　(窗) 主卧室: 大间:(5.5-0.24+4.0-0.24)×2×(3.0-0.12)-(2.7×2.1+0.9×2.1)-0.9 　　　　　　　　　　　　　　(高)　　　　　　(门洞) ×2.1=51.96-9.45=42.51m² 小间:(2.0-0.24+0.9+1.5)×2×(3.0-0.12)-0.9×2.1-0.9×2.1-0.9×1.5=20.72m² 　　　　　　　　　　　　(门洞)　　　(门)　(窗) 卧室:(4.5-0.24+3.5-0.24)×2×(3.0-0.12)-1.5×2.1-0.9×2.1-2.6×1.5= 　　　　　　　　　　　　　(高)　　　(门)　(B轴)　(窗) 34.38m² 客厅餐厅:[(4.5-0.12-0.18)+(3.5+2.0+3.0-0.24)+3.5 　　　　　　(②轴)　　　　(⑤轴)　　　　(B轴) ×2-0.24)+3.0] ×(2.60+0.20)-1.5×2.1-2.7×1.4 　(吊顶上部)　　(门) -1.5×1.5+(2.5-0.24+2.1×2)×0.24=54.59m² 　　　　　(洞口侧面) 小计:28.65+37.38+42.51+20.72+34.34+54.59=218.19m²

续表

序号	定额编号	分项工程名称	单位	工程量	计 算 式
25	2—209	书房花樟木夹板饰面	m²	16.89	(3.5−0.24)×(3.0−0.12)×2−0.9×2.1=16.89m²　(门)
26	2—209	书房金丝柚木夹板饰面	m²	14.01	(3.0−0.24)×(3.0−0.12)×2−0.9×2.1=14.01m²　(门)
27	2—206	主卧室墙头丝织软包	m²	2.20	矩形部分：1.0×2.0=2.0m 弓形部分：1.0×0.3×$\frac{2}{3}$=0.2m 〕 2.20m²
28	2—209	主卧室墙头枫木夹板饰面	m²	1.60	2.0×0.4×2=1.60m²
29	2—209	卧室枫木夹板墙裙	m²	13.59	[(4.5−0.24+3.5−0.24)×2−1.5−0.9]×(1.0+0.12)　(门) (窗缺口) −2.6×(1.0+0.12−0.90) =14.16−0.57 =13.59m²
30	2—230	卧室墙裙雀眼木	m²	2.87	(宽)　(长) 0.35×(0.70+0.68×2+0.687×3+0.69×4+0.66×2) =0.35×8.20 =2.87m²

序号	定额编号	项目名称	单位	工程量	计算式
31	2—209	卧室墙面枫木夹板饰面	m²	2.69	$1.60×(1.60+0.08)=2.69m²$
32	2—209	客厅、餐厅墙面枫木夹板饰面	m²	22.92	Ⓐ立面:(3.0+2.5-0.24)×2.60-(2.5-0.24)×2.1+〔(2.5-0.24)+2.1×2〕×0.24=10.48m² (柱)(门洞)(洞口侧面) Ⓑ立面:0.6×(2.6-0.30)=1.38m² Ⓒ立面:0.5×2.6+0.7×(2.6-0.30)×2=4.52m² Ⓓ立面:(3.5-0.12)×2.60-1.5×1.5=6.54m² (窗) 小计:10.48+1.38+4.52+6.54=22.92m²
33	2—166	书房、客房、卧室、客厅、主卧室、客厅、餐厅墙面木龙骨基层(断面7.5cm²,30cm中距)	m²	218.19	同前面5厚夹板基层工程量:218.19m²
34	2—179	客厅Ⓐ轴装饰墙木龙骨(断面45cm²,50cm中距)	m²	9.94	装饰施工图1(图9) 墙长:3.50-0.20-0.12=3.18m (½柱)(½墙) $S=$〔0.6×0.8-0.6×(0.8+0.4)+0.6×(0.8+0.4×2)+0.6×(0.8+0.4×3)+0.618×(2.3+0.3)〕×2 =4.97×2 =9.94m²

续表

序号	定额编号	分项工程名称	单位	工程量	计 算 式
35	2—209	客厅④轴装饰墙面枫木夹板饰面	m²	11.43	装饰施工图1、图9 S＝木龙骨面积＋台阶上表面面积＋台阶侧面面积 ＝9.94＋(3.5－0.2－0.12)×0.30＋(2.60－0.80)×0.30 ＝9.94＋0.95＋0.54 ＝11.43m²
36	2—104	卫生间、厨房西班牙进口瓷砖墙面	m²	63.34	卫生间： 底层：(2.0－0.24＋3.0－0.12－0.06)×2×2.20－0.9×0.9（高）（窗） 　　（门） －0.80×2.10＝17.74m² 楼层甲：(2.0－0.24＋2.0－0.12－0.06)×2×2.20－0.8×2.0＝14.15m²（高）　　（门） 楼层乙：[(3.0－1.0－0.24)＋(1.5＋0.9－0.24)]×2×2.20（高）　　（窗） －1.20×1.20－0.80×2.0＝14.21m² 　　（门） 厨房： [(5.0－1.0×2－0.24)＋2.5－0.24]×2×2.20－1.5×1.0（高）（窗） －0.8×2.0×2＝17.24m² 　　（门） 小计：17.74＋14.15＋14.21＋17.24＝63.34m²

		三、天棚				
37	3-160	客厅艺术方木龙骨吊顶	m²	7.07	$S=\pi R^2=3.1416\times1.5^2=7.07\text{m}^2$	
38	3-163	客厅艺术吊顶三夹板面层	m²	9.71	$S=$木龙骨面积+侧立面面积 $=7.07+1.5\times2\times3.1416\times0.1+1.4\times2\times3.1416\times0.1+1.3\times2\times3.1416\times0.1$ $=7.07+0.94+0.88+0.82$ $=9.71\text{m}^2$	
39	3-021	客厅、餐厅、佣人房、厨房、卫生间、过道、阳台轻钢龙骨吊顶	m²	90.24	佣人房:$(3.0-0.24)\times(3.0-0.24)=7.62\text{m}^2$ 客厅:$S=$木地板面积−圆弧吊顶 　　　$=17.25-7.07$ 　　　$=10.18\text{m}^2$ 餐厅:$S=$花岗岩地面+台阶面积 　　　$=29.54+2.13=31.67\text{m}^2$ 厨房、卫生间:$S=$地面砖面积$=17.94\text{m}^2$ 底层阴台过道:$S=$地面砖面积$=3.5+19.33=22.83\text{m}^2$ 小计:$7.62+10.18+31.67+17.94+22.83=90.24\text{m}^2$	

续表

序号	定额编号	分项工程名称	单位	工程量	计 算 式
40	3—097	客厅,餐厅,卫生间,过道,阳台纸面石膏板面层	m²	72.21	$S=$轻钢龙骨天棚+客厅梯间台口梁侧面—厨房、卫生间天棚—客厅,佣人房窗帘盒 $=90.24+(2.5-0.24)\times(3.3-0.12-2.6)-17.94$ $-(4.5-0.24+3.0-0.24)\times0.20$ $=90.24+1.31-17.94-1.40$ $=72.21\text{m}^2$
41	3—125	厨房,卫生间铝合金扣板天棚	m²	17.44	$S=$地砖面积—灯槽面积 $=17.94-0.50$ $=17.44\text{m}^2$
42	3—140	乙卫生间嵌入式不锈钢顶棚灯槽	m²	0.5	$2.0\times0.25=0.5\text{m}^2$

四、门窗

序号	定额编号	项目名称	单位	工程量	计算式
43	4—046	带纱塑钢窗安装	m²	24.96	客厅:2.7×1.4=3.78m²　餐厅:1.5×1.5=2.25m²　佣人房:1.2×1.4=1.68m²　客房:2.7×1.5=4.05m²　卧室:2.6×1.5=3.90m²　主卧室:0.9×1.5=1.35m²　卫生间:0.9×0.9+1.2×1.2=2.25m²　厨房:1.5×1.1=1.65m²　梯间:1.2×1.5=1.80m²　书房:1.5×1.5=2.25m²　小计:3.78+2.25+1.68+1.65+4.05+1.80+3.90+2.25+1.35=24.96m²
44	4—054	装饰门实木框制作安装	m²	72.60	餐厅:1.5+2.1×2=5.70m²　卫生间:0.8+2.0×2+(0.8+2.0×2)×2=14.4m²　佣人房:0.8+2.0×2=4.80m²　厨房:(0.8+2.0×2)×2=9.60m²　客房:0.9+2.1×2=5.10m²　卧室:1.5+2.1×2+0.9+2.1×2=10.8m²　书房:(0.9+2.1×2)×2=10.2m²　主卧室:2.7+2.1×2+0.9+2.1×2=12.0m²　小计:5.70+14.4+4.80+9.60+5.10+10.8+10.2+12.0=72.60m²

续表

序号	定额编号	分项工程名称	单位	工程量	计 算 式
45	市价—1	木质成品门门扇安装	m²	26.22	按门洞口面积计算： $1.5×2.1+0.8×2.0+0.8×2.0×2+0.9×2.1+1.5×2.1$ $+0.9×2.1+0.9×2.1×2+2.7×2.1+0.9×2.1$ $=26.22m^2$
46	市价—2	卫生间木质带百叶成品门扇安装	m²	4.80	按洞口面积计算:$0.8×2.0×3=4.80m^2$
47	4—084	枫木窗帘盒安装	m	11.28	客厅:$4.5-0.24=4.26m$ 佣人房:$3.0-0.24=2.76m$ 客房:$4.5-0.24=4.26m$ 小计:$4.26+2.76+4.26=11.28m$
48	4—084	柚木窗帘盒安装	m	11.54	主卧室： 窗:$(2.0-0.24-0.5)=1.26m$ 门:$(5.0-1.0-0.24)=3.76m$ 卧室:$3.5-0.24=3.26m$ 书房:$3.5-0.24=3.26m$ 小计:$1.26+3.76+3.26+3.26=11.54m$

| 49 | 4—073 | 榆木门套制作安装 | m² | 44.22 | 门套：

书房：(0.9+2.1×2)×(0.24+0.08×2)×2=4.08m²（展开宽）

客房：(0.9+2.1×2)×0.40=2.04m²（展开宽）

主卧室：(0.9+2.1×2)×0.40×2+(2.7+2.1×2)×0.4=6.84m²（展开宽）

卧室(大门)：(1.5+2.1×2)×(0.24+0.10×2)=2.51m²（展开宽）

卧室(小门)：(0.9+2.1×2)×(0.24+0.08×2)+(0.12+0.08−0.08)×0.9（上边弧形）
　　　　　=5.10×0.4+0.11=2.15m²

底层门洞：(2.50−0.24+2.1×2)×(0.24+0.08×2)=2.58m²（展开宽）

餐厅门：(1.5+2.1×2)×0.40=2.28m²（展开宽）

厨卫、佣人房：(0.8+2.0×2)×6×0.40=11.52m²

门套小计：4.08+2.04+6.84+2.51+2.15+2.58+2.28+11.52=34.00m²

窗套：

客厅：(2.7+1.4)×2×(0.24−0.10+0.08)=1.80m²（展开宽）

餐厅：(1.5+2.1)×2×0.22=1.58m²

客房：(2.7+1.5)×2×0.22=1.85m²

书房：(1.5+1.5)×2×0.22=0.99m²

佣人房：(1.2+1.4)×2×0.22=1.14m²

卧室：(2.6+1.5)×2×0.22=1.80m²

主卧室：(0.9+1.5)×2×0.22=1.06m²

窗套小计：1.80+1.58+1.14+1.85+1.80+0.99+1.06=10.22m²

合计：34.00+10.22=44.22m² |

续表

序号	定额编号	分项工程名称	单位	工程量	计 算 式
50	市价-3	金丝绒窗帘布安装	m²	49.13	客厅：(4.5-0.24)×2.20=9.37m²(高) 佣人房：(3.0-0.24)×2.20=6.07m²(高) 客房：(4.5-0.24)×2.80=11.93m² 卧室：(3.5-0.24)×2.80=9.13m² 书房：(3.5-0.24)×2.80=9.13m² 主卧室：(2.0-0.24-0.5)×2.80=3.5m² 小计：9.37+6.07+11.93+9.13+9.13+3.5=49.13m²
51	市价-4	餐厅百叶窗安装	m²	2.89	(1.5+0.2)×(1.5+0.2)=2.89m²
		五、油漆涂料			
52	5-196	楼梯底面乳胶漆二遍	m²	9.10	S＝水平投影面积×1.15 =7.91(羊毛地毯工程量)×1.15 =9.10m²
53	5-195	车库、佣人房天棚乳胶漆二遍	m²	28.92	S＝车库、佣人房地面面积+车库一步台阶面积 =20.92+7.62+1.26×0.3 =28.92m²

序号	定额编号	项目	单位	工程量	计算式
54	5-195	客厅、餐厅、客房、卧室、主卧室、书房、梯间天棚乳胶漆二遍	m²	107.36	客房：$(4.5-0.24)\times(3.5-0.24)=13.89\text{m}^2$ 卧室：$(3.5-0.24)\times(3.0+1.5-0.5-0.24)=12.26\text{m}^2$ 主卧室：$(2.0+3.0-1.0-0.24)\times(1.5\times2.5+3.0-1.5-0.24)$ $+(2.0-0.24)\times(1.5+0.9-0.24)$ $=23.58\text{m}^2$ 书房：$(3.5-0.24)\times(3.0-0.24)=9.0\text{m}^2$ 梯间：6.78m^2　客厅：10.18m^2　餐厅：31.67m^2 小计：107.36m^2
55	5-288	客厅、餐厅、客房、卧室、主卧室墙面贴高档进口暗花墙纸	m²	101.74	客房：$(4.5-0.24+3.5-0.24)\times2\times(3.0-0.12)-\underset{(门)}{0.9\times2.1}-\underset{(窗)}{2.7\times1.5}=37.38\text{m}^2$ 主卧室：$(5.5-0.24+4.0-0.24)\times(3.0-0.12)-\underset{(门)}{2.7\times2.1}-\underset{(窗)}{0.9\times2.1}-\underset{(门洞)}{0.9\times2.1}+$ $0.9-0.24+2.0-0.24)\times2.88-\underset{(门)}{0.9\times2.1}-\underset{(软包)}{2.20}-\underset{(枫木夹板)}{1.60}=16.53\text{m}^2$ 4.25 $=20.78\text{m}^2$ 卧室：$(4.5-0.24+3.5-0.24)\times2\times2.88-\underset{(门)}{1.5\times2.1}-\underset{(门)}{0.9\times2.1}-\underset{(窗)}{2.6\times1.5}-\underset{(墙裙)}{13.59}$ $=18.10\text{m}^2$ 小间：$1.5+$ 2.69 客厅：$(\underset{(®立面)}{4.5}-0.12-0.18)\times\underset{(高)}{2.30}-\underset{(窗)}{2.7\times1.4}-\underset{(门洞)}{1.38}+(\underset{(©立面)}{3.0}+0.4+0.5-$ $0.12)\times\underset{(高)}{2.60}$ $+(0.7+0.4+3.5-0.24)\times\underset{(高)}{2.60}-\underset{(门)}{1.5\times2.1}$ $=4.5+9.83+5.51+5.64=25.48\text{m}^2$ $+(\underset{(®立面)}{4.5}-0.12-0.18)\times\underset{(高)}{2.3}-\underset{(枫木夹板)}{4.52}+(3.5-0.12)\times2.60-\underset{(门)}{1.5\times2.1}$ 小计：101.74m^2

续表

序号	定额编号	分项工程名称	单位	工程量	计 算 式
56	5-036	墙面装饰板板聚氨酯漆二遍	m²	83.13	书房:16.89+14.01=30.90m²　主卧室:1.60m² 卧室:2.69+13.59=16.28m²（墙裙）　客厅,餐厅:22.92m²（墙面） ①轴装饰墙:11.43m²　小计:83.13m²
57	5-164	基层板刷防火漆二遍	m²	218.19	同5厚夹板基层工程量:218.19m²
58	5-195	佣人房、梯间、过道、阳台墙面乳胶漆二遍	m²	176.57	佣人房:(3.0-0.24)×2×(3.30-0.12)-0.8×2.0-1.2×1.4=14.27m²（门） 梯间: 底层:(2.5-0.24+3.0)×(3.3-0.12)=16.73m²（门） 楼层:(2.5-0.24+3.0×2)×(3.0-0.12+0.12)-1.2×1.5=22.98m²（窗） 底层过道:(2.0+2.5+3.0-0.24)×(3.3-0.12)-(2.5-0.24)×2.10-0.8×2.0×3（门） =13.54m² 楼层过道:[(3.5×2-2.4-0.12-0.06)+(2.0-0.24)]×2×(3.0-0.12)-0.8×2.0-（门） 　（梯洞口） 0.9×2.1×4 - (2.5-0.24)×2.7=51.44m² 底层阳台: 小阳台:[2.5-0.24+(1.0-0.24)×2]×(3.3-0.12)-0.8×2.0=10.42m²（门） 大阳台:(3.5×3.0+0.5)×(3.3-0.12)-1.5×2.1-1.5×1.5=27.99m²（窗） 楼层阳台: 小阳台:(3.0+1.5-0.5-0.24)×(3.0-0.12)-1.5×2.1=9.03m²（门） 大阳台:(1.5+5.0-1.0)×(3.0-0.12)-2.7×2.1=10.17m²（门） 小计:176.57m²

59	5—112	客厅艺术天棚乳胶漆二遍	m²	9.71	S＝艺术天棚面积 ＝9.71m²
60	5—035	窗帘盒聚氨酯漆二遍	m	46.55	l＝窗帘盒长×2.04 ＝(11.28＋11.54)×2.04 ＝46.55m
61	5—036	门窗套聚氨酯漆二遍	m²	44.22	同门窗套工程量:44.22m²
62	6—070	门窗套装饰线(80 宽)	m	196.82	客厅:(2.7＋1.4)×2＝8.20m 餐厅:1.5＋2.1×2＋(1.5＋1.5)×2＋[(2.5－0.24)＋2.1×2]×2＝24.62m 佣人房:(1.2＋1.4)×2＋(0.8＋2.0×2)×2＝14.80m 客房:(2.7＋1.5)×2＋(0.9＋2.1×2)×2＝18.60m 卧室:1.5＋2.1×2＋(0.9＋2.1×2)×2＋(2.6＋1.5)×2＝24.10m 书房:(1.5＋1.5)×2＋(0.9＋2.1×2)×2＝16.20m 主卧室:2.7＋2.1×2＋(0.9＋2.1×2)×3×2＋(0.9＋1.5)×2＝42.3m 卫生间:(0.8＋2.0×2)×2×5＝48.0m 小计:196.82m

续表

序号	定额编号	分 项 工 程 名 称	单位	工程量	计　算　式
		六、其他			
63	6—070	卧室墙裙封口装饰线（80 宽）	m	10.04	（门）（窗） (4.5−0.24+3.5−0.24)×2−1.5−0.9−2.60＝10.04m
64	6—070	客房、卧室、主卧室天棚柚木阴角线（80 宽）	m	54.96	客房：(4.5+3.5−0.24×2)×2＝15.04m 卧室：(3.0+1.5−0.5−0.24+3.5−0.24)×2＝14.04m 主卧室： 大间：(5.5−0.24+4.0−0.24)×2＝18.04m 小间：(2.0−0.24+2.4−0.24)×2＝7.84m 小计：54.96m
65	6—069	书房天棚柚木阴角线（40 宽）	m	12.04	(3.5−0.24+3.0−0.24)×2＝12.04m
66	6—073	客房枫木夹板装饰线（160 宽）	m	11.44	（门）（窗） (4.5−0.24+3.5−0.24)×2−0.9−2.7＝11.44m
67	6—071	书房柚木装饰线（100 宽）	m	32.64	（窗帘盒宽） 横线：(3.5−0.24+3.0−0.24)×2−0.20＝11.84m 竖线：(5.9−3.3)×8＝20.8m 小计：32.64m

68	6—067	书房墙面分格柚木装饰线（10宽）	m	83.24	墙裙上：$(0.443+0.59)×2×4+(0.515+0.59)×2×4+(0.373+0.59)×2×3$ $+(0.417+0.59)×2×3+(0.651+0.29)×2×2=32.68m$ 墙上：$(0.85+0.3)×2×2+(0.443×2+0.08+1.44)×2×2+(0.515+1.44)×2×2+$ $(0.515×2+0.08+1.44)×2+(0.651+1.74)×2×2+(0.373×3+0.08×2+1.44)$ $×2+[(0.417×3+0.08×2-0.08)×2+1.44×4]=50.56m$ 小计：83.24m
69	6—084	阳台成品大理石扶手	m	30.04	底层： 大阳台：$(1.5-0.12)×2+(3.0+0.5×2)+3.5-0.12+0.12=10.26m$ 小阳台：$2.5-1.0-0.24=1.26m$ 楼层： 大阳台：$5.0+1.5+3.0+1.0+1.5-0.12+0.12=11.76m$ 小阳台：$(1.5-0.12)×2+3.0+1.5-0.5=6.76m$ 小计：30.04m
70	市价—26	盆栽大花卉	盆	4	
71	市价—27	盆栽小花卉	盆	7	

续表

序号	定额编号	分项工程名称	单位	工程量	计 算 式
72	6—098	客厅、餐厅、佣人房石膏顶角线（80宽）	m	40.08	客厅、餐厅:[(4.5+2.0-0.24)+(3.0+2.0+3.5-0.24)]×2=29.04m 佣人房:(3.0-0.24+3.0-0.24)×2=11.04m 小计:40.08m
		七、灯具			
73	安2—1404	客厅吊灯安装	套	1	
74	安2—1390	餐厅拉伸吊灯安装	套	1	
75	安2—1549	φ105筒灯安装	套	27	底层:16套 楼层:11套
76	安2—1549	酒吧牛眼灯安装	套	3	
77	安2—1553	射灯安装	套	4	
78	安2—1554	射灯滑轨安装	m	2	
79	安2—1549	阳台φ150筒灯安装	套	6	

80	安 2—1387	佣人房、厨房、车库、阳台吸顶灯安装	套	9									
81	安 2—1403	客房、卧室、主卧室、书房吊灯安装	套	4									
82	安 2—1403	楼梯间吊灯安装	套	1									
83	安 2—1387	卫生间浴霸灯安装	套	1									
84	安 2—1595	卫生间嵌入式日光灯安装（双管）	套	1									
		八、家具											
85	市价—5	5 人真皮沙发（含茶几）	套	1									
86	市价—6	2 人真皮沙发	套	1									
87	市价—7	大理石面吧台	套	1									

续表

序号	定额编号	分项工程名称	单位	工程量	计　算　式
88	市价—8	酒柜	套	1	
89	市价—9	6人餐桌（含椅）	套	1	
90	市价—10	成品大电视柜	套	2	底层1套，楼层1套
91	市价—11	成品小电视柜	套	1	
92	市价—12	成品杂物柜	套	1	
93	市价—13	佣人房成品组合柜	套	1	
94	市价—14	成品梳妆台（含椅）	套	3	
95	市价—15	单人床（含床头柜）	套	4	
96	市价—16	双人床（含床头柜）	套	1	
97	市价—17	成品大衣柜	套	3	

98	市价－18	成品小衣柜	套	1							
99	市价－19	成品办公桌（含椅）	套	1							
100	市价－20	成品书架	套	1							
		九、卫生洁具、燃具、橱柜									
101	安8－341	大理石洗面台安装	套	3							
102	安8－404代	立式淋浴间安装	套	1							
103	安8－416	低水箱坐便器安装	套	3							
104	市价－21	卫生间梳妆镜安装	套	3							
105	安8－381	高档浴盆安装	套	1							
106	市价－22	燃气灶安装	套	1							
107	安8－393	洗涤盆安装	套	1							

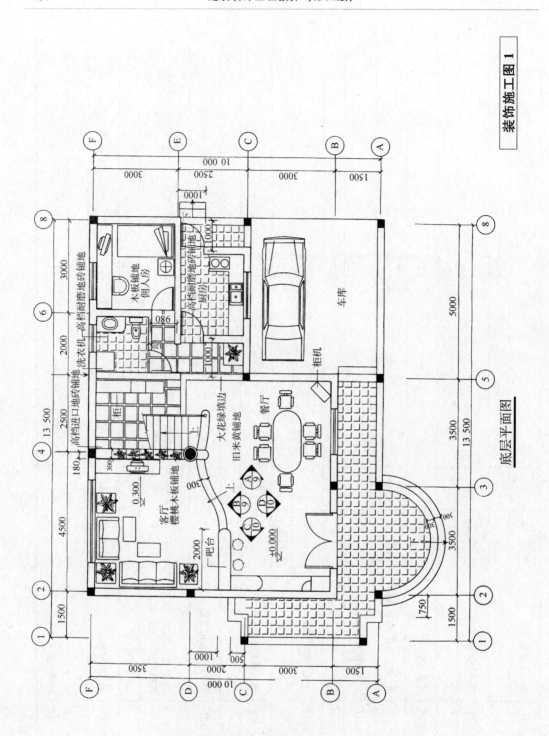

底层平面图

装饰施工图 1

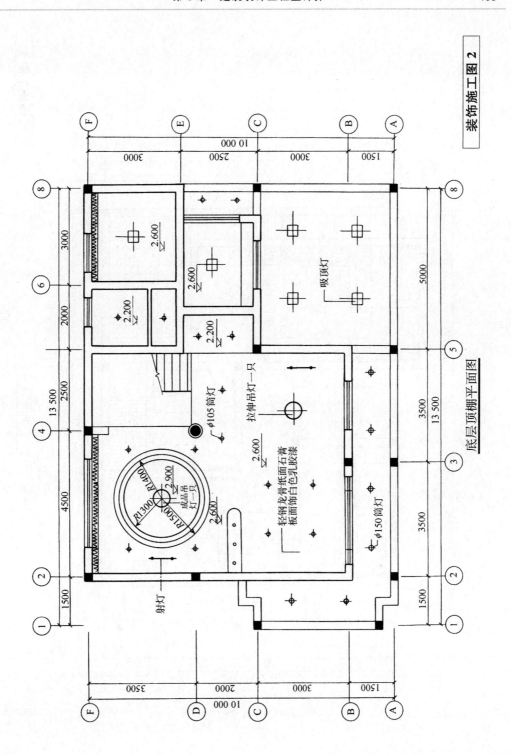

装饰施工图图 2

底层顶棚平面图

装饰施工图 3

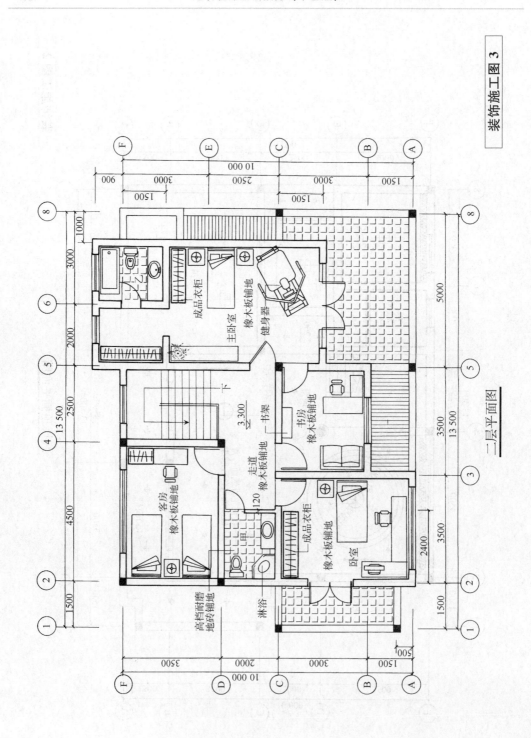

二层平面图

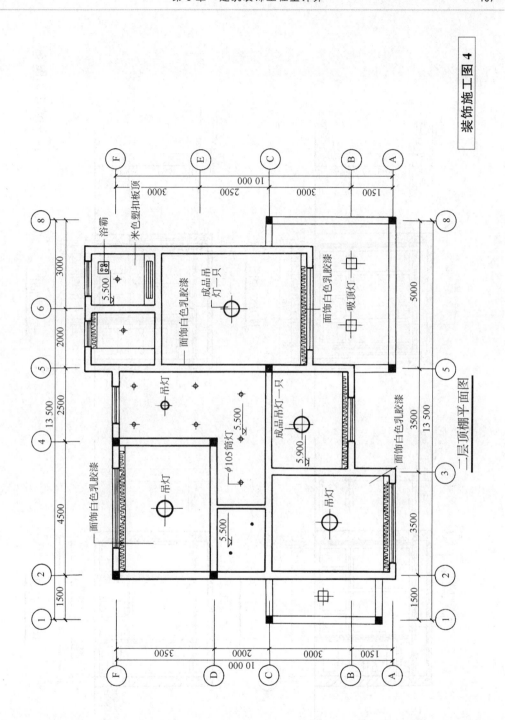

装饰施工图 4

二层顶棚平面图

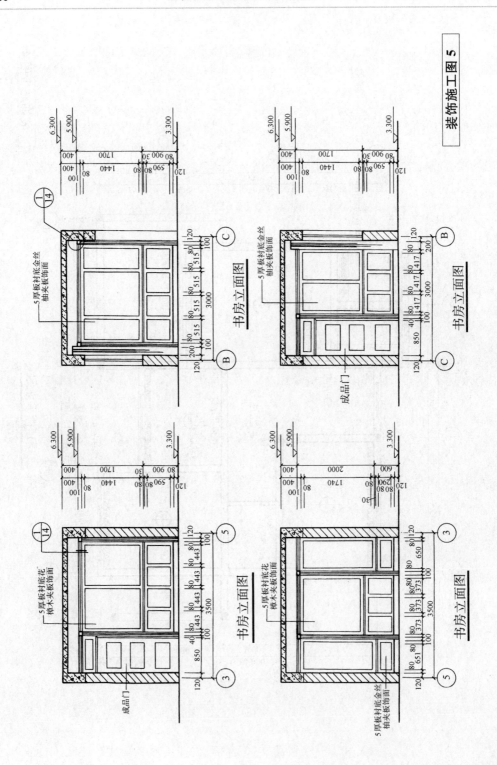

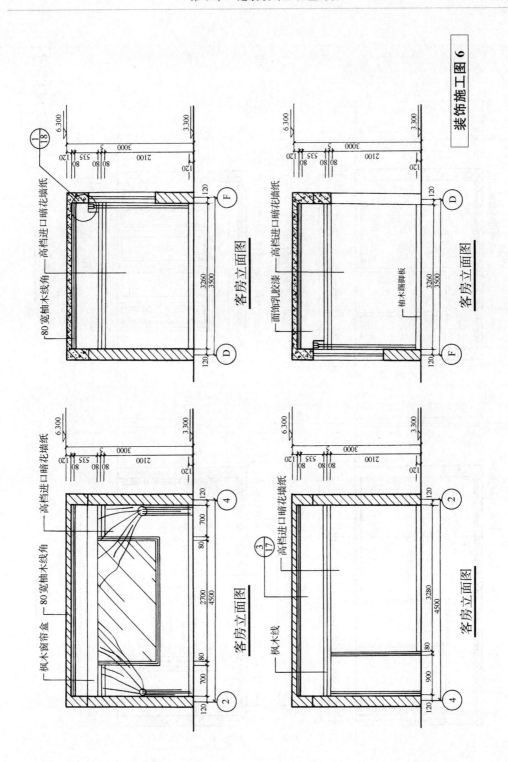

装饰施工图 6

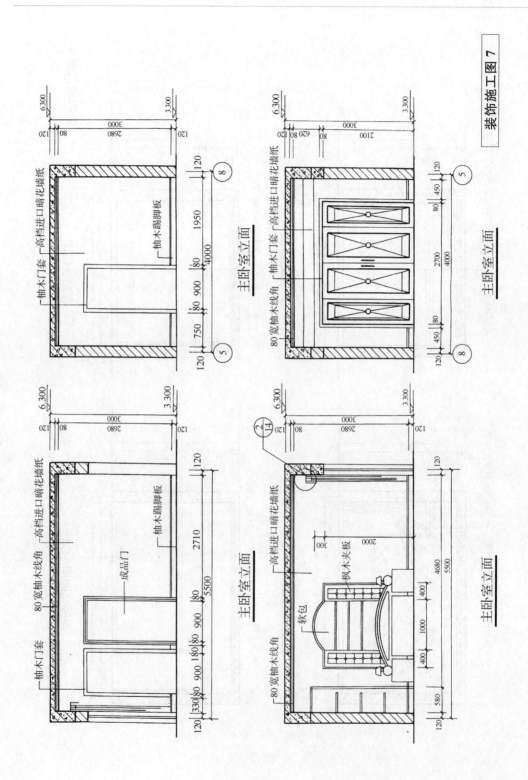

主卧室立面

主卧室立面

主卧室立面

主卧室立面

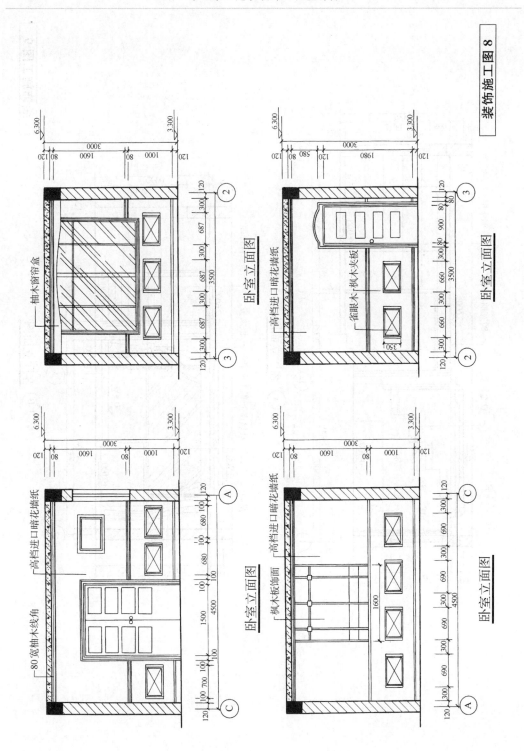

卧室立面图

卧室立面图

卧室立面图

卧室立面图

装饰施工图 8

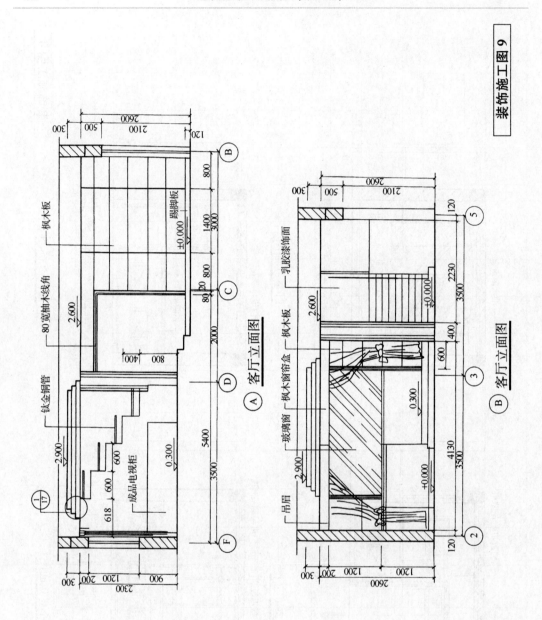

装饰施工图 9

A　客厅立面图

B　客厅立面图

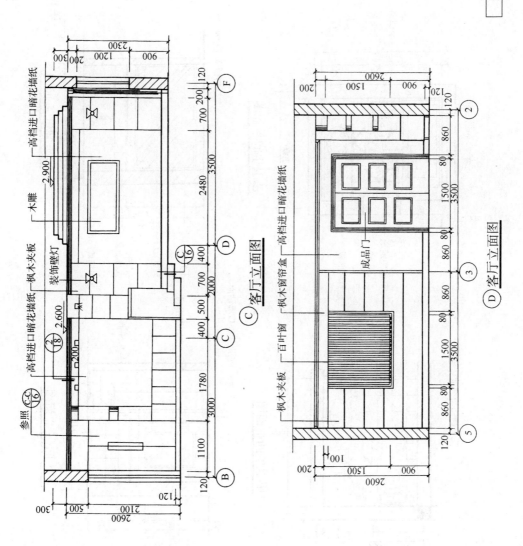

装饰施工图 10

客厅立面图 C—C

客厅立面图 D

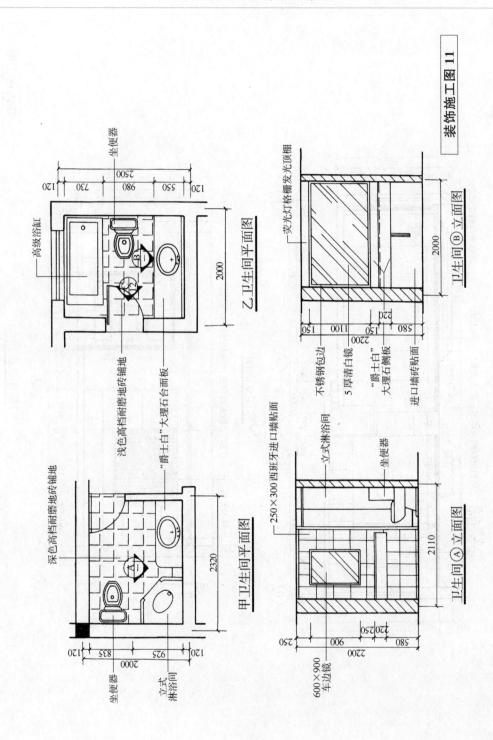

乙卫生间平面图

甲卫生间平面图

卫生间Ⓑ立面图

卫生间Ⓐ立面图

装饰施工图 11

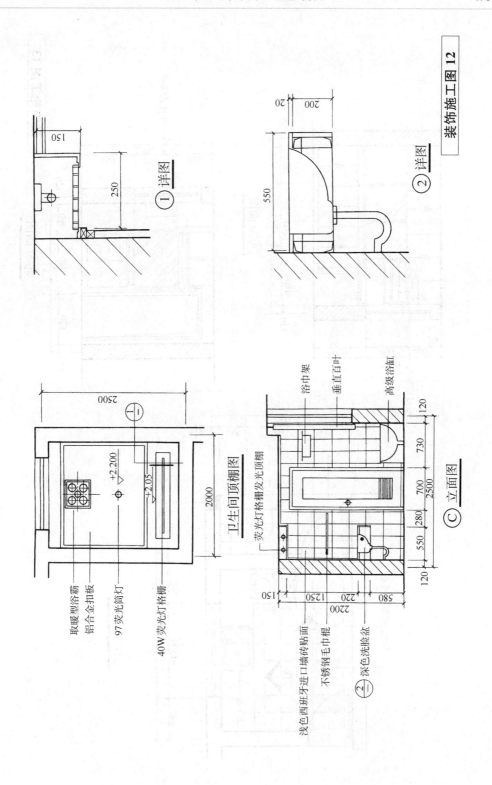

装饰施工图 12

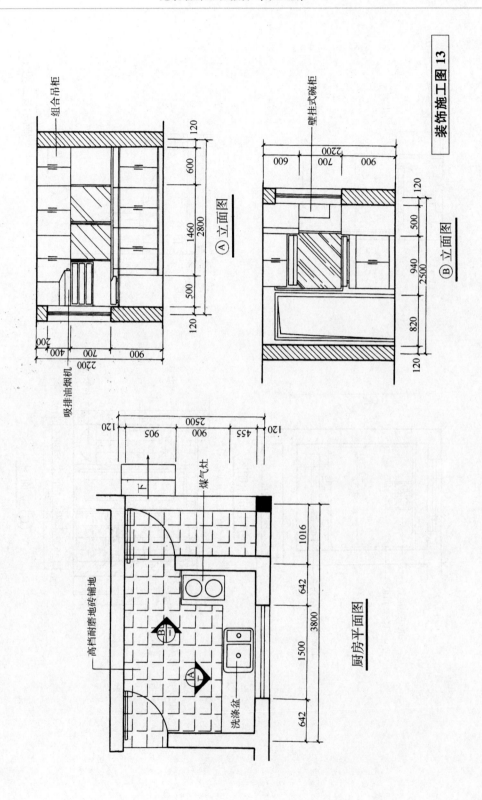

装饰施工图 13

Ⓐ 立面图

组合吊柜

120 600 2800 1460 500 120

吸排油烟机

200 400 700 900 2200

Ⓑ 立面图

壁挂式碗柜

600 700 900 2200

120 500 2500 940 820 120

厨房平面图

高档耐磨地砖铺地

下

煤气灶

洗涤盆

120 905 900 455 120 2500

1016 642 3800 1500 642

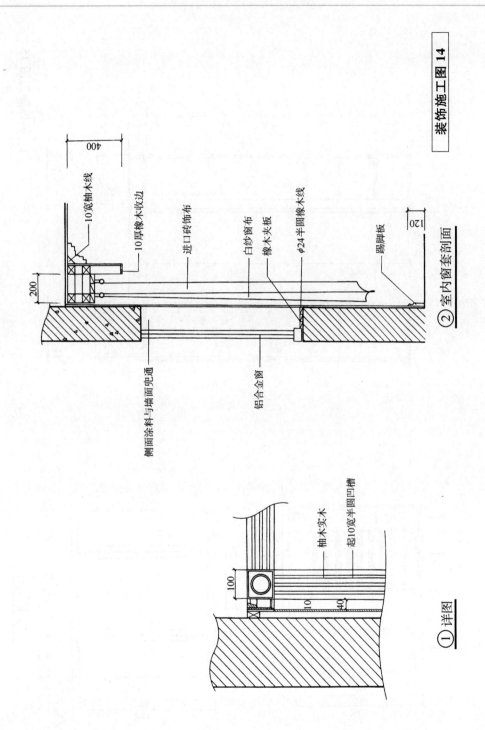

装饰施工图 14

400

10 宽柚木线
10 宽柚木收边
10 厚橡木收边

进口砖饰布
白纱窗布
橡木夹板
φ24 半圆橡木线
踢脚板

120

200

侧面涂料与墙面见通
铝合金窗

② 室内窗套剖面

柚木实木
起10宽半圆凹槽

100

10
40

① 详图

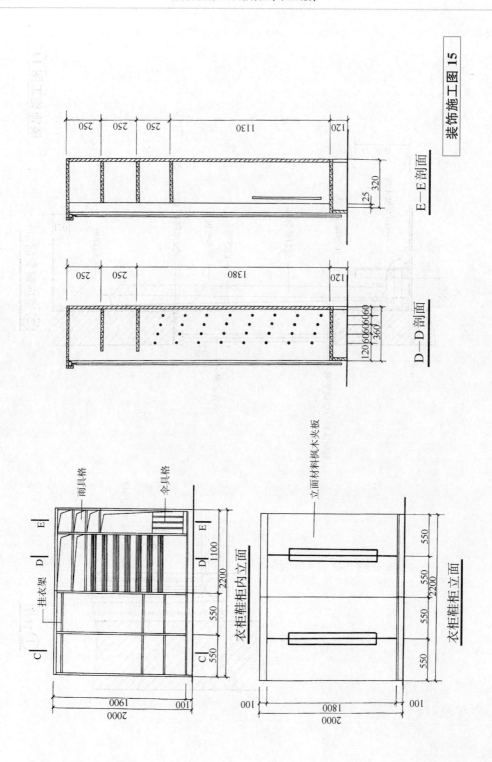

装饰施工图 15

E—E 剖面

D—D 剖面

衣柜鞋柜内立面

衣柜鞋柜立面

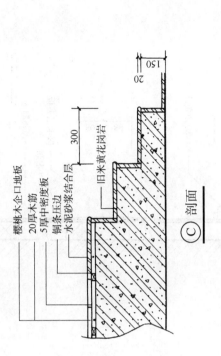

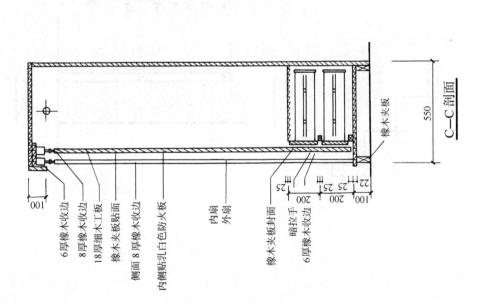

装饰施工图 16

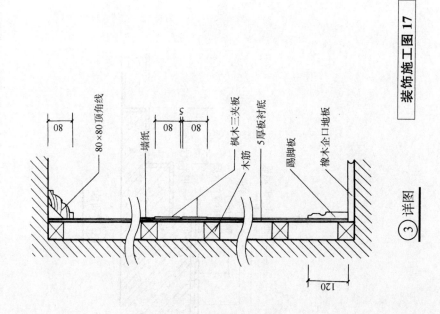

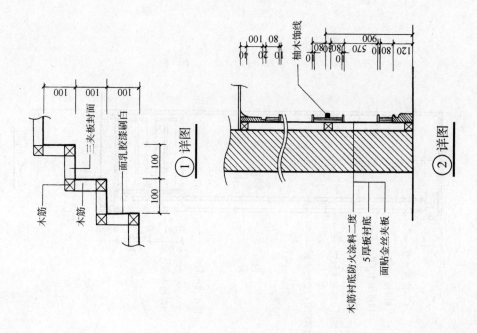

装饰施工图 17

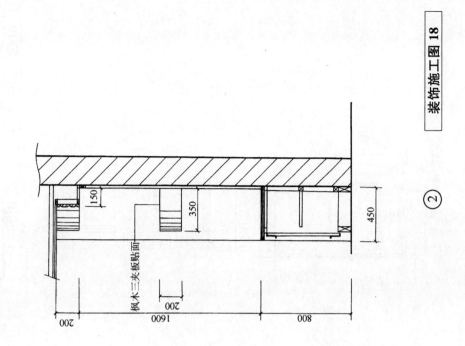

装饰施工图 18

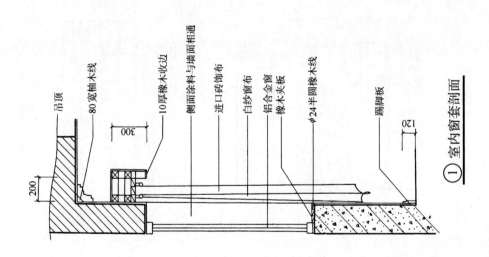

① 室内窗套剖面

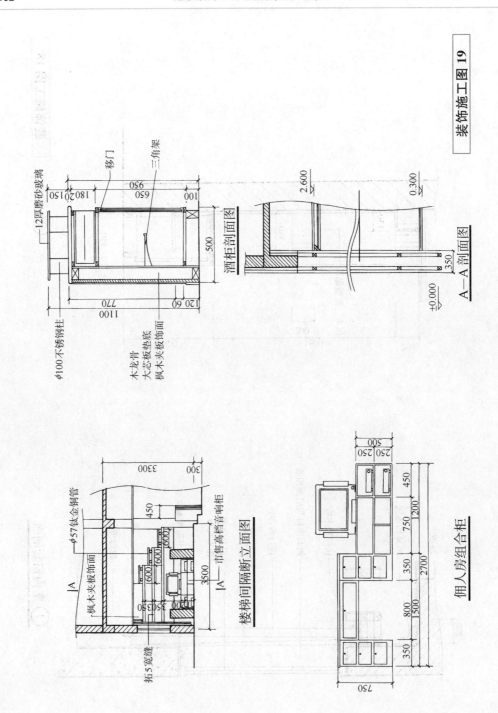

酒柜剖面图

A—A 剖面图

楼梯间隔断立面图

佣人房组合柜

第 4 章
建筑装饰工程直接费计算与工料分析

4.1 直接费的内容

建筑装饰工程直接费由直接工程费和措施费构成。

1. 直接工程费

直接工程费是指施工过程中耗费的构成工程实体的各项费用，包括人工费、材料费、施工机械使用费。

（1）人工费

人工费是指直接从事建筑安装工程施工的生产工人所开支的各项费用，包括：

1）基本工资，指发放给生产工人的基本工资。

2）工资性补贴，指按规定发放给生产工人的物价补贴，煤、燃气补贴，交通补贴，住房补贴，流动施工津贴等。

3）生产工人辅助工资，指生产工人年有效施工天数以外非作业天数的工资，包括职工学习、培训期间的工资，调动工作、探亲、休假期间的工资，因气候影响的停工工资，女工哺乳时间的工资，病假在六个月以内的工资及婚、产、丧假期的工资。

4）职工福利费，指按规定标准计提的职工福利费。

5）生产工人劳动保护费，指按规定标准发放的劳动保护用品的购置费及修理费，徒工服装补贴，防暑降温费，在有碍身体健康环境中施工的保健费等。

6）社会保障费，指包含在工资内，由工人交的养老保险费、失业保险费等。

（2）材料费

材料费是指施工过程中耗用的构成工程实体，形成工程装饰效果的原材料、辅助材料、构配件、零件、半成品、成品的费用和周转材料的摊销（或租赁）费用。

（3）施工机械使用费

施工机械使用费是指使用施工机械作业所发生的机械费用以及机械安、拆和进出场费等。

2. 措施费

措施费是指为完成工程项目施工，发生于该工程施工前和施工过程中非工程实体项目的费用，包括以下内容。

（1）环境保护费

环境保护费是指施工现场为达到环保部门要求所需要的各项费用。

（2）文明施工费

文明施工费是指施工现场文明施工所需要的各项费用。

（3）安全施工费

安全施工费是指施工现场安全施工所需要的各项费用。

（4）临时设施费

临时设施费是指施工企业为进行建筑工程施工所必须搭设的生活和生产用的临时建筑物、构筑物和其他临时设施费用等。

临时设施包括：临时宿舍、文化福利及公用事业房屋与构筑物，仓库、办公室、加工厂以及规定范围内道路、水、电、管线等临时设施和小型临时设施。

临时设施费用包括：临时设施的搭设、维修、拆除费或摊销费。

（5）夜间施工费

夜间施工费是指因夜间施工所发生的夜班补助费、夜间施工降效、夜间施工照明设备摊销及照明用电等费用。

（6）二次搬运费

二次搬运费是指因施工场地狭小等特殊情况而发生的二次搬运费用。

（7）大型机械设备进出场及安拆费

大型机械设备进出场及安拆费是指机械整体或分体自停放场地运至施工现场或由一个施工地点运至另一个施工地点，所发生的机械进出场运输及转移费用及机械在施工现场进行安装、拆卸所需的人工费、材料费、机械费、试运转费和安装所需的辅助设施的费用。

（8）混凝土、钢筋混凝土模板及支架费

混凝土、钢筋混凝土模板及支架费是指混凝土施工过程中需要的各种钢模板、木模板、支架等的支、拆、运输费用及模板、支架的摊销（或租赁）费用。

（9）脚手架费

脚手架费是指施工需要的各种脚手架搭、拆、运输费用及脚手架的摊销（或租赁）费用。

（10）已完工程及设备保护费

已完工程及设备保护费是指竣工验收前，对已完工程及设备进行保护所需费用。

（11）施工排水、降水费

施工排水、降水费是指为确保工程在正常条件下施工，采取各种排水、降水措施所发生的各种费用。直接费划分示意见表 4.1。

3. 措施费计算方法及有关费率确定方法

（1）环境保护

$$环境保护费＝直接工程费×环境保护费费率（\%）$$

$$环境保护费费率（\%）＝\frac{本项费用年度平均支出}{全年建安产值×直接工程费占总造价比例（\%）}$$

（2）文明施工

$$文明施工费＝直接工程费×文明施工费费率（\%）$$

$$文明施工费费率（\%）＝\frac{本项费用年度平均支出}{全年建安产值×直接工程费占总造价比例（\%）}$$

表 4.1　直接费划分示意

直 接 费	直接工程费	人 工 费	基本工资
			工资性补贴
			生产工人辅助工资
			职工福利费
			生产工人劳动保护费
			社会保障费
		材 料 费	材料原价
			材料运输费
			运输损耗费
			采购及保管费
			检验试验费
		施工机械使用费	折旧费
			大修理费
			经常修理费
			安拆费及场外运输费
			人工费
			燃料动力费
			养路费及车船使用税
	措 施 费	环境保护费	
		文明施工费	
		安全施工费	
		临时设施费	
		夜间施工费	
		二次搬运费	
		大型机械设备进出场及安拆费	
		混凝土、钢筋混凝土模板及支架费	
		脚手架费	
		已完工程及设备保护费	

（3）安全施工

$$安全施工费＝直接工程费×安全施工费费率（\%）$$

$$安全施工费费率（\%）＝\frac{本项费用年度平均支出}{全年建安产值×直接工程费占总造价比例（\%）}$$

（4）临时设施费

临时设施费由以下三部分组成：

1）周转使用临建（如活动房屋）。

2）一次性使用临建（如简易建筑）。

3）其他临时设施（如临时管线）。

$$临时设施费＝（周转使用临建费＋一次性使用临建费）$$
$$×［1＋其他临时设施所占比例（\%）］$$

其中，周转使用临建费 $= \sum \left[\dfrac{临建面积 \times 每平方米造价}{使用年限 \times 365 \times 利用率（\%）} \times 工期（天） \right] +$ 一次性拆除费；一次性使用临建费 $= \sum 临建面积 \times 每平方米造价 \times [1 - 残值率（\%）] +$ 一次性拆除费；其他临时设施在临时设施费中所占比例可由各地区造价管理部门依据典型施工企业的成本资料经分析后综合测定。

（5）夜间施工增加费

$$夜间施工增加费 = \left(1 - \dfrac{合同工期}{定额工期}\right) \times \dfrac{直接工程费中的人工费合计}{平均日工资单价} \times \dfrac{每工日夜间}{施工费开支}$$

（6）二次搬运费

$$二次搬运费 = 直接工程费 \times 二次搬运费费率（\%）$$

$$二次搬运费费率（\%） = \dfrac{年平均二次搬运费开支额}{全年建安产值 \times 直接工程费占总造价的比例（\%）}$$

（7）混凝土、钢筋混凝土模板及支架

1）模板及支架费＝模板摊销量×模板价格＋支、拆、运输费，摊销量＝一次使用量×（1＋施工损耗）×［1＋（周转次数－1）×补损率/周转次数－（1－补损率）×50％/周转次数］。

2）租赁率＝模板使用量×使用日期×租赁价格＋支、拆、运输费。

（8）脚手架搭拆费

1）脚手架搭拆费＝脚手架摊销量×脚手架价格＋搭、拆、运输费，脚手架摊销量 $= \dfrac{单位一次使用量 \times （1 - 残值率）}{耐用期 \div 一次使用期}$。

2）租赁费＝脚手架每日租金×搭设周期＋搭、折、运输费。

（9）已完工程及设备保护费

已完工程及设备保护费＝成品保护所需机械费＋材料费＋人工费

（10）施工排水、降水费

$$排水降水费 = \sum 排水降水机械台班费 \times 排水降水周期$$
$$+ 排水降水使用材料费、人工费$$

4.2　人工、材料、机械台班用量分析

完整的施工图预算不仅包含各项费用，而且还应反映人工、材料、机械台班消耗量。

4.2.1　人工、材料、机械台班用量的作用

人工、材料、机械台班（以下简称工料机）用量有以下几个方面的作用。

1. 是编制有关计划的依据

在施工前可以根据施工图预算中的工料机消耗量来计划人工、机械的配置，可以编

制出切合实际的施工进度计划。

根据施工图预算中的材料消耗量可以编制装饰工程材料需用量计划,以便在施工中合理采购和供应各种材料。

2. 是计算各项技术经济指标的依据

用单位装饰工程的人工消耗量除以建筑面积,就计算出了人工消耗指标,即

$$人工消耗指标 = \frac{单位工程用工量}{建筑面积}$$

用各种装饰材料消耗量除以建筑面积,就计算出了单位工程材料消耗量指标,即

$$材料量消耗指标 = \frac{单位工程某种材料用量}{建筑面积}$$

用各种机械台班消耗量除以建筑面积,就计算出了单位装饰工程机械台班消耗量指标,即

$$机械台班量消耗指标 = \frac{单位工程某种施工机械台班用量}{建筑面积}$$

3. 是实物金额法中计算直接费的依据

采用实物金额法计算直接费时,当工程量计算完成后,只根据预算定额分析人工、材料、机械台班消耗量,然后以单位工程为对象分别汇总人工、材料、机械台班用量,最后再分别乘以人工单价、材料单价、机械台班单价求出单位工程直接费(具体计算过程见后)。因此,工料机消耗量是实物金额法计算直接费的依据。

4.2.2　人工、材料、机械台班用量计算方法

人工、材料、机械台班用量计算的总的思路是:各分项工程量套用预算定额中的人工、材料、机械台班的单位消耗量后,再分别乘以工程量,然后将计算结果分别汇总为单位装饰工程的人工、各种材料、各种机械台班的消耗量。

1. 人工、材料、机械台班用量计算的数学模型

$$单位工程人工消耗量 = \sum_{i=1}^{n}(分项工程量 \times 定额用工量)_i$$

$$单位工程某种材料消耗量 = \sum_{i=1}^{n}(分项工程量 \times 定额材料用量)_i$$

$$单位工程某种施工机械消耗量 = \sum_{i=1}^{n}(分项工程量 \times 定额台班用量)_i$$

2. 人工、材料、机械台班用量计算方法

我们通过计算某工程地面铺 250m^2 水泥花砖的例子来介绍人工、材料、机械台班用量的计算方法。

第一步:将工程量名称(地面铺水泥花砖)、单位(m^2)、工程量(250)分别填入工、料、机用量分析表(表 4.2)。

表 4.2　工、料、机用量分析

工程名称：

序号	定额编号	项目名称	单位	工程量	综合工日	机械台班及材料用量分析（分数中，分子为定额用量，分母为计算结果）								
						200L灰浆机 /台班	石料切割机 /台班	白水泥 /kg	水泥花砖 200×200 /m²	切割锯片 /片	棉纱头 /kg	水 /m³	锯木屑 /m³	1：3水泥砂浆 /m³
	1—095	地面铺水泥花砖	m²	250	$\dfrac{0.2190}{54.75}$	$\dfrac{0.0034}{0.85}$	$\dfrac{0.0168}{4.20}$	$\dfrac{0.1030}{25.75}$	$\dfrac{1.0200}{255}$	$\dfrac{0.0035}{0.875}$	$\dfrac{0.0100}{2.5}$	$\dfrac{0.0260}{6.5}$	$\dfrac{0.0060}{1.5}$	$\dfrac{0.0202}{5.05}$
	1—098	广场砖地面	m²	180	$\dfrac{0.3220}{57.96}$	$\dfrac{0.0051}{0.918}$	$\dfrac{0.0168}{3.024}$	$\dfrac{0.2000}{36.0}$	广场砖 /m² $\dfrac{0.886}{159.48}$	$\dfrac{0.0032}{0.576}$	$\dfrac{0.0200}{3.60}$	$\dfrac{0.0260}{4.68}$		$\dfrac{0.0303}{5.454}$
		小计			112.71	1.768	7.224	61.75	花砖：255 广场砖：159.48	1.451	6.10	11.18	1.5	10.504

第二步：查用建筑装饰工程预算定额（表 4.3），将该项目的定额号（1－095）填入分析表内。

第三步：根据确定的定额号（1－095）将定额中的人工（0.2190）、材料（白水泥 0.1030kg 等）、机械台班（石料切割机 0.0168 台班等）的定额用量、单位分别填入分析表对应栏内的分子位置。

第四步：用工程量（250）乘以综合工日栏内的分子数量（0.2190）后将计算结果（54.75）填入分母位置上。

第五步：用工程量（250）分别乘以机械台班栏内分子数量（0.0034、0.0168）后将计算结果填入（0.85、4.20）分母位置上。

第六步：用工程量分别乘以各材料栏内的分子数量后将计算结果分别填入分母位置上（表 4.2）。

上述步骤完成了一个分项工程的人工、材料、机械台班用量的分析，其他各分项工程的工料机分析照此步骤循环进行。例如，该工程还需铺 180m² 广场砖地面，其计算结果见表 4.2。

当各分项工程的工料机用量分析完成后，就要进行汇总，上述两个分项工程的汇总结果见表 4.3。

表 4.3　建筑装饰工程预算定额（摘录）

工作内容：清理基层、试排弹线、锯板修边、铺贴饰面、清理净面。

计量单位：m²

定额编号			1－095	1－096	1－097	1－098
项　目			水泥花砖		广场砖	
			楼地面	台阶	拼图案	不拼图案
名　称	单位	代码	数　量			
人工	综合人工	工日	000001	0.2190	0.4760	0.3570	0.3220
材料	白水泥	kg	AA0050	0.1030	0.1550	0.2000	0.2000
	水泥花砖 200×200	m²	AB0103	1.0200	1.5690	—	—
	广场地砖（拼图）	m²	AH0692	—	—	0.8860	—
	广场地砖（不拼图）	m²	AH0693	—	—	—	0.8860
	石料切割锯片	片	AN5900	0.0035	0.0140	0.0032	0.0032
	棉纱头	kg	AQ1180	0.0100	0.0148	0.0200	0.0200
	水	m³	AV0280	0.0260	0.0385	0.0260	0.0260
	锯木屑	m³	AV0470	0.0060	0.0090	—	—
	水泥砂浆 1∶3	m³	AX0684	0.0202	0.0299	0.0303	0.0303
机械	灰浆搅拌机 200L	台班	TM0200	0.0034	0.0050	0.0051	0.0051
	石料切割机	台班	TM0640	0.0168	0.0673	0.0168	0.0168

　　当以一个单位工程为对象进行工料机用量汇总后就可以得出这个单位工程的全部工料机消耗量。

4.3　直接费计算

　　当一个单位工程的工程量计算完毕后，就要套用预算定额基价计算直接费，或根据实物量计算直接费。本节只介绍直接费的计算方法，其他直接费、现场经费的计算方法详见建筑工程费用章节。

　　计算直接费常采用两种方法，即单位估价法和实物金额法。

4.3.1　用单位估价法计算直接费

　　预算定额项目的基价构成一般有两种形式：一是基价中包含了人工费、材料费和机械使用费，这种方式称为完全定额基价，建筑工程预算定额常采用此种形式；二是基价中包含了人工费、辅助材料费和机械使用费，不包括主要材料费，这种方式称为不完全定额基价，安装工程预算定额和装饰工程预算定额常采用此种形式。凡是采用完全定额基价的预算定额计算直接费的方法称为单位估价法，计算出的直接费也称为定额直接费。

　　1. 单位估价法计算直接费的数学模型

$$单位工程定额直接费＝定额人工费＋定额材料费＋定额机械费$$

其中：定额人工费＝$\sum$（分项工程量×人工费单价）

　　　　定额机械费＝$\sum$（分项工程量×机械费单价）

　　　　定额材料费＝$\sum$［（分项工程量×定额基价）－定额人工费－定额机械费］

　　2. 单位估价法计算定额直接费的方法与步骤

　　1）先根据施工图和预算定额计算分项工程量。

　　2）根据分项工程量的内容套用相对应的完全定额基价（包括人工费单价、机械费单价）。

　　3）根据分项工程量和定额基价计算出分项工程定额直接费、定额人工费和定额机械费。

　　4）将各分项工程的各项费用汇总成单位工程定额直接费、单位工程定额人工费、单位工程定额机械费。

　　3. 单位估价法简例

　　某宾馆楼地面装饰工程量如下（局部）：①花岗岩地面 2676.58m²。②花岗岩台阶 58.66m²。③花岗岩踢脚线 29.68m²。

　　根据上述工程量和表 4.4 中的建筑装饰工程预算单位估价表（定额）计算定额直接费。计算结果见表 4.5。

表 4.4　装饰工程预算定额摘录（单位估价法）

工程内容：清理基层、调制砂浆、刷素水泥浆、锯板磨边、贴花岗岩板、擦缝、清理净面。

单位：100m²

定　额　编　号			1056	1058	1059
项　　目			花岗岩楼地面	花岗岩踢脚板	花岗岩台阶
名　　称	单位	单价	数　　　量		
基　　价	元	—	17 924.84	18 049.01	27 871.12
其中　人工费	元		268.49	548.63	647.54
材料费	元		17 609.69	17 460.31	27 135.30
机械费	元		46.66	40.07	88.28
综　合　人　工	工日	10.50	25.57	52.25	61.67
名　　称	单位	单价	数　　　量		
基　　价	元	—	17 924.84	18 049.01	27 871.12
材料　花岗岩板	m²	169.00	102.00	102.00	157.00
水泥砂浆 1∶2	m³	139.98	2.20	1.10	3.26
白水泥	kg	0.48	10.00	20.00	15.00
素水泥浆	m³	294.32	0.10	0.10	0.15
棉纱头	kg	3.74	1.00	1.00	1.50
锯木屑	m³	8.69	0.60	0.60	0.89
石料切割锯片	片	48.03	0.42	0.42	1.68
水	m³	0.22	2.60	2.60	4.00
机械　砂浆搅拌机	台班	10.17	0.37	0.18	0.54
卷扬机	台班	31.33	0.74	0.56	—
石料切割机	台班	12.32	1.60	1.68	6.72

表 4.5　建筑装饰工程直接费计算（单位估价法）

单位：元

定额编号	分部分项名称	单位	数　量	单　　价				总　　价			
				基价	其　　中			合　价	其　　中		
					人工费	材料费	机械费		人工费	材料费	机械费
1	2	3	4	5	6	7	8	9=4+5	10=4+6	11=4+7	12=4+8
	一、楼地面工程										
1056	宾馆花岗岩地面	m²	2676.58	179.25	2.68		0.47	479 776.97	7173.23		1258.00
1058	宾馆花岗岩踢脚板	m²	58.66	180.49	5.49		0.40	10 587.54	322.04		23.46
1059	宾馆花岗岩台阶	m²	29.68	278.71	6.48		0.88	8272.11	192.33		26.12
	小　计							498 636.62	7687.60		1307.58

定额编号	分部分项名称	单位	数量	单价				总价			
				基价	其中			合价	其中		
					人工费	材料费	机械费		人工费	材料费	机械费
	二、墙柱面工程										
	……										
	小　计							……			
	三、天棚工程										
	小　计										
	……							……			
	合　计							1 271 358.74	62 357.33		9087.36

4.3.2　用实物金额法计算直接费

1.实物金额法计算直接费的方法

先求出单位工程的人工工日数、材料耗用量和机械台班消耗量，然后用这些消耗量再分别乘以人工单价、材料单价、机械台班单价求出单位工程人工费、材料费、机械使用费，最后汇总成单位工程直接费。

2.实物金额法计算直接费的数学模型

单位工程直接费＝单位工程人工费＋单位工程材料费＋单位工程机械费

其中

$$单位工程人工费 = \sum_{i=1}^{n}（分项工程量×定额用工量）_i×人工单价$$

$$单位工程材料费 = \sum_{i=1}^{n}（分项工程量×定额材料用量）_i×材料单价$$

$$单位工程机械费 = \sum_{i=1}^{n}（分项工程量×定额台班用量）_i×机械台班单价$$

3.实物金额法计算直接费简例

某工程地面铺水泥花砖 $250m^2$、地面铺广场砖 $180m^2$，上述工程量套用装饰工程预算定额后分析的工料机用量见表4.2。根据这些数据和表4.6中的各种单价计算直接费，计算结果见表4.7。

表 4.6　人工、材料、机械台班单价

序　号	名　　　称	单　位	单价/元
1	人工	工日	30.00
2	200L 灰浆搅拌机	台班	15.38
3	石料切割机	台班	17.42
4	白水泥	kg	0.48
5	水泥花砖 200×200	m²	81.32
6	广场砖	m²	94.36
7	石料切割锯片	片	66.06
8	棉纱头	kg	2.16
9	水	m³	1.80
10	锯木屑	m³	3.55
11	1∶3 水泥砂浆	m³	185.39

表 4.7　直接费计算（实物金额法）

序号	名　　　称	单位	数量	单价/元	合价/元	备注
1	人工	工日	112.71	30.00	3381.30	人工费：3381.30 元
2	200L 灰浆搅拌机	台班	1.768	15.38	27.19	机械费：153.03 元
3	石料切割机	台班	7.224	17.42	125.84	
4	白水泥	kg	61.75	0.48	29.64	
5	水泥花砖 200×200	m²	255	81.32	20 736.60	
6	广场砖	m²	159.48	94.36	15 048.53	
7	石料切割锯片	片	1.451	66.06	95.85	材料费：37 896.59 元
8	棉纱头	kg	6.10	2.16	13.18	
9	水	m³	11.18	1.80	20.12	
10	锯木屑	m³	1.50	3.55	5.33	
11	1∶3 水泥砂浆	m³	10.504	185.39	1947.34	
	合计				41 430.92	直接费：41 430.92 元

4.4　材料价差调整

4.4.1　材料价差产生的原因

凡是使用完全定额基价的预算定额编制施工图预算，一般都要调整材料价差。

目前，预算定额基价中的材料费是根据编制定额所在地区的省会所在地的材料预算价格计算出的。但是地区材料预算价格随着时间的变化而发生变化，其他地区使用预算定额时材料预算价格也会发生变化，所以用单位估价法计算定额直接费后，一般还要根据工程所在地区的材料预算价格调整材料价差。

材料预算价格具有两个显著的特性，即地区性和时间性。地区性是指同一种材料在各地区的价格是不同的，比如砂子、石子等；时间性是指本地区的同一种材料在不同时期其价格不同，比如建筑用钢材、水泥等。

因此，为了解决预算定额基价中材料费相对稳定性与材料预算价格具有地区性、时间性的矛盾，就要采用材料价差调整的方法来调整材料费。

4.4.2 材料价差调整方法

材料价差的调整有两种基本方法，即单项材料价差调整法和材料价差综合系数调整法。

1. 单项材料价差调整

当采用单位估价法计算定额直接费时，一般对影响工程造价较大的主要材料（如钢材、木材、水泥、花岗岩、大理石等）进行单项材料价差调整。

单项材料价差调整的计算公式为

$$\begin{matrix}\text{单项材料}\\\text{价差调整}\end{matrix} = \sum\left[\begin{matrix}\text{单位工程某}\\\text{种材料用量}\end{matrix}\times\left(\begin{matrix}\text{现行的地区}\\\text{材料单价}\end{matrix}-\begin{matrix}\text{定额基价中}\\\text{的材料单价}\end{matrix}\right)\right]$$

【例 4.1】 根据表 4.8 所示的某宾馆楼地面装饰工程（局部）的材料消耗量和本地区现行材料预算价格调整材料价差。

表 4.8 例 4.1

材料名称	数 量	某地区现行材料单价	定额基价中材料单价
花岗岩板	2836.54m²	240.00 元/m²	169.00 元/m²
石料切割锯片	11.99 片	69.68 元/片	48.03 元/片
白水泥	283.84kg	0.50 元/kg	0.48 元/kg

【解】

方法一：用公式计算。

$$\begin{aligned}\begin{matrix}\text{某宾馆楼地面装饰}\\\text{工程单项材料价差}\end{matrix} &= 2836.54\times(240.00-169.00)+11.99\times(69.68\\&\quad -48.03)+283.84\times(0.50-0.48)\\&= 2836.54\times71.00+11.99\times21.65+283.84\times0.02\\&= 201\ 659.60\ \text{元}\end{aligned}$$

方法二：用表 4.9 所示的单项材料价差调整表计算。

表 4.9 单项材料价差调整

序号	材料名称	数 量	现行材料单价	定额基价中材料单价	价 差/元	调整金额/元
1	花岗岩板	2836.54	240.00 元/m²	169.00 元/m²	71.00	201 394.34
2	石料切割锯片	11.99	69.68 元/片	48.03 元/片	21.65	259.58
3	白水泥	283.84	0.50 元/kg	0.48 元/kg	0.02	5.68
	合 计					201 659.60

2. 综合系数调整材料价差

采用单项材料价差的方法调整价差，其优点是准确性高，但计算过程较繁杂。因此，一些用量大、单价相对低的材料（如地方材料、辅助材料等）常采用综合系数的方法来调整单位工程材料价差。该方法具有计算简便的特点。

采用综合系数调整材料价差的方法，就是用单位工程定额材料费或定额直接费乘以综合调价系数，求出单位工程材料价差。

综合调价系数一般由主管部门规定，其计算方法是，用典型工程的材料用量分别乘以定额中的材料单价和现行地区材料预算价格后的差，再除以定额材料费或定额直接费后求出，其计算公式为

$$材料价差综\binom{以定额直接}{合调整系数\ 费为基础} = \frac{\sum\left(\begin{array}{c}典型工程\\材料量\end{array}\times\begin{array}{c}现行材料\\单价\end{array}\right) - \sum\left(\begin{array}{c}典型工程\\材料量\end{array}\times\begin{array}{c}定额材\\料单价\end{array}\right)}{\sum\left(\begin{array}{c}典型工程\\材料量\end{array}\times\begin{array}{c}定额材\\料单价\end{array}\right)\times\begin{array}{c}材料费占定额\\直接费百分比\end{array}}$$

$$材料价差综\binom{以定额材}{合调整系数\ 料费为基础} = \frac{\sum\left(\begin{array}{c}典型工程\\材料量\end{array}\times\begin{array}{c}现行材料\\单价\end{array}\right) - \sum\left(\begin{array}{c}典型工程\\材料量\end{array}\times\begin{array}{c}定额材\\料单价\end{array}\right)}{\sum\left(\begin{array}{c}典型工程\\材料量\end{array}\times\begin{array}{c}定额材\\料单价\end{array}\right)}$$

单位工程综合系数调整材料价差计算公式为

$$\begin{array}{c}单位工程用综合系\\数调整的材料价差\end{array} = \begin{array}{c}单位工程定\\额直接费\end{array}\binom{定额材}{料费}\times\begin{array}{c}材料价差\\综合调整系数\end{array}$$

【例 4.2】　某宾馆楼地面装饰工程的定额直接费为 498 636.62 元，按规定应以定额直接费为基础，用综合系数调整地方材料价差，综合系数为 2.68%，求该工程的地方材料价差。

【解】

$$\begin{array}{c}用综合系数调整的\\材料价差\end{array} = 498\ 636.62\times2.68\% = 13\ 363.46\ 元$$

该工程用综合系数调整的地方材料价差为 13 363.46 元。

一个单位工程可以单独采用单项材料价差调整的方法来调整材料价差，也可以单独采用综合系数的方法来调整材料价差，还可以将上述两种方法结合起来调整材料价差，前者调整主要材料价差，后者调整地方材料价差。总之，调价方法可以根据有关规定，灵活运用。

4.5　直接费计算示例

A 型小别墅采用实物金额法计算直接费，分两个步骤进行，第一步是工、料、机分析，第二步是直接费计算。

4.5.1　工、料、机分析

实物金额法工料机分析见表 4.10。

表 4.10　实物金额法工、料、机用量分析

工程名称：A 型小别墅

序号	定额编号	项目名称	单位	工程量	综合工日	机械台班及材料用量分析（分数中，分子为定额用量，分母为计算结果）												
						机械①	机械②	成品樱桃木地板/m²	铁钉/kg	10#铝丝/kg	预埋件/kg	棉纱头/kg	杉木锯材/m³	松木锯材/m³	油毡/m²	氟化钠/kg	臭油水/kg	煤油/kg
		一、楼地面																
1	1—136	客厅木楞上毛地板垫层木地板樱桃木地板面	m²	17.25	0.546/9.42	电动打磨机 0.1099/1.896	φ500圆锯 0.0024/0.041	成品樱桃木地板 1.05/18.11	铁钉 0.2678/4.62	10#铝丝 0.3013/5.20	预埋件 0.5001/8.63	棉纱头 0.01/0.17	杉木锯材 0.0142/0.245	松木锯材 0.0263/0.454	油毡 1.08/18.63	氟化钠 0.245/4.23	臭油水 0.2842/4.90	煤油 0.0562/0.97
2	1—164	客厅成品樱桃木踢脚线	m	11.96	0.0358/0.43		φ500圆锯 0.0005/0.006	成品樱桃木踢脚线/m 1.05/12.56	铁钉 0.0854/1.02		杉木锯材/m³ 0.0208/0.249	9mm胶合板/m² 0.156/1.87	黏结剂/kg 0.17/2.03					
3	1—008	餐厅米黄色花岗岩地面	m²	29.54	0.253/7.47	石料切割机 0.0201/0.594	200L灰浆机 0.0052/0.154	白水泥/kg 0.103/3.04	花岗岩板/m² 1.02/30.13	锯片/片 0.0042/0.12	水/m³ 0.026/0.77	棉纱头/kg 0.01/0.30	锯木屑/m³ 0.006/0.18	1:3水泥砂浆/m³ 0.0303/0.895	素水泥浆/m³ 0.001/0.030			

序号	定额编号	项目名称	单位	数量	人工	机械	材料
4	1—037	餐厅旧米黄弧形花岗岩台阶	m²	2.13	0.784 / 1.67	200L灰浆机 0.0073/0.016；石料切割机 0.1357/0.289	白水泥/kg 0.217/0.46；花岗岩板/m² 2.1966/4.68；锯片/片 0.0235/0.05；棉纱头/kg 0.021/0.04；水/m³ 0.055/0.12；锯木屑/m³ 0.0126/0.03；1:3水泥砂浆/m³ 0.0419/0.089；素水泥浆/m³ 0.0021/0.004
5	1—025	餐厅花岗岩踢脚线	m	11.64	0.0844 / 0.12	200L灰浆机 0.0004/0.006	白水泥/kg 0.0124/0.02；花岗岩踢脚线/m 1.02/11.87；水/m³ 0.0031/0.004；1:1水泥砂浆/m³ 0.0025/0.004；素水泥浆/m³ 0.0001/0.0001
6	1—126	楼梯铺羊毛地毯面层	m²	8.59	0.963 / 8.27		羊毛地毯/m² 1.406/12.08；地毯胶垫/m² 1.502/12.90；地毯烫带/m 0.236/2.03；钢钉/kg 0.05/0.43；木卡条/m 1.924/16.53；铝收口条/m 0.204/1.75
7	1—130	楼梯地毯不锈钢压条	m	24.86	0.072 / 1.79		φ8×40螺丝/个 4.08/101.43；棉纱头/kg 0.01/0.25；不锈钢压板/m 1.06/26.35
8	1—203	楼梯车花木栏杆	m	6.57	0.478 / 3.14		铁钉/kg 0.057/0.37；φ40车花木栏杆/m 3.60/23.65；乳胶/kg 0.02/0.13

续表

机械台班及材料用量分析（分数中，分子为定额用量，分母为计算结果）

序号	定额编号	项目名称	单位	工程量	综合工日	石料切割机	200L灰浆机	白水泥/kg（木螺丝/个，铁钉/kg）	地砖/m²（木扶手/m，弯头/个）	锯片/片	棉纱头/kg	水/m³	锯木屑/m³	1:3水泥砂浆/m³	素水泥浆/m³
9	1—211	楼梯硬木扶手	m	6.57	0.18 / 1.18			木螺丝/个 1.10 / 7.23	100×60 木扶手/m 0.939 / 6.17						
10	1—234	扶手硬木弯头	个	2	0.23 / 0.46			铁钉/kg 0.012 / 0.02	100×60 弯头/个 1.01 / 2.02						
11	1—065	楼梯间、底层过道进口高档地砖面 400×400	m²	10.28	0.2537 / 2.61	0.0151 / 0.155	0.0035 / 0.036	白水泥/kg 0.103 / 1.06	400×400 地砖/m² 1.025 / 10.54	0.0032 / 0.03	0.01 / 0.10	0.026 / 0.27	0.006 / 0.06	0.0202 / 0.208	0.001 / 0.010
12	1—063	厨房、卫生间高档耐磨地砖 300×300	m²	17.94	0.2857 / 5.13	0.0151 / 0.271	0.0035 / 0.063	白水泥/kg 0.103 / 1.85	300×300 地砖/m² 1.025 / 18.39	0.0032 / 0.06	0.01 / 0.18	0.026 / 0.47	0.006 / 0.11	0.0202 / 0.362	0.001 / 0.018

序号	定额编号	分项工程名称	单位	数量	人工（工日）	机械/材料（数量/金额）									
13	1—069	楼梯间、过道、厨房、卫生间,瓷砖踢脚线	m²	5.30	0.428/2.27	200L灰浆机 0.0022/0.012	石料切割机 0.0126/0.067	白水泥/kg 0.14/0.74	瓷砖/m² 1.02/5.41	锯片/片 0.0032/0.02	棉纱头/kg 0.01/0.05	水/m³ 0.03/0.16	锯木屑/m³ 0.006/0.03	1:3水泥砂浆/m³ 0.0121/0.064	素水泥浆/m³ 0.001/0.005
14	1—134	佣人房成品木地板	m²	7.62	0.463/3.53		φ500圆锯 0.0021/0.016	成品木地板/m² 1.05/8.00	铁钉/kg 0.1587/1.21	10#铁丝/kg 0.3013/2.30	预埋件/kg 0.5001/3.81	棉纱头/kg 0.01/0.08	杉木锯材/m³ 0.0142/0.108	煤油/kg 0.0316/0.24	臭油水/kg 0.2842/2.17
15	1—164	佣人房成品木踢脚线	m	11.04	0.0358/0.40		φ500圆锯 0.0005/0.006	成品木踢脚线/m 1.05/11.59	铁钉/kg 0.0854/0.94	杉木锯材/m³ 0.0208/0.230	9mm胶合板/m² 0.156/1.72	黏结剂/kg 0.17/1.88			
16	1—065	阳台高档地砖面 500×500	m²	38.56	0.2537/9.78	200L灰浆机 0.0035/0.135	石料切割机 0.0151/0.582	白水泥/kg 0.103/3.97	500×500地砖/m² 1.025/39.52	锯片/片 0.01/0.39	棉纱头/kg 0.0032/0.12	水/m³ 0.026/1.00	锯木屑/m³ 0.006/0.23	1:3水泥砂浆/m³ 0.0202/0.779	素水泥浆/m³ 0.001/0.039
17	1—069	阳台瓷砖踢脚线	m²	5.76	0.428/2.47	200L灰浆机 0.0022/0.013	石料切割机 0.0126/0.073	白水泥/kg 0.14/0.81	瓷砖/m² 1.02/5.88	锯片/片 0.0032/0.02	棉纱头/kg 0.01/0.33	水/m³ 0.03/0.17	锯木屑/m³ 0.006/0.03	1:3水泥砂浆/m³ 0.0121/0.070	素水泥浆/m³ 0.001/0.006

续表

机械台班及材料用量分析（分数中，分子为定额用量，分母为计算结果）

序号	定额编号	项目名称	单位	工程量	综合工日	机械①	机械②	材料1	材料2	材料3	材料4	材料5	材料6	材料7	材料8	材料9	材料10	材料11
18	1—136	客房、卧室、主卧室、过道成品橡木地板	m²	68.51	综合工日 0.546/37.41	电动打磨机 0.1099/7.529	φ500圆锯 0.0024/0.164	橡木地板/m² 1.05/71.94	铁钉/kg 0.2678/18.35	10# 铁丝/kg 0.3013/20.64	预埋件/kg 0.5001/34.26	棉纱头/kg 0.01/0.69	杉木锯材/m³ 0.042/2.877	松木锯材/m³ 0.0263/1.802	油毡/m² 1.08/73.99	煤油/kg 0.0562/3.85	氯化钠/kg 0.245/16.78	臭油水/kg 0.2842/19.47
19	1—164	客房等橡木踢脚线	m	63.76	0.0358/2.28		φ500圆锯 0.0005/0.032	橡木踢脚线/m 1.05/66.95	铁钉/kg 0.0854/5.45	杉木锯材/m³ 0.0208/1.326	9mm 胶合板/m² 0.156/9.95	黏结剂/kg 0.17/10.84						
20	1—164	楼梯成品木踢脚线	m	10.65	0.0358/0.38		φ500圆锯 0.0005/0.005	成品木踢脚线/m 1.05/11.18	铁钉/kg 0.0854/0.91	杉木锯材/m³ 0.0208/0.222	9mm 胶合板/m² 0.156/1.66	黏结剂/kg 0.17/1.81						
21	1—037	室外花岗岩弧形台阶	m²	3.36	0.784/2.63	石料切割机 0.1357/0.456	200L 灰浆机 0.0073/0.025	白水泥/kg 0.217/0.73	花岗岩板/m² 2.1966/7.38	锯片/片 0.0235/0.08	棉纱头/kg 0.0210/0.07	水/m³ 0.055/0.18	锯木屑/m³ 0.0126/0.04	1:3水泥砂浆/m³ 0.0419/0.141	素水泥浆/m³ 0.0021/0.007			

序号	定额编号	项目名称	单位	工程量	机械/材料消耗（消耗量/金额）
22	1—098	车库广场砖地面	m²	20.92	200L灰浆机 $\dfrac{0.0051}{0.107}$；石料切割机 $\dfrac{0.0168}{0.351}$；白水泥/kg $\dfrac{0.20}{4.18}$；广场砖/m² $\dfrac{0.866}{18.12}$；锯片/片 $\dfrac{0.0032}{0.07}$；棉纱头/kg $\dfrac{0.02}{0.42}$；水/m³ $\dfrac{0.026}{0.54}$；1:3水泥砂浆/m³ $\dfrac{0.0303}{0.634}$；合计 $\dfrac{0.322}{6.74}$
23	1—070	车库地砖台阶面	m²	0.76	200L灰浆机 $\dfrac{0.0052}{0.004}$；石料切割机 $\dfrac{0.019}{0.014}$；白水泥/kg $\dfrac{0.309}{0.23}$；300×300地砖/m² $\dfrac{1.569}{1.19}$；锯片/片 $\dfrac{0.014}{0.01}$；棉纱头/kg $\dfrac{0.015}{0.01}$；水/m³ $\dfrac{0.039}{0.03}$；锯木屑/m³ $\dfrac{0.009}{0.01}$；1:3水泥砂浆/m³ $\dfrac{0.0299}{0.227}$；素水泥浆/m³ $\dfrac{0.0015}{0.001}$；合计 $\dfrac{0.462}{0.35}$
		分部小计			109.93
		二、墙面			
24	2—188	书房、客房、卧室、主卧、厅、客厅、餐厅墙面5厚夹板基层	m²	218.19	空压机0.3 m³/min $\dfrac{0.025}{5.455}$；射钉/盒 $\dfrac{0.006}{1.31}$；铁钉/kg $\dfrac{0.0256}{5.59}$；5mm厚胶合板/m² $\dfrac{1.05}{229.10}$；乳胶/kg $\dfrac{0.1404}{30.63}$；合计 $\dfrac{0.061}{13.31}$
25	2—209	书房花樟木夹板饰面	m²	16.89	空压机0.3m³ $\dfrac{0.05}{0.845}$；射钉/盒 $\dfrac{0.012}{0.20}$；花樟木板/m² $\dfrac{1.10}{18.58}$；乳胶/kg $\dfrac{0.4211}{7.11}$；合计 $\dfrac{0.1495}{2.53}$

续表

序号	定额编号	项目名称	单位	工程量	综合工日	机械台班及材料用量分析（分数中，分子为定额用量，分母为计算结果）				
26	2—209	书房金丝柚木夹板饰面	m²	14.01	$\dfrac{0.1495}{2.09}$	空压机0.3m³ $\dfrac{0.05}{0.701}$	射钉/盒 $\dfrac{0.012}{0.17}$	花樟木板/m² $\dfrac{1.10}{15.41}$	乳胶/kg $\dfrac{0.4211}{5.90}$	
27	2—206	主卧室墙头丝织软包	m²	2.20	$\dfrac{0.4842}{1.07}$		铝合金压条/m $\dfrac{1.0638}{2.34}$	50mm螺钉/个 $\dfrac{16.07}{35.35}$	30厚泡沫/m² $\dfrac{1.05}{2.31}$	锯材/m³ $\dfrac{0.0021}{0.005}$ 丝织布/m² $\dfrac{1.10}{2.42}$
28	2—209	主卧室墙头枫木夹板饰面	m²	1.60	$\dfrac{0.1495}{0.24}$	空压机0.3m³ $\dfrac{0.05}{0.080}$	射钉/盒 $\dfrac{0.012}{0.02}$	枫木夹板/m² $\dfrac{1.10}{1.76}$	乳胶/kg $\dfrac{0.4211}{0.67}$	
29	2—209	卧室枫木夹板墙裙	m²	13.59	$\dfrac{0.1495}{2.03}$	空压机0.3m³ $\dfrac{0.05}{0.680}$	射钉/盒 $\dfrac{0.012}{0.16}$	枫木夹板/m² $\dfrac{1.10}{14.95}$	乳胶/kg $\dfrac{0.4211}{5.72}$	

序号	定额编号	项目名称	单位	工程量								
30	2—230	卧室墙裙雀眼木	m²	2.87	空压机 0.3m³ $\frac{0.0567}{0.163}$	$\frac{0.40}{1.15}$	射钉/盒 $\frac{0.012}{0.03}$	雀眼木/m² $\frac{1.25}{3.59}$	乳胶/kg $\frac{0.4211}{1.21}$			
31	2—209	卧室墙面枫木夹板饰面	m²	2.69	空压机 0.3m³ $\frac{0.05}{0.135}$	$\frac{0.1495}{0.40}$	射钉/盒 $\frac{0.012}{0.03}$	枫木夹板/m² $\frac{1.10}{2.96}$	乳胶/kg $\frac{0.4211}{1.13}$			
32	2—209	客厅、餐厅墙面枫木夹板饰面	m²	22.92	空压机 0.3m³ $\frac{0.05}{1.146}$	$\frac{0.1495}{3.43}$	射钉/盒 $\frac{0.012}{0.28}$	枫木夹板/m² $\frac{1.10}{25.21}$	乳胶/kg $\frac{0.4211}{9.65}$			
33	2—166	书房、客房等墙面木龙骨基层（断面7.5cm²）	m²	218.19	φ500圆锯 $\frac{0.0026}{0.567}$	520W电锤 $\frac{0.0391}{8.531}$	$\frac{0.1173}{25.59}$	膨胀螺栓/套 $\frac{3.1593}{689.33}$	铁钉/kg $\frac{0.0384}{8.38}$	钻头/个 $\frac{0.0782}{17.06}$	杉木锯材/m³ $\frac{0.0079}{1.723}$	防腐油/kg $\frac{0.0218}{4.757}$
34	2—179	客厅④轴装饰墙木龙骨（断面45cm²）	m²	9.94	φ500圆锯 $\frac{0.0018}{0.018}$	520W电锤 $\frac{0.0307}{0.305}$	$\frac{0.092}{0.91}$	膨胀螺栓/套 $\frac{2.4806}{24.66}$	铁钉/kg $\frac{0.0168}{0.17}$	钻头/个 $\frac{0.0614}{0.61}$	杉木锯材/m³ $\frac{0.0245}{0.244}$	防腐油/kg $\frac{0.0163}{0.16}$

续表

机械台班及材料用量分析（分数中，分子为定额用量，分母为计算结果）

序号	定额编号	项目名称	单位	工程量	综合工日	机械		材料		
35	2—209	客厅⑤轴装饰墙枫木夹板饰面	m²	11.93	$\dfrac{0.1495}{1.78}$	空压机 0.3m³ $\dfrac{0.05}{0.60}$		射钉/盒 $\dfrac{0.012}{0.14}$	枫木夹板/m² $\dfrac{1.10}{13.12}$	乳胶/kg $\dfrac{0.4211}{5.02}$
36	2—104	卫生间、厨房西班牙进口瓷砖墙面	m²	63.34	$\dfrac{0.466}{29.52}$	200L灰浆机 $\dfrac{0.0038}{0.241}$	石料切割机 $\dfrac{0.0116}{0.735}$	白水泥/kg $\dfrac{0.155}{9.82}$　瓷砖/m² $\dfrac{1.035}{65.56}$　锯片/片 $\dfrac{0.0075}{0.48}$　棉纱头/kg $\dfrac{0.01}{0.63}$	水/m³ $\dfrac{0.0127}{0.80}$　1∶1水泥砂浆/m³ $\dfrac{0.0061}{0.386}$　1∶3水泥砂浆/m³ $\dfrac{0.0169}{1.070}$	素水泥浆/m³ $\dfrac{0.001}{0.063}$　107胶/kg $\dfrac{0.0221}{1.40}$
		分部小计			84.05					
		三、天棚								

序号	定额编号	项目名称	单位	基价	人工	机械	材料（消耗量/含量）
37	3—160	客厅艺术方木龙骨吊顶	m²	7.07	0.145/1.03	520W电锤 0.0213/0.151	膨胀螺栓/套 1.70/12.02；铁钉/kg 0.21/1.48；铁丝/kg 0.03/0.21；合金钢钻头/个 0.01/0.07；铝材/m³ 0.022/0.156
38	3—163	客厅艺术夹板天棚面层	m²	9.71	0.15/1.46		铁钉/kg 0.06/0.58；5mm厚胶合板/m² 1.30/12.62
39	3—021	客厅、餐厅、佣人房、卫生间厨房等轻钢龙骨吊顶	m²	90.24	0.23/20.76	交流焊机30 kV·A 0.001/0.090	吊筋/kg 0.24/21.66；300×300轻钢龙骨/m² 1.015/91.59；螺母/个 3.09/278.84；射钉/个 1.53/138.07；垫圈/个 1.55/139.87；电焊条/kg 0.0128/1.16；角钢/kg 0.40/36.10
40	3—097	客厅、餐厅、佣人房等纸面石膏板天棚面	m²	72.21	0.12/8.67		纸面石膏板/m² 1.05/75.82；自攻螺丝/个 34.50/2491
41	3—125	厨房、卫生间铝合金扣板天棚面	m²	17.44	0.12/2.09		铝扣板/m² 1.03/17.96；自攻螺丝/个 16.0/279

续表

序号	定额编号	项目名称	单位	工程量	综合工日	机械台班及材料用量分析（分数中，分子为定额用量，分母为计算结果）										
						铁丝 /kg	不锈钢格栅 /m²	520W 电锤	带纱塑钢窗 /m²	6 厚玻璃 /m²	膨胀螺栓套	螺钉 /个	φ10 钻头/个	塑料压条 m	连接件 /kg	软填料 /kg	密封油膏 /kg
42	3—140	乙卫生间嵌入式不锈钢格栅灯槽	m²	0.50	$\dfrac{0.12}{0.06}$	$\dfrac{0.04}{0.02}$	$\dfrac{1.02}{0.51}$										
		分部小计			34.07												
		四、门窗															
43	4—046	带纱塑钢窗安装	m²	24.96	$\dfrac{0.72}{17.97}$			$\dfrac{0.0793}{1.979}$	$\dfrac{0.95}{23.71}$	$\dfrac{0.73}{18.22}$	$\dfrac{6.34}{158.25}$	$\dfrac{6.53}{163}$	$\dfrac{0.0396}{0.99}$	$\dfrac{4.28}{106.83}$	$\dfrac{6.34}{158.25}$	$\dfrac{0.26}{6.49}$	$\dfrac{0.42}{10.48}$

序号	定额号	项目	单位							
44	4—054	装饰木门框实木安装	m	72.60	$\dfrac{0.10}{7.26}$	铁钉 /kg $\dfrac{0.05}{3.63}$	锯材 /m³ $\dfrac{0.0066}{0.479}$			
45	市价—1	木质成品门扇安装	m²	26.22	$\dfrac{0.459}{12.03}$					
46	市价—2	木质成品带百叶门扇安装	m²	4.80	$\dfrac{0.488}{2.34}$					
47	4—084	枫木窗帘盒安装	m	11.28	$\dfrac{0.20}{2.26}$	520W 电锤 $\dfrac{0.0138}{0.156}$	膨胀螺栓/套 $\dfrac{1.10}{12.41}$	φ10 钻头 /个 $\dfrac{0.0069}{0.08}$	细木工板/m² $\dfrac{0.45}{5.08}$ 枫木夹板/m² $\dfrac{0.47}{5.30}$	乳胶 /kg $\dfrac{0.03}{0.34}$
48	4—084	柚木窗帘盒安装	m	11.54	$\dfrac{0.20}{2.31}$	520W 电锤 $\dfrac{0.0138}{0.159}$	膨胀螺栓/套 $\dfrac{1.10}{12.69}$	φ10 钻头 /个 $\dfrac{0.0069}{0.08}$	细木工板/m² $\dfrac{0.45}{5.19}$ 柚木夹板/m² $\dfrac{0.47}{5.424}$	乳胶 /kg $\dfrac{0.03}{0.35}$

续表

机械台班及材料用量分析（分数中，分子为定额用量，分母为计算结果）

序号	定额编号	项目名称	单位	工程量	综合工日	收口线 /m	杉木锯材 /m³	松木锯材 /m³	5mm厚胶合板 /m²	柚木夹板 /m²
49	4-073换	柚木门套制作安装	m²	44.22	$\dfrac{0.441}{19.50}$	$\dfrac{8.02}{354.6}$	$\dfrac{0.007}{0.310}$	$\dfrac{0.001}{0.044}$	$\dfrac{1.48}{65.45}$	$\dfrac{1.48}{65.45}$
50	市价-3	金丝绒窗帘布安装	m²	49.13	$\dfrac{0.083}{4.08}$					
51	市价-4	餐厅百叶窗安装	m²	2.89	$\dfrac{0.065}{0.19}$					
		分部小计			67.94					

五、油漆、漆、涂料

序号	定额编号	项目	单位	数量									
52	5—195	楼梯底面乳胶漆二遍	m²	9.10	$\dfrac{0.112}{1.02}$	石膏粉/kg $\dfrac{0.0205}{0.19}$	大白粉/kg $\dfrac{0.528}{4.80}$	砂纸/张 $\dfrac{0.06}{0.55}$	白布/m² $\dfrac{0.00162}{0.01}$	乳胶漆/kg $\dfrac{0.2835}{2.58}$	滑石粉/kg $\dfrac{0.1386}{1.26}$	乳胶/kg $\dfrac{0.06}{0.55}$	纤维素/kg $\dfrac{0.012}{0.11}$
53	5—195	车库、佣人房天棚乳胶漆二遍	m²	28.92	$\dfrac{0.112}{3.24}$	石膏粉/kg $\dfrac{0.0205}{0.59}$	大白粉/kg $\dfrac{0.528}{15.27}$	砂纸/张 $\dfrac{0.06}{1.74}$	白布/m² $\dfrac{0.00162}{0.05}$	乳胶漆/kg $\dfrac{0.2835}{8.20}$	滑石粉/kg $\dfrac{0.1386}{4.01}$	乳胶/kg $\dfrac{0.06}{1.74}$	纤维素/kg $\dfrac{0.012}{0.35}$
54	5—195	客厅、餐厅、客房、卧室、书房、主卧室梯间天棚乳胶漆二遍	m²	107.36	$\dfrac{0.112}{12.02}$	石膏粉/kg $\dfrac{0.0205}{2.20}$	大白粉/kg $\dfrac{0.528}{56.69}$	砂纸/张 $\dfrac{0.06}{6.44}$	白布/m² $\dfrac{0.00162}{0.17}$	乳胶漆/kg $\dfrac{0.2835}{30.44}$	滑石粉/kg $\dfrac{0.1386}{14.88}$	乳胶/kg $\dfrac{0.06}{6.44}$	纤维素/kg $\dfrac{0.012}{1.29}$
55	5—288	客厅、餐厅、客房、卧室、主卧室墙面高档暗花墙纸	m²	101.74	$\dfrac{0.218}{22.18}$	大白粉/m² $\dfrac{0.235}{23.91}$	酚醛清漆/kg $\dfrac{0.07}{7.12}$	溶剂油/kg $\dfrac{0.03}{3.05}$	乳胶/kg $\dfrac{0.251}{25.54}$	纤维素/kg $\dfrac{0.0165}{1.68}$	暗花墙纸/m² $\dfrac{1.1579}{117.80}$		

续表

机械台班及材料用量分析（分数中，分子为定额用量，分母为计算结果）

序号	定额编号	项目名称	单位	工程量	综合工日	材料用量分析
56	5—036	墙面装饰板聚氨酯漆二遍	m²	83.13	$\dfrac{0.279}{23.19}$	石膏粉/kg $\dfrac{0.027}{2.24}$ 大白粉/kg $\dfrac{0.094}{7.81}$ 砂纸/张 $\dfrac{0.27}{22.45}$ 白布/m² $\dfrac{0.0036}{0.30}$ 棉纱头/kg $\dfrac{0.018}{1.50}$ 聚氨酯漆/kg $\dfrac{0.213}{17.71}$ 清油/kg $\dfrac{0.018}{1.50}$ 熟桐油/kg $\dfrac{0.035}{2.91}$ 催干剂/kg $\dfrac{0.0013}{0.11}$ 溶剂油/kg $\dfrac{0.038}{3.16}$ 酒精/kg $\dfrac{0.0004}{0.03}$ 二甲苯/kg $\dfrac{0.022}{1.83}$
57	5—164	基层木板刷防火漆二遍	m²	218.19	$\dfrac{0.0585}{12.76}$	防火漆料/kg $\dfrac{0.195}{42.55}$ 白布/m² $\dfrac{0.0118}{2.57}$ 催干剂/kg $\dfrac{0.003}{0.65}$ 溶剂油/kg $\dfrac{0.02}{4.36}$
58	5—195	佣人房、过道、阳台、楼梯间墙面乳胶漆二遍	m²	176.57	$\dfrac{0.112}{19.78}$	石膏粉/kg $\dfrac{0.0205}{3.62}$ 大白粉/kg $\dfrac{0.528}{93.23}$ 砂纸/张 $\dfrac{0.06}{10.59}$ 白布/m² $\dfrac{0.00162}{0.29}$ 乳胶漆/kg $\dfrac{0.2835}{50.06}$ 滑石粉/kg $\dfrac{0.1386}{24.47}$ 乳胶/kg $\dfrac{0.06}{10.59}$ 纤维素/kg $\dfrac{0.012}{2.12}$
59	5—112换	客厅艺术天棚乳胶漆二遍	m²	9.71	$\dfrac{0.284}{2.76}$	石膏粉/kg $\dfrac{0.02}{0.19}$ 大白粉/kg $\dfrac{0.094}{0.91}$ 砂纸/张 $\dfrac{0.33}{3.20}$ 白布/m² $\dfrac{0.036}{0.35}$ 棉纱头/kg $\dfrac{0.018}{0.17}$ 乳胶漆/L $\dfrac{0.233}{2.26}$ 乳胶漆/L $\dfrac{0.139}{1.35}$ 乳胶/kg $\dfrac{0.06}{0.58}$ 纤维素/kg $\dfrac{0.012}{0.12}$

序号	定额编号	项目名称	单位	数量	合计	石膏粉/kg	大白粉/kg	砂纸/张	白布/m²	聚氨酯漆/kg	棉纱头/kg	清油/kg	熟桐油/kg	催干剂/kg	溶剂油/kg	酒精/kg	二甲苯/kg
60	5-035	窗帘盒聚氨酯漆二遍	m	46.55	$\dfrac{0.107}{4.98}$	$\dfrac{0.005}{0.23}$	$\dfrac{0.018}{0.84}$	$\dfrac{0.05}{2.33}$	$\dfrac{0.0002}{0.01}$	$\dfrac{0.041}{1.91}$	$\dfrac{0.004}{0.19}$	$\dfrac{0.003}{0.14}$	$\dfrac{0.007}{0.33}$	$\dfrac{0.0003}{0.01}$	$\dfrac{0.007}{0.33}$	$\dfrac{0.0001}{0.01}$	$\dfrac{0.004}{0.19}$
61	5-036	门窗套聚氨酯漆二遍	m²	44.22	$\dfrac{0.279}{12.34}$	$\dfrac{0.027}{1.19}$	$\dfrac{0.094}{4.16}$	$\dfrac{0.27}{11.94}$	$\dfrac{0.0036}{0.16}$	$\dfrac{0.018}{0.80}$ (棉纱头) / $\dfrac{0.213}{9.42}$ (聚氨酯漆)	$\dfrac{0.018}{0.80}$	$\dfrac{0.035}{1.55}$	$\dfrac{0.0013}{0.06}$	$\dfrac{0.038}{1.68}$	$\dfrac{0.0004}{0.02}$	$\dfrac{0.022}{0.97}$
		分部小计			114.27												
		六、其他															

序号	定额编号	项目名称	单位	数量	合计	80 宽装饰线/m	铁钉/kg	锯材/m³	202 胶/kg
62	6-070	门窗套装饰线(80 宽)	m	196.82	$\dfrac{0.0329}{6.48}$	$\dfrac{1.05}{206.66}$	$\dfrac{0.007}{1.38}$	$\dfrac{0.0001}{0.020}$	$\dfrac{0.0118}{2.32}$

续表

序号	定额编号	项目名称	单位	工程量	综合工日	机械台班及材料用量分析（分数中，分子为定额用量，分母为计算结果）				
						装饰线/m	铁钉/kg	锯材/m³	202胶/kg	
63	6—070	卧室墙裙封口装饰线（80宽）	m	10.04	$\frac{0.0329}{0.33}$	80宽装饰线 $\frac{1.05}{10.54}$	$\frac{0.007}{0.07}$	$\frac{0.0001}{0.001}$	$\frac{0.0118}{0.12}$	
64	6—070	客房、卧室、主卧室天棚柚木装饰线（80宽）	m	54.96	$\frac{0.0329}{1.81}$	80宽阴角线 $\frac{1.05}{57.71}$	$\frac{0.007}{0.38}$	$\frac{0.0001}{0.005}$	$\frac{0.0118}{0.65}$	
65	6—073	客房枫木夹板装饰线（160宽）	m	11.44	$\frac{0.0478}{0.55}$	160宽装饰线 $\frac{1.05}{12.01}$	$\frac{0.0161}{0.18}$	$\frac{0.0001}{0.001}$	$\frac{0.0294}{0.34}$	
66	6—069	书房天棚柚木阴角线（40宽）	m	12.04	$\frac{0.0299}{0.36}$	50宽阴角线 $\frac{1.05}{152.21}$	$\frac{0.007}{0.08}$	$\frac{0.0001}{0.001}$	$\frac{0.0076}{0.09}$	

序号	定额编号	项目	单位	数量	人工费	材料1	材料2	材料3	材料4	材料5	材料6	材料7	机械
67	6—071	书房柚木装饰线（100宽）	m	32.64	$\dfrac{0.0359}{1.17}$	100宽装饰线/m $\dfrac{1.05}{34.27}$	铁钉/kg $\dfrac{0.0161}{0.53}$	锯材/m³ $\dfrac{0.0001}{0.003}$	202胶/kg $\dfrac{0.0147}{0.48}$				
68	6—067	书房墙面分格柚木装饰线（10宽）	m	50.56	$\dfrac{0.0239}{1.21}$	10宽装饰线/m $\dfrac{1.05}{53.09}$	铁钉/kg $\dfrac{0.0053}{0.27}$	202胶/kg $\dfrac{0.0019}{0.10}$					
69	6—084	阳台成品大理石扶手	m	30.04	$\dfrac{0.1698}{5.10}$	白水泥/kg $\dfrac{0.0386}{1.16}$	成品大理石扶手/m $\dfrac{1.01}{30.34}$	锯片/片 $\dfrac{0.0068}{0.20}$	棉纱头/kg $\dfrac{0.002}{0.06}$	水/m³ $\dfrac{0.0148}{0.44}$	1:2.5水泥砂浆/m³ $\dfrac{0.0066}{0.20}$	石料切割机 $\dfrac{0.0102}{0.306}$	
70	6—098	客厅,餐厅,佣人房,石膏顶角线（80宽）	m	40.08	$\dfrac{0.0357}{1.43}$	石膏顶角线80/m $\dfrac{1.05}{42.08}$	乳胶/kg $\dfrac{0.0046}{0.18}$						
		分部小计			18.44								

续表

机械台班及材料用量分析（分数中，分子为定额用量，分母为计算结果）

序号	定额编号	项目名称	单位	工程量	综合工日	材料用量（材料名称/单位 定额用量/计算结果）
		七、灯具				
71	安2-1404	客房吊灯安装	套	1	1.765/1.77	吊灯客房灯/套 1.01/1.01；2.5mm² BV导线/m 0.61/0.61；0.15花线/m 0.713/0.71；20A铜线端子/个 1.015/1.02；圆木台φ250/块 1.05/1.05；φ8圆钢/kg 0.208/0.21；瓷接头/个 2.06/2.06；M10螺栓/套 3.06/3.06；M12膨胀螺栓/套 1.836/1.84；钻头/个 0.051/0.05
72	安2-1390	餐厅拉伸吊灯安装	套	1	0.202/0.202	拉伸吊灯/套 1.01/1.01；BLV-2.5mm²/m 0.305/0.31；1.527/1.53；M6伞形螺栓/套 1.02/1.02；塑料圆台/块 1.05/1.05；木螺钉/个 3.12/3.12
73	安2-1549	φ105筒灯安装	套	27	0.248/6.70	φ105筒灯/套 1.01/27.27；BV-1.5mm²/m 1.323/35.72；钢接线盒/个 1.02/27.54；20A铜管端子/个 1.015/27.41；φ20管接头/个 2.06/55.62；CP15金属软管/m 1.03/27.81

序号	定额编号	项目名称	单位	数量	人工	材料分析							
74	安 2-1553	射灯安装	套	4	$\dfrac{0.082}{0.33}$	射灯/套 $\dfrac{1.01}{4.04}$							
75	安 2-1554	射灯滑轨安装	m	2	$\dfrac{0.136}{0.27}$	滑轨/m $\dfrac{1.01}{2.02}$	BV-2.5mm²/m $\dfrac{0.916}{1.83}$	20A铜端子/个 $\dfrac{0.914}{1.83}$	φ20管接头/个 $\dfrac{2.06}{4.12}$	CP15金属软管/m $\dfrac{1.03}{2.06}$	φ8塑料胀管/个 $\dfrac{2.03}{4.06}$	木螺钉/个 $\dfrac{2.08}{4.16}$	钻头/个 $\dfrac{0.05}{0.10}$
76	安 2-1549	酒吧台上牛眼灯安装	套	3	$\dfrac{0.248}{0.74}$	牛眼灯/套 $\dfrac{1.01}{3.03}$	BV-1.5mm²/m $\dfrac{1.323}{3.97}$	钢接线盒/个 $\dfrac{1.02}{3.06}$	铜线端子/个 $\dfrac{1.015}{3.05}$	CP15金属软管/m $\dfrac{1.03}{3.09}$	φ20管接头/个 $\dfrac{2.06}{6.18}$		
77	安 2-1549	阳台φ150筒灯安装	套	6	$\dfrac{0.248}{1.49}$	φ150筒灯/套 $\dfrac{1.01}{6.06}$	BV-1.5mm²/m $\dfrac{1.323}{7.94}$	钢接线盒/个 $\dfrac{1.02}{6.12}$	铜线端子/个 $\dfrac{1.015}{6.09}$	CP15金属软管/m $\dfrac{1.03}{6.18}$	φ20管接头/个 $\dfrac{2.06}{12.36}$		
78	安 2-1387	佣人房、厨房、车库、阳台吸顶灯安装	套	9	$\dfrac{0.216}{1.94}$	吸顶灯/套 $\dfrac{1.01}{9.09}$	方木台/块 $\dfrac{1.05}{9.45}$	BLV-2.5mm²/m $\dfrac{0.713}{6.42}$	M6膨胀螺栓/套 $\dfrac{2.04}{18.36}$	木螺丝/个 $\dfrac{4.16}{37.44}$	钻头/个 $\dfrac{0.14}{1.26}$	瓷接头/个 $\dfrac{1.03}{9.27}$	

续表

机械台班及材料用量分析（分数中，分子为定额用量，分母为计算结果）

序号	定额编号	项目名称	单位	工程量	综合工日	小吊灯/套	BV-2.5mm²/m	花线/m	铜线端子/个	圆木台/块	φ8圆钢/kg	瓷接头/个	M10螺栓/套	M12膨胀螺栓/套	钻头/个
79	安2-1403	客房、卧室、主卧室、书房吊灯安装	套	4	$\frac{1.336}{5.34}$	$\frac{1.01}{4.04}$	$\frac{0.61}{2.44}$	$\frac{0.519}{2.08}$	$\frac{1.015}{4.06}$	$\frac{1.05}{4.20}$	$\frac{0.208}{0.83}$	$\frac{1.545}{6.18}$	$\frac{3.06}{12.24}$	$\frac{1.836}{7.34}$	$\frac{0.051}{0.20}$
80	安2-1403	楼梯间吊灯安装（梯间吊灯/套）	套	1	$\frac{1.336}{1.34}$	$\frac{1.01}{1.01}$	$\frac{0.61}{0.61}$	$\frac{0.519}{0.52}$	$\frac{1.015}{1.02}$	$\frac{1.05}{1.05}$	$\frac{0.208}{0.21}$	$\frac{1.545}{1.55}$	$\frac{3.06}{3.06}$	$\frac{1.836}{1.84}$	$\frac{0.051}{0.05}$
81	安2-1387	卫生间浴霸灯安装	套	1	$\frac{0.216}{0.22}$	浴霸灯/套 $\frac{1.01}{1.01}$	方木台/块 $\frac{1.05}{1.05}$	BLV-2.5mm²/m $\frac{0.713}{0.71}$	M6膨胀螺栓/套 $\frac{2.04}{2.04}$	木螺丝/个 $\frac{4.16}{4.16}$	钻头/个 $\frac{0.14}{0.14}$	瓷接头/个 $\frac{1.03}{1.03}$			
82	安2-1595	卫生间嵌入式日光灯安装	套	1	$\frac{0.273}{0.27}$	日光灯/套 $\frac{1.01}{1.01}$	BLV-2.5mm²/m $\frac{0.713}{0.71}$	伞型螺栓/套 $\frac{2.04}{2.04}$							

序号	定额编号	项目名称	单位	数量	计量	成套淋浴间 /套	坐便器 /套	DN15钢管 /m	橡胶板 /kg	铅油 /kg	机油 /kg	油灰 /kg	线麻 /kg	钢锯条 /根
		分部小计			20.61									
		八、卫生洁具												
83	市价-28	大理石洗面台安装	套	3	$\dfrac{2.54}{7.62}$									
84	安8-404代	立式淋浴间安装	套	1	$\dfrac{0.56\times4}{2.24}$	$\dfrac{1.0}{1.0}$								
85	安8-416	低水箱坐便器安装	套	3	$\dfrac{0.679}{2.04}$		$\dfrac{1.01}{3.03}$	$\dfrac{0.30}{0.90}$	$\dfrac{0.03}{0.09}$	$\dfrac{0.02}{0.06}$	$\dfrac{0.015}{0.05}$	$\dfrac{0.5}{1.50}$	$\dfrac{0.002}{0.01}$	$\dfrac{0.20}{0.60}$

续表

序号	定额编号	项目名称	单位	工程量	综合工日	机械台班及材料用量分析（分数中，分子为定额用量，分母为计算结果）
86	市价-21	卫生间梳妆镜安装	套	3	$\frac{1.63}{4.89}$	
87	安8-381	高档浴盆安装	套	1	$\frac{0.849}{0.85}$	浴盆/套 $\frac{1.0}{1.0}$；排水配件/套 $\frac{1.01}{1.01}$；存水弯 DN50/个 $\frac{1.005}{1.01}$；DN20 钢管/m $\frac{0.30}{0.30}$；DN20 弯头/个 $\frac{2.02}{2.02}$；橡胶板/kg $\frac{0.04}{0.04}$；铅油/kg $\frac{0.065}{0.07}$；机油/kg $\frac{0.03}{0.03}$；油灰/kg $\frac{0.13}{0.13}$；线麻/kg $\frac{0.01}{0.01}$；钢锯条/根 $\frac{0.20}{0.20}$
88	安8-393	洗涤盆安装	套	1	$\frac{0.501}{0.50}$	机油/kg $\frac{0.02}{0.02}$；线麻/kg $\frac{0.01}{0.01}$；洗涤盆/套 $\frac{1.01}{1.01}$；DN50 排水栓/套 $\frac{1.01}{1.01}$；DN50 存水弯/个 $\frac{1.005}{1.01}$；托架/副 $\frac{1.01}{1.01}$；M6 螺栓/套 $\frac{4.12}{4.12}$；DN15 钢管/m $\frac{0.06}{0.06}$；DN15 管箍/个 $\frac{1.01}{1.01}$；DN50 钢管/m $\frac{0.40}{0.40}$；DN50 管箍/个 $\frac{1.01}{1.01}$；橡胶板/kg $\frac{0.02}{0.02}$；油灰/kg $\frac{0.15}{0.15}$；铅油/kg $\frac{0.028}{0.03}$
		分部小计			18.14	
		合计			467.45	

4.5.2　市场购置成品安装用工计算

市场购置成品安装用工计算见表 4.11。

表 4.11　市场购置成品安装用工计算

工程名称：A 型小别墅

序号	编号	项目名称	单位	工程量	安装用工		备　注
					单位用工	小计	
1	市价—1	成品木质装饰门安装	m²	72.60	0.459	33.32	单位用工参照相关定额
2	市价—2	成品木质带百叶门安装	m²	4.80	0.488	2.34	单位用工参照相关定额
3	市价—3	金丝绒窗帘布安装	m²	49.13	0.083	4.08	单位用工参照市场用工
4	市价—4	餐厅百叶窗安装	m²	2.89	0.065	0.19	单位用工参照市场用工
5	市价—21	卫生间梳妆镜安装	套	3	1.63	4.89	单位用工参照相关定额
6	市价—28	大理石洗面台安装	套	3	2.54	7.62	单位用工参照相关定额
		合计				52.44	

注：1）该表用工是实物金额法计算直接费的依据。

2）工程量根据表 4.10 确定。

3）单位用工的确定见备注说明。

4.5.3　工、料、机汇总

实物金额法工料机用量汇总见表 4.12。

表 4.12　人工、材料、机械台班用量汇总

工程名称：A 型小别墅

序号	名　称	单位	数量	所　在　分　部
	一、人工	工日	467.45	楼地面，109.93；墙面，84.05；天棚，34.07；门窗，67.94；油漆涂料，114.27；其他，18.44；灯具，20.61；卫生洁具，18.14
	二、机械台班			
1	φ500 圆锯	台班	0.855	楼地面，0.27；墙面，0.585
2	电动打磨机	台班	9.425	楼地面，9.425
3	石料切割机	台班	3.893	楼地面，2.852；墙面，0.735；其他，0.306
4	空压机 0.3m³/min	台班	9.805	墙面，9.805
5	520W 电锤	台班	11.281	墙面，8.836；天棚，0.151；门窗，2.294
6	交流焊机 30kV·A	台班	0.09	天棚，0.09
7	200L 灰浆搅拌机	台班	0.812	楼地面，0.571；墙面，0.241

序号	名　　　称	单位	数量	所　在　分　部
	三、材料			
	（一）木材及制品			
1	锯材	m³	0.671	墙面，0.005；天棚，0.156；门窗，0.479；其他，0.031
2	杉木锯材	m³	7.538	楼地面，5.257；墙面，1.976；门窗，0.310
3	松木锯材	m³	2.30	楼地面，2.256；门窗，0.044
4	细木工板	m²	10.27	门窗，10.27
5	5mm 厚胶合板	m²	307.17	墙面，229.1；天棚，12.62；门窗，65.45
6	花樟木板	m²	33.99	墙面，33.99
7	枫木夹板	m²	63.30	墙面，58.0；门窗，5.30
8	柚木夹板	m²	70.87	门窗，70.87
9	9mm 厚胶合板	m²	15.20	楼地面，15.20
10	成品木地板	m²	8.0	楼地面，8.0
11	橡木地板	m²	71.94	楼地面，71.94
12	成品樱桃木地板	m²	18.11	楼地面，18.11
13	成品樱桃木踢脚线	m	12.56	楼地面，12.56
14	成品木踢脚线	m	22.77	楼地面，22.77
15	100×60 木扶手	m	6.17	楼地面，6.17
16	100×60 扶手弯头	个	2.02	楼地面，2.02
17	ϕ40 车花木栏杆	m	23.65	楼地面，23.65
18	雀眼木	m²	3.59	墙面，3.59
19	木收口线	m	354.60	门窗，354.60
20	木卡条	m	16.53	楼地面，16.53
21	80 宽装饰线	m	217.20	其他，217.20
22	100 宽装饰线	m	34.27；	其他，34.27
23	10 宽装饰线	m	53.09	其他，53.09
24	80 宽阴角线	m	57.71	其他，57.71
25	50 宽阴角线	m	152.21	其他，152.21
26	160 宽装饰线	m	12.01	其他，12.01
27	成品橡木踢脚线	m	66.95	楼地面，66.95
	（二）水泥及砂浆			
28	白水泥	kg	28.07	楼地面，17.09；墙面，9.82；其他，1.16
29	1：3 水泥砂浆	m³	3.855	楼地面，3.469；墙面，0.386
30	素水泥浆	m³	0.183	楼地面，0.120；墙面，0.063
31	1：1 水泥砂浆	m³	0.390	楼地面，0.004；墙面，0.386
32	1：2.5 水泥砂浆	m³	0.20	其他，0.20
	（三）花岗岩及地砖			
33	花岗岩板	m²	42.19	楼地面，42.19
34	花岗岩踢脚线	m	11.87	楼地面，11.87

续表

序号	名　称	单位	数量	所　在　分　部
35	500×500 地砖	m²	39.52	楼地面，39.52
36	广场砖	m²	18.12	楼地面，18.12
37	400×400 地砖	m²	10.54	楼地面，10.54
38	300×300 地砖	m²	19.58	楼地面，19.58
39	瓷砖	m²	76.85	楼地面，11.29；墙面，65.56
	（四）其他装饰材料			
40	成品大理石扶手	m	30.34	其他，30.34
41	石膏顶角线	m	42.08	其他，42.08
42	纸面石膏板	m²	75.82	天棚，75.82
	（五）门窗			
43	带纱塑钢窗	m²	23.71	门窗，23.71
	（六）金属及制品			
44	钢筋	kg	22.91	天棚，21.66；灯具，1.25
45	角钢	kg	36.10	天棚，36.10
46	预埋件	kg	46.70	楼地面，46.70
47	连接件	kg	158.25	门窗，158.25
48	300×300 轻钢龙骨	m²	91.59	天棚，91.59
49	不锈钢压条	m	26.36	楼地面，26.36
50	不锈钢格栅	m²	0.51	天棚，0.51
51	铝扣板	m²	17.96	天棚，17.96
52	铝收口条	m	1.75	楼地面，1.75
53	铝合金压条	m	2.34	墙面，2.34
54	铁钉	kg	55.61	楼地面，32.89；墙面，14.14；天棚，2.06；门窗，3.63；其他，2.89
55	铁丝	kg	28.37	楼地面，28.14；天棚，0.23
56	螺母	个	278.94	天棚，278.94
57	钢射钉	个	138.07	天棚，138.07
58	钻头	个	19.43	墙面，17.67；天棚，0.07；门窗，1.15；灯具，0.54
59	膨胀螺栓	套	909.36	墙面，713.99；天棚，12.02；门窗，183.35
60	M12 膨胀螺栓	套	11.02	灯具，11.02
61	M6 膨胀螺栓	套	24.52	灯具，20.4；卫生洁具，4.12
62	M10 螺栓	套	18.36	灯具，18.36
63	M6 伞形螺栓	套	3.06	灯具，3.06
64	钢钉	kg	0.43	楼地面，0.43
65	射钉	盒	2.34	墙面，2.34
66	垫圈	个	139.87	天棚，139.87
67	5mm 螺钉	个	198.35	墙面，35.35；门窗，163

序号	名　　称	单位	数量	所　在　分　部
68	自攻螺丝	个	2770	天棚，2770
69	48×40 螺丝	个	101.43	楼地面，101.43
70	木螺丝	个	55.67	楼地面，7.23；灯具，48.44
	（七）灯具及辅材			
71	小吊灯	套	4.04	灯具，4.04
72	拉伸吊灯	套	1.01	灯具，1.01
73	梯间吊灯	套	1.01	灯具，1.01
74	浴霸灯	套	1.01	灯具，1.01
75	双管日光灯	套	1.01	灯具，1.01
76	客房吊灯	套	1.01	灯具，1.01
77	牛眼灯	套	3.03	灯具，3.03
78	ϕ150 筒灯	套	6.06	灯具，6.06
79	吸顶灯	套	9.09	灯具，9.09
80	ϕ105 筒灯	套	27.27	灯具，27.27
81	射灯	套	4.04	灯具，4.04
82	射灯 滑轨	m	2.02	灯具，2.02
83	BLV-2.5mm^2 导线	m	8.15	灯具，8.15
84	钢接线盒	个	27.54	灯具，27.54
85	ϕ20 管接头	个	36.72	灯具，36.72
86	CP15 金属软管	m	39.14	灯具，39.14
87	BV-2.5mm^2 导线	m	5.49	灯具，5.49
88	花线导线	m	18.94	灯具，18.94
89	20A 铜接线端子	个	44.48	灯具，44.48
90	ϕ250 圆木台	块	1.05	灯具，1.05
91	瓷接头	个	20.09	灯具，20.09
92	塑料圆台	块	1.05	灯具，1.05
93	圆木台	块	5.07	灯具，5.07
94	方木台	块	10.50	灯具，10.50
95	ϕ8 塑料胀管	m	4.06	灯具，4.06
	（八）卫生洁具			
96	成套淋浴间	套	1.0	卫生洁具，1.0
97	坐便器	套	3.03	卫生洁具，3.03
98	DN15 钢管	m	0.96	卫生洁具，0.96
99	橡胶板	kg	0.15	卫生洁具，0.15
100	浴盆	套	1.0	卫生洁具，1.0
101	浴盆排水配件	套	1.01	卫生洁具，1.01
102	DN50 存水弯	个	2.02	卫生洁具，2.02

序号	名　称	单位	数量	所　在　分　部
103	DN15 管箍	个	1.01	卫生洁具，1.01
104	DN50 钢管	m	0.40	卫生洁具，0.40
105	DN50 管箍	个	1.01	卫生洁具，1.01
106	DN20 钢管	m	0.30	卫生洁具，0.30
107	DN20 弯头	个	2.02	卫生洁具，2.02
108	洗涤盆	套	1.01	卫生洁具，1.01
109	DN50 排水栓	套	1.01	卫生洁具，1.01
110	洗涤盆托架	副	1.01	卫生洁具，1.01
	（九）油漆、化工			
111	乳胶漆	L	3.61	油漆涂料，3.61
112	乳胶漆	kg	91.28	油漆涂料，91.28
113	羧甲基纤维素	kg	5.67	油漆涂料，5.67
114	乳胶	kg	113.48	楼地面，0.13；墙面，67.04；门窗，0.69；油漆涂料，45.44；其他，0.18
115	聚氨酯漆	kg	29.04	油漆涂料，29.04
116	软填料	kg	6.49	门窗，6.49
117	清油	kg	1.72	油漆涂料，1.72
118	密封油膏	kg	10.48	门窗，10.48
119	催干剂	kg	0.83	油漆涂料，0.83
120	熟桐油	kg	4.79	油漆涂料，4.79
121	溶剂油	kg	12.58	油漆涂料，12.58
122	酒精	kg	0.06	油漆涂料，0.06
123	铅油	kg	0.16	卫生洁具，0.16
124	机油	kg	0.10	卫生洁具，0.10
125	油灰	kg	1.78	卫生洁具，1.78
126	酚醛清漆	kg	7.12	油漆涂料，7.12
127	107 胶	kg	1.40	墙面，1.40
128	202 胶	kg	4.01	其他，4.01
129	油毡	m²	92.62	楼地面，92.62
130	氟化钠	kg	21.01	楼地面，21.01
131	臭油水	kg	31.46	楼地面，26.54；墙面，4.92
132	煤油	kg	5.06	楼地面，5.06
133	二甲苯	kg	2.99	油漆涂料，2.99
134	防火涂料	kg	42.55	油漆涂料，42.55
135	黏结剂	kg	16.56	楼地面，16.56
	（十）其他			
136	大白粉	kg	207.62	油漆涂料，207.62
137	白布	m²	3.95	油漆涂料，3.75；其他，0.20

序号	名　称	单位	数量	所 在 分 部
138	滑石粉	kg	44.62	油漆涂料，44.62
139	羊毛地毯	m²	12.08	楼地面，12.08
140	地毯胶垫	m²	12.90	楼地面，12.90
141	地毯烫带	m	2.03	楼地面，2.03
142	暗花墙纸	m²	117.80	油漆涂料，117.80
143	电焊条	kg	1.16	天棚，1.16
144	棉纱头	kg	6.43	楼地面，3.08；墙面，0.63；油漆、涂料，2.66；其他，0.06
145	石膏粉	kg	10.45	油漆、涂料，10.45
146	30 厚泡沫	m²	2.31	墙面，2.31
147	丝织布	m²	2.42	墙面，2.42
148	6 厚玻璃	m²	18.22	门窗，18.22
149	塑料压条	m	106.83	门窗，106.83
150	钢锯条	根	0.60	卫生洁具，0.60
151	锯木屑	m³	0.72	楼地面，0.72
152	线麻	kg	0.03	卫生洁具，0.03
153	石料切割锯片	片	1.06	楼地面，0.58；墙面，0.48
154	水	m³	4.95	楼地面，3.71；墙面，0.80；其他，0.44
155	砂纸	张	59.24	油漆涂料，59.24

4.5.4　人工、机械台班单价确定

人工、机械台班单价确定见表 4.13。

表 4.13　人工、机械台班单价

工程名称：A 型小别墅

序号	名　称	单位	单价/元	备　注
	一、人工	工日	30.00	某地区人工单价
	二、机械台班			
1	ϕ500 圆锯	台班	20.48	某地区台班单价
2	电动打磨机	台班	18.38	某地区台班单价
3	石料切割机	台班	17.42	某地区台班单价
4	空压机 0.3m³/min	台班	23.52	某地区台班单价
5	520W 电锤	台班	8.83	某地区台班单价
6	交流电焊机 30kV·A	台班	46.46	某地区台班单价
7	200L 灰浆搅拌机	台班	15.38	某地区台班单价

4.5.5　工程材料单价计算

工程材料单价计算见表 4.14。

表 4.14　工程材料单价计算

工程名称：A 型小别墅

序号	材料名称	规格	单位	工程材料单价计算			
				采购单价/元	运杂费率/%	采购保管费率/%	工程材料单价/元
	一、木材及制品						
1	锯材		m³	1200.00	3	2.5	1266.90
2	杉木锯材		m³	1300.00	3	2.5	1365.78
3	松木锯材		m³	1250.00	3	2.5	1319.69
4	细木工板		m²	50.00	2	2.5	52.28
5	胶合板	5mm	m²	22.00	2	2.5	23.00
6	花樟木板		m²	22.00	2	2.5	23.00
7	枫木夹板		m²	21.00	2	2.5	21.96
8	柚木夹板		m²	21.80	2	2.5	22.79
9	胶合板	9mm	m²	28.00	2	2.5	29.27
10	成品木地板		m²	120.00	2	2.5	125.46
11	橡木地板		m²	140.00	2	2.5	146.37
12	成品樱桃木地板		m²	145.00	2	2.5	151.60
13	成品木踢脚线		m	20.00	2	2.5	20.91
14	100×60 木扶手		m	48.00	2	2.5	50.18
15	100×60 扶手弯头		个	50.00	2	2.5	52.28
16	φ40 车花木栏杆		m	110.00	3	2.5	116.13
17	雀眼木		m²	230.00	3	2.5	242.82
18	木收口线		m	2.00	3	2.5	2.11
19	木卡条		m	1.80	3	2.5	1.90
20	装饰线	80mm	m	6.50	3	2.5	6.86
21	装饰线	100mm	m	8.50	3	2.5	8.97
22	装饰线	10mm	m	1.70	3	2.5	1.79
23	阴角线	80mm	m	7.10	3	2.5	7.50
24	阴角线	50mm	m	5.60	3	2.5	5.91
25	装饰线	160mm	m	12.30	3	2.5	12.99
26	成品橡木踢脚线		m	26.00	2	2.5	27.18
	二、水泥及砂浆						
27	白水泥		kg	0.45	3.5	2.5	0.48

序号	材料名称	规格	单位	工程材料单价计算			
				采购单价/元	运杂费率/%	采购保管费率/%	工程材料单价/元
28	1:3水泥砂浆		m³	178.20	1.5	2.5	185.39
29	素水泥浆		m³	455.10	1.5	2.5	473.47
30	1:1水泥砂浆		m³	277.10	1.5	2.5	288.29
31	1:2.5水泥砂浆		m³	204.60	1.5	2.5	212.86
	三、花岗岩及地砖						
32	花岗岩板		m²	200.00	3.5	2.5	212.18
33	花岗岩踢脚线		m	26.00	3.5	2.5	27.58
34	地砖	500×500	m²	110.00	2.8	2.5	115.91
35	广场砖		m²	87.00	2.8	2.5	91.67
36	地砖	400×400	m²	105.00	2.8	2.5	110.64
37	地砖	300×300	m²	100.00	2.8	2.5	105.37
38	瓷砖		m²	45.00	2.8	2.5	47.42
	四、其他装饰材料						
39	成品大理石扶手		m	85.00	3.5	2.5	90.17
40	石膏顶角线		m	18.00	4	2.5	19.19
41	纸面石膏板		m²	15.00	3.8	2.5	15.96
	五、门窗						
42	带纱塑钢窗		m²	180.00	2.5	2.5	189.11
	六、金属及制品						
43	钢筋		kg	3.20	2	2.5	3.35
44	角钢		kg	3.40	2	2.5	3.55
45	预埋件		kg	3.80	2.5	2.5	3.99
46	连接件		kg	3.90	2.5	2.5	4.10
47	轻钢龙骨300×300		m²	21.00	2.5	2.5	22.06
48	不锈钢压条		m	2.10	2.5	2.5	2.21
49	不锈钢格栅		m²	58.00	2.5	2.5	60.94
50	铝扣板		m²	60.00	2.5	2.5	63.04
51	铝收口条		m	1.60	2.5	2.5	1.68
52	铝合金压条		m	1.70	2.5	2.5	1.79
53	铁钉		kg	5.60	1.2	2.5	5.81

续表

序号	材料名称	规格	单位	工程材料单价计算			
				采购单价/元	运杂费率/%	采购保管费率/%	工程材料单价/元
54	铁丝		kg	5.80	1.2	2.5	6.03
55	螺母		个	0.45	1.2	2.5	0.47
56	钢射钉		个	0.30	1.2	2.5	0.31
57	钻头		个	22.00	1.2	2.5	22.89
58	膨胀螺栓		套	1.80	1.2	2.5	1.87
59	膨胀螺栓	M12	套	1.80	1.2	2.5	1.87
60	膨胀螺栓	M6	套	0.60	1.2	2.5	0.62
61	螺栓	M10	套	0.80	1.2	2.5	0.83
62	伞形螺栓	M6	套	0.75	1.2	2.5	0.78
63	钢钉		kg	6.50	1.2	2.5	6.76
64	射钉		盒	25.00	1.2	2.5	26.01
65	垫圈		个	0.10	1.2	2.5	0.10
66	螺钉	5mm	个	0.05	1.2	2.5	0.05
67	自攻螺丝		个	0.10	1.2	2.5	0.10
68	螺丝	$\phi 8 \times 40$	个	0.08	1.2	2.5	0.08
69	木螺丝		个	0.02	1.2	2.5	0.02
	七、灯具及辅材						
70	小吊灯		套	210.00	3	2.5	221.71
71	拉伸吊灯		套	85.00	3	2.5	89.74
72	梯间吊灯		套	150.00	3	2.5	158.36
73	浴霸灯		套	270.00	3	2.5	285.05
74	双管日光灯		套	75.00	3	2.5	79.18
75	客房吊灯		套	340.00	3	2.5	358.96
76	牛眼灯		套	38.00	3	2.5	40.12
77	筒灯	$\phi 150$	套	25.00	3	2.5	26.39
78	吸顶灯		套	30.00	3	2.5	31.67
79	筒灯	$\phi 105$	套	18.00	3	2.5	19.00
80	射灯		套	23.00	3	2.5	24.28
81	射灯滑轨		m	20.00	2.5	2.5	21.01
82	BV 导线	$2.5mm^2$	m	0.80	2	2.5	0.84
83	钢接线盒		个	1.50	2	2.5	1.57
84	管接头	$\phi 20$	个	0.80	2	2.5	0.84
85	金属软管	CP15	m	3.10	2	2.5	3.24

序号	材料名称	规格	单位	工程材料单价计算			
				采购单价/元	运杂费率/%	采购保管费率/%	工程材料单价/元
86	BLV 导线	2.5mm²	m	0.65	2	2.5	0.68
87	花线导线		m	1.22	2	2.5	1.28
88	铜接线端子	20A	个	1.52	2	2.5	1.59
89	圆木台	φ250	块	0.80	2	2.5	0.84
90	瓷接头		个	0.50	2	2.5	0.52
91	塑料圆台		块	1.00	2	2.5	1.05
92	圆木台		块	0.50	2	2.5	0.52
93	方木台		块	0.50	2	2.5	0.52
94	塑料胀管	φ8	m	1.20	2	2.5	1.25
	八、卫生洁具						
95	成套淋浴间		套	800.00	3	2.5	844.60
96	坐便器		套	260.00	3	2.5	274.50
97	软填料		kg	12.00	2	2.5	12.55
98	清油		kg	15.00	2	2.5	15.68
99	密封油膏		kg	6.00	2	2.5	6.27
100	催干剂		kg	16.00	2	2.5	16.73
101	熟桐油		kg	18.00	2	2.5	18.82
102	溶剂油		kg	15.00	2	2.5	15.68
103	酒精		kg	18.00	2	2.5	18.82
104	铅油		kg	8.50	2	2.5	8.89
105	机油		kg	6.50	2	2.5	6.80
106	油灰		kg	17.00	2	2.5	17.77
107	酚醛清漆		kg	25.00	2	2.5	26.14
108	107 胶		kg	1.50	2	2.5	1.57
109	202 胶		kg	3.60	2	2.5	3.76
110	油毡		m²	2.20	2	2.5	2.30
111	氟化钠		kg	8.90	2	2.5	9.30
112	臭油水		kg	2.50	2	2.5	2.61
113	煤油		kg	2.80	2	2.5	2.93
114	二甲苯		kg	2.60	2	2.5	2.72
115	防火涂料		kg	27.00	2	2.5	28.23
116	黏结剂		kg	25.60	2	2.5	26.76
117	钢管	DN15	m	1.85	3	2.5	1.95

续表

序号	材料名称	规格	单位	工程材料单价计算			
				采购单价/元	运杂费率/%	采购保管费率/%	工程材料单价/元
118	橡胶板		kg	1.10	3	2.5	1.16
119	浴盆		套	420.00	3	2.5	443.42
120	浴盆排水配件		套	110.00	3	2.5	116.13
121	存水弯	DN50	个	8.20	3	2.5	8.66
122	管箍	DN15	个	0.85	3	2.5	0.90
123	钢管	DN50	m	7.50	3	2.5	7.92
124	管箍	DN50	个	3.20	3	2.5	3.38
125	钢管	DN20	m	2.10	3	2.5	2.22
126	弯头	DN20	个	1.75	3	2.5	1.85
127	洗涤盆		套	80.00	3	2.5	84.46
128	排水栓	DN50	套	20.00	3	2.5	21.12
129	洗涤盆托架		副	15.00	3	2.5	15.84
	九、油漆、化工						
130	乳胶漆		kg	20.00	2	2.5	20.91
131	乳胶漆		L	24.00	2	2.5	25.09
132	羧甲基纤维素		kg	25.00	2	2.5	26.14
133	乳胶		kg	7.80	2	2.5	8.15
134	聚氨酯漆		kg	27.00	2	2.5	28.23
	十、其他						
135	大白粉		kg	0.80	1.5	2.5	0.83
136	白布		m²	7.60	1.5	2.5	7.91
137	滑石粉		kg	0.70	1.5	2.5	0.73
138	羊毛地毯		m²	145.00	1.5	2.5	150.85
139	地毯胶垫		m²	28.00	1.5	2.5	29.13
140	地毯烫带		m	4.60	1.5	2.5	4.79
141	暗花墙纸		m²	76.00	1.5	2.5	79.07
142	电焊条		kg	10.20	1.5	2.5	10.61
143	棉纱头		kg	7.50	1.5	2.5	7.80
144	石膏粉		kg	0.80	1.5	2.5	0.83
145	泡沫	30厚	m²	4.80	1.5	2.5	4.99
146	丝织布		m²	35.00	1.5	2.5	36.41
147	玻璃	6mm	m²	28.00	5	2.5	30.14

续表

序号	材料名称	规格	单位	工程材料单价计算			
				采购单价/元	运杂费率/%	采购保管费率/%	工程材料单价/元
148	塑料压条		m	0.70	1.5	2.5	0.73
149	钢锯条		根	1.20	1.5	2.5	1.25
150	锯木屑		m³	5.00	2	2.5	5.23
151	线麻		kg	6.00	2	2.5	6.27
152	石料切割锯片		片	70.00	1.5	2.5	72.83
153	砂纸		张	0.20	1.5	2.5	0.21
154	水		m³	1.80			1.80

注：1）该表是计算材料费的依据。

2）工程材料单价＝采购单价×（1＋运杂费率）×（1＋采购保管费率）。

4.5.6　直接费计算

直接费计算见表 4.15。

表 4.15　直接费计算（实物金额法）

工程名称：A 型小别墅

序号	名　称	单位	数量	单价/元	金额/元
	一、人工				15 596.70
	人工、材料、机械台班汇总表人工	工日	467.45	30.00	14 023.50
	市场购置成品安装用工计算表人工	工日	52.44	30.00	1573.20
	二、机械				605.45
1	φ500 圆锯	台班	0.855	20.48	17.51
2	电动打磨机	台班	9.425	18.38	173.23
3	石料切割机	台班	3.893	17.42	67.82
4	空压机 0.3m³/min	台班	9.805	23.52	230.61
5	520W 电锤	台班	11.281	8.83	99.61
6	交流电焊机 30kV·A	台班	0.09	46.46	4.18
7	200L 灰浆搅拌机	台班	0.812	15.38	12.49
	三、材料				113 780.70
1	锯材	m³	0.671	1266.90	850.09
2	杉木锯材	m³	7.538	1365.78	10 295.25

续表

序号	名　称	单位	数量	单价/元	金额/元
3	松木锯材	m³	2.30	1319.69	3035.29
4	细木工板	m²	10.27	52.28	536.92
5	胶合板 5mm	m²	307.17	23.00	7064.91
6	花樟木板	m²	33.99	23.00	781.77
7	枫木夹板	m²	63.30	21.96	1390.07
8	柚木夹板	m²	70.87	22.79	1615.13
9	胶合板 9mm	m²	15.20	29.27	444.90
10	成品木地板	m²	8.0	125.46	1003.68
11	橡木地板	m²	71.94	146.37	10 529.86
12	成品樱桃木地板	m²	18.11	151.60	2745.48
13	成品木踢脚线	m	22.77	20.91	476.12
14	100×60 木扶手	m	6.17	50.18	309.61
15	100×60 扶手弯头	个	2.02	52.28	105.61
16	φ40 车花木栏杆	m	23.65	116.13	2746.47
17	雀眼木	m²	3.59	242.82	871.72
18	木收口线	m	354.60	2.11	748.21
19	木卡条	m	16.53	1.90	31.41
20	装饰线 80mm	m	217.20	6.86	1489.99
21	装饰线 100mm	m	34.27	8.97	307.40
22	装饰线 10mm	m	53.09	1.79	95.03
23	阴角线 80mm	m	57.71	7.50	432.83
24	阴角线 50mm	m	152.21	5.91	899.56
25	装饰线 160mm	m	12.01	12.99	156.01
26	成品橡木踢脚线	m	12.56	27.18	341.38
27	白水泥	kg	28.07	0.48	13.47
28	1∶3 水泥砂浆	m³	3.855	185.39	714.68
29	素水泥浆	m³	0.183	473.47	86.65
30	1∶1 水泥砂浆	m³	0.390	288.29	112.43
31	1∶2.5 水泥砂浆	m³	0.20	212.86	42.57
32	花岗岩板	m²	42.19	212.18	8951.87
33	花岗岩踢脚线	m	11.87	27.58	327.37
34	500×500 地砖	m²	39.52	115.91	4580.76
35	广场砖	m²	18.12	91.67	1661.06
36	400×400 地砖	m²	10.54	110.64	1166.15
37	300×300 地砖	m²	19.58	105.37	2063.14
38	瓷砖	m²	76.85	47.42	3644.23

续表

序号	名　　称	单位	数量	单价/元	金额/元
39	成品大理石扶手	m	30.34	90.17	2735.76
40	石膏顶角线	m	42.08	19.19	807.52
41	纸面石膏板	m²	75.82	15.96	1210.09
42	带纱塑钢窗	m²	23.71	189.11	4483.80
43	钢筋	kg	22.91	3.35	76.75
44	角钢	kg	36.10	3.55	128.16
45	预埋件	kg	46.70	3.99	186.33
46	连接件	kg	158.25	4.10	648.83
47	轻钢龙骨 300×300	m²	91.59	22.06	2020.48
48	不锈钢压条	m	26.36	2.21	58.26
49	不锈钢格栅	m²	0.51	60.94	31.08
50	铝扣板	m²	17.96	63.04	1132.20
51	铝收口条	m	1.75	1.68	2.94
52	铝合金压条	m	2.34	1.79	4.19
53	铁钉	kg	55.61	5.81	323.09
54	铁丝	kg	28.37	6.03	171.07
55	螺母	个	278.94	0.47	131.10
56	钢射钉	个	138.07	0.31	42.80
57	钻头	个	19.43	22.89	444.75
58	膨胀螺栓	套	909.36	1.87	1700.50
59	膨胀螺栓 M12	套	11.02	1.87	20.61
60	膨胀螺栓 M6	套	24.52	0.62	15.20
61	螺栓 M10	套	18.36	0.83	15.24
62	伞形螺栓 M6	套	3.06	0.78	2.39
63	钢钉	kg	0.43	6.76	2.91
64	射钉	盒	2.34	26.01	60.86
65	垫圈	个	139.87	0.10	13.99
66	螺钉 5mm	个	198.35	0.05	9.92
67	自攻螺丝	个	2770	0.10	277.00
68	螺丝 φ8×40	个	101.43	0.08	8.11
69	木螺丝	个	55.67	0.02	1.11
70	小吊灯	套	4.04	221.71	895.71
71	拉伸吊灯	套	1.01	89.74	90.64
72	梯间吊灯	套	1.01	158.36	159.94
73	浴霸灯	套	1.01	285.05	287.90
74	双管日光灯	套	1.01	79.18	79.97

序号	名　称	单位	数量	单价/元	金额/元
75	客房吊灯	套	1.01	358.96	362.55
76	牛眼灯	套	3.03	40.12	121.56
77	筒灯 ϕ150	套	6.06	26.39	159.92
78	吸顶灯	套	9.09	31.67	287.88
79	筒灯 ϕ105	套	27.27	19.00	518.13
80	射灯	套	4.04	24.28	98.09
81	射灯滑轨	m	2.02	21.01	42.44
82	BLV-2.5mm² 导线	m	8.15	0.68	5.54
83	钢接线盒	个	27.54	1.57	43.24
84	ϕ20 管接头	个	36.72	0.84	30.84
85	CP15 金属软管	m	39.14	3.24	126.81
86	BV-2.5mm² 导线	m	5.49	0.84	4.61
87	花线导线	m	18.94	1.28	24.24
88	20A 铜接线端子	个	44.48	1.59	70.72
89	ϕ250 圆木台	块	1.05	0.84	0.88
90	瓷接头	个	20.09	0.52	10.45
91	塑料圆台	块	1.05	1.05	1.10
92	圆木台	块	5.07	0.52	2.64
93	方木台	块	10.50	0.52	5.46
94	ϕ8 塑料胀管	m	4.06	1.25	5.08
95	成套淋浴间	套	1.0	844.60	844.60
96	坐便器	套	3.03	274.50	831.74
97	软填料	kg	6.49	12.55	81.45
98	清油	kg	1.72	15.68	26.97
99	密封油膏	kg	10.48	6.27	65.71
100	催干剂	kg	0.83	16.73	13.89
101	熟桐油	kg	4.79	18.82	90.15
102	溶剂油	kg	12.58	15.68	197.25
103	酒精	kg	0.06	18.82	1.13
104	铅油	kg	0.16	8.89	1.42
105	机油	kg	0.10	6.80	0.68
106	油灰	kg	1.78	17.77	31.63
107	酚醛清漆	kg	7.12	26.14	186.12
108	107 胶	kg	1.40	1.57	2.20
109	202 胶	kg	4.01	3.76	15.08
110	油毡	m²	92.62	2.30	213.03

续表

序号	名　称	单位	数量	单价/元	金额/元
111	氟化钠	kg	21.01	9.30	195.39
112	臭油水	kg	31.46	2.61	82.11
113	煤油	kg	5.06	2.93	14.83
114	二甲苯	kg	2.99	2.72	8.13
115	防火涂料	kg	42.55	28.23	1201.19
116	黏结剂	kg	16.56	26.76	443.15
117	DN15 钢管	m	0.96	1.95	1.87
118	橡胶板	kg	0.15	1.16	0.17
119	浴盆	套	1.0	443.42	443.42
120	DN50 存水弯	个	2.02	8.66	17.49
121	DN15 管箍	个	1.01	0.90	0.91
122	DN50 钢管	m	0.40	7.92	3.17
123	DN50 管箍	个	1.01	3.38	3.41
124	浴盆排水配件	套	1.01	116.13	117.29
125	DN20 钢管	m	0.30	2.22	0.67
126	DN20 弯头	个	2.02	1.85	3.74
127	洗涤盆	套	1.01	84.46	85.30
128	DN50 排水栓	套	1.01	21.12	21.33
129	洗涤盆托架	副	1.01	15.84	16.00
130	乳胶漆	kg	91.28	20.91	1908.66
131	乳胶漆	L	3.61	25.09	90.57
132	羧甲基纤维素	kg	5.67	26.14	148.21
133	乳胶	kg	13.48	8.15	109.86
134	聚氨酯漆	kg	29.04	28.23	819.80
135	大白粉	kg	207.62	0.83	172.32
136	白布	m²	3.95	7.91	31.24
137	滑石粉	kg	44.62	0.73	32.57
138	羊毛地毯	m²	12.08	150.85	1822.27
139	地毯胶垫	m²	12.90	29.13	375.78
140	地毯烫带	m	2.03	4.79	9.72
141	暗花墙纸	m²	117.80	79.07	9314.45
142	电焊条	kg	1.16	10.61	12.31
143	棉纱头	kg	6.43	7.80	50.15
144	石膏粉	kg	10.45	0.83	8.67
145	泡沫 30 厚	m²	2.31	4.99	11.53
146	丝织布	m²	2.42	36.41	88.11

续表

序号	名　　称	单位	数量	单价/元	金额/元
147	玻璃 6mm	m²	18.22	30.14	549.15
148	塑料压条	m	106.83	0.73	77.99
149	钢锯条	根	0.60	1.25	0.75
150	锯木屑	m³	0.72	5.23	3.77
151	线麻	kg	0.03	6.27	0.19
152	石料切割锯片	片	1.06	72.83	77.20
153	砂纸	张	59.24	0.21	12.44
154	水	m³	4.95	1.80	8.91

注：1）本表中的数量根据表 4.11 和表 4.12 确定。

　　2）本表中的单价根据表 4.13 和表 4.14 确定。

复习思考题

4.1　直接费与直接工程费有什么区别？

4.2　如何进行工料机分析？

4.3　什么是单位估价法？

4.4　什么是实物金额法？

4.5　什么情况下要调整材料价差？

4.6　如何进行工料机汇总？

4.7　如何确定材料单价？

4.8　如何用实物金额法计算直接费？

第 5 章
建筑装饰工程费用

5.1 建筑装饰工程费用项目内容及构成

建筑装饰工程费用亦称建筑装饰工程造价，是指构成发承包工程造价的各项费用。

为了加强建设项目投资管理和适应建筑市场的发展，有利于合理确定和控制工程造价，提高建设投资效益，国家统一了建筑装饰工程费用划分的口径。这一做法使得设计单位、业主、承包商、监理单位、造价咨询公司、招标代理公司、政府主管及监督部门各方，在编制设计概算、施工图预算、建设工程招标文件、编制招标控制价、编制投标报价、确定工程承包价、工程成本核算、工程结算等方面有了统一的标准。

根据《建筑安装工程费用项目组成》（建标［2013］44 号文件），按照费用不同划分方法，可以将建筑装饰工程费用分为两类。

建筑装饰工程费按照费用构成要素划分由直接费、间接费、利润和税金组成，见图 5.1。

1. 直接费

直接费由人工费、材料费、施工机械使用费组成。

（1）人工费

人工费是指按工资总额构成规定，支付给从事工程施工的生产工人和附属生产单位的各项费用，内容包括：

1）计时工资或计件工资，是指按计时工资标准和工作时间或已做工作按计件单价支付给个人的劳动报酬。

2）津贴、补贴，是指为了补偿职工特殊或额外的劳动消耗和因其他特殊原因支付给个人的津贴，以及为了保证职工工资水平不受物价影响支付给个人的物价补贴，如流动施工津贴、高温作业临时津贴、高空津贴等。

3）特殊情况下支付的工资，是指根据国家法律、法规和政策规定，因病、工伤、产假、计划生育假、婚丧假、事假、探亲假、定期休假、停工学习、执行国家或社会义务等原因按计时工资标准或计时工资标准的一定比例支付的工资。

（2）材料费

材料费是指施工过程中耗费的原材料、辅助材料、构配件、零件、半成品或成品的

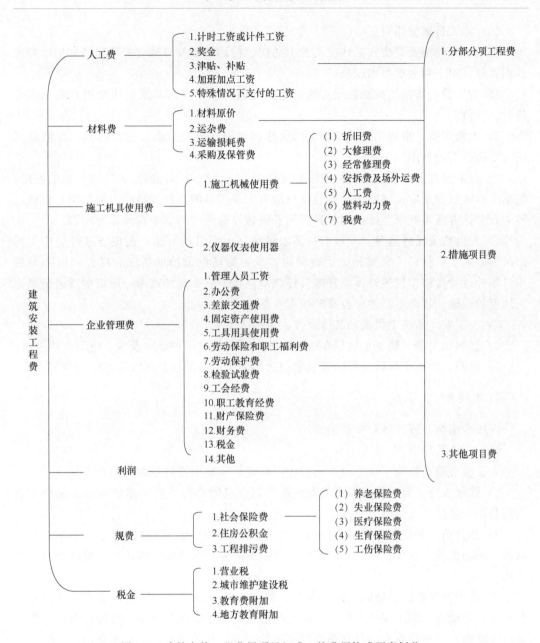

图 5.1　建筑安装工程费用项目组成（按费用构成要素划分）

费用和周转使用材料的摊销（或租赁）费用，内容包括：

1）材料原价，是指材料的出厂价格或商家供应价格。

2）运杂费，是指材料自来源地运至工地仓库或指定堆放地点所发生的全部费用。

3）运输损耗费，是指材料在运输装卸过程中不可避免的损耗。

4）采购及保管费，是指为组织采购、供应、保管材料的过程中所需要的各项费用，包括采购费、仓储费、工地保管费、仓储损耗等。

（3）施工机械使用费

施工机械使用费是指施工作业所发生的机械使用费以及机械安拆费和场外运输费或其租赁费，由下列七项费用组成：

1）折旧费，指施工机械在规定的使用年限内，陆续收回其原值的费用及购置资金的时间价值。

2）大修理费，指施工机械按规定的大修理间隔台班进行必要的大修理，以恢复其正常功能所需的费用。

3）经常修理费，指施工机械除大修理以外的各级保养和临时故障排除所需的费用，包括为保障机械正常运转所需替换设备与随机配备工具附具的摊销和维护费用，机械运转中日常保养所需润滑与擦拭的材料费用及机械停滞期间的维护和保养费用等。

4）安拆费及场外运费。安拆费指施工机械（大型机械另计）在现场进行装饰与拆卸所需的人工、材料、机械和试运转费用以及机械辅助设施的折旧、搭设、拆除等费用；场外运费指施工机械整体或分体自停放地点运至施工现场或由一施工地点运至另施工地点的运输、装卸、辅助材料及架线等费用。

5）人工费，指机上司机和其他操作人员的人工费。

6）燃料动力费，指施工机械在运转作业中所消耗的各种燃料及水、电等费用。

7）税费，指施工机械按照国家规定应缴纳的车船使用税、保险费及年检费等。

2. 间接费

间接费由企业管理费和规费组成。

（1）企业管理费

企业管理费是指施工企业组织施工生产和经营管理所需的费用，内容包括：

1）管理人员工资，是指按规定支付给管理人员的计时工资、津贴补贴、加班加点工资及特殊情况下支付的工资等。

2）办公费，是指企业管理办公用的文具、纸张、账表、印刷、邮电、书报、办公软件、现场监控、会议、水电、烧水和集体取暖降温（包括现场临时宿舍取暖降温）等费用。

3）差旅交通费，是指职工因公出差、调动工作的差旅费、住勤补助费，市内交通费和误餐补助费，职工探亲路费，劳动力招募费，职工退休、退职一次性路费，工伤人员就医路费，工地转移费以及管理部门使用的交通工具的油料、燃料等费用。

4）固定资产使用费，是指管理和附属生产单位使用的属于固定资产的房屋、设备、仪器等的折旧、大修、维修或租赁费。

5）工具用具使用费，是指企业管理使用的不属于固定资产的工具、器具、家具、交通工具、测绘、消防用具等的购置、维修和摊销费。

6）劳动保险和职工福利费，是指由企业支付的职工退职金、按规定支付给离休干部的经费，集体福利费、冬季取暖补贴、上下班交通补贴等。

7）劳动保护费，是企业按规定发放的劳动保护用品的支出，如工作服、手套、防暑降温饮料以及在有碍身体健康的环境中施工的保健费用等。

8）检验试验费，是指施工企业按照有关标准规定，对建筑以及材料、构件和建筑装饰物进行一般鉴定、检查所发生的费用，包括自设试验室进行试验所耗用的材料等费用，不包括新结构、新材料的试验费，对构件做破坏性试验及其他特殊要求检验试验的费用和建设单位委托检测机构进行检测的费用，对此类检测发生的费用，由建设单位在工程建设其他费用中列支。但对施工企业提供的具有合格证明的材料进行检测不合格的，该检测费用由施工企业支付。

9）工会经费，是指企业按《工会法》规定的全部职工工资总额比例计提的工会经费。

10）职工教育经费，是指按职工工资总额的规定比例计提，企业为职工进行专业技术和职业技能培训，专业技术人员继续教育、职工职业技能鉴定、职业资格认定以及根据需要对职工进行各类文化教育所发生的费用。

11）财产保险费，是指施工管理用于财产、车辆等的保险费用。

12）财务费，是指企业为施工生产筹集资金或提供预付款担保、履约担保、职工工资支付担保等所发生的各种费用。

13）税金，是指企业按规定缴纳的房产税、非施工机械车船使用税、土地使用税、印花税等。

14）其他，包括技术转让费、技术开发费、投标费、业务招待费、绿化费、广告费、公证费、法律顾问费、审计费、咨询费、保险费等。

（2）规费

规费是指按国家法律、法规规定，由省级政府和省级有关权力部门规定必须缴纳或计取的费用，包括：

1）社会保险费。

养老保险费，是指企业按照规定标准为职工缴纳的基本养老保险费。

失业保险费，是指企业按照规定标准为职工缴纳的失业保险费。

医疗保险费，是指企业按照规定标准为职工缴纳的基本医疗保险费。

生育保险费，是指企业按照规定标准为职工缴纳的生育保险费。

工伤保险费，是指企业按照规定标准为职工缴纳的工伤保险费。

2）住房公积金，是指企业按规定标准为职工缴纳的住房公积金。

3）工程排污费，是指按规定缴纳的施工现场工程排污费。

其他应列而未列入的规费，按实际发生计取。

3. 利润

利润是指施工企业完成所承包工程获得的盈利。

4. 税金

税金是指国家税法规定的应计入建筑装饰工程造价内的营业税、城市维护建设税、教育费附加以及地方教育附加。

5.2　间接费、利润、税金计算方法及费率

5.2.1　间接费计算方法及费率

1. 企业管理费计算方法

企业管理费计算方法一般有三种：以定额直接费为计算基础计算；以定额人工费为计算基础计算；以定额人工费加定额机械费为基础计算。

（1）以直接费为计算基础

$$间接费 = \sum 分项工程项目定额直接费 \times 间接费费率(\%)$$

（2）以定额人工费为计算基础

$$间接费 = \sum 分项工程项目定额人工费 \times 间接费费率(\%)$$

（3）以定额人工费加定额机械费为计算基础

$$间接费 = \sum (分项工程项目定额人工费 + 定额机械费) \times 间接费费率（\%）$$

2. 规费计算方法

规费计算方法一般是以定额人工费为基础计算，即

$$规费 = \sum 分项工程项目定额人工费 \times 对应的规费费率(\%)$$

3. 企业管理费费率

（1）以分部分项工程费为计算基础

$$企业管理费费率(\%) = \frac{生产工人年平均管理费}{年有效施工天数 \times 人工单价} \times \frac{人工费占分部分项}{工程费比例(\%)}$$

（2）以人工费和机械费合计为计算基础

$$\frac{企业管理费}{费率(\%)} = \frac{生产工人年平均管理费}{年有效施工天数 \times (人工单价 + 每一工日机械使用费)} \times 100\%$$

（3）以人工费为计算基础

$$企业管理费费率(\%) = \frac{生产工人年平均管理费}{年有效施工天数 \times 人工单价} \times 100\%$$

工程造价管理机构在确定计价定额中企业管理费时，应以定额人工费或（定额人工费＋定额机械费）作为计算基数，其费率根据历年工程造价积累的资料，辅以调查数据确定，列入分部分项工程和措施项目中。

4. 规费内容

（1）社会保险费和住房公积金

社会保险费和住房公积金应以定额人工费为计算基础，根据工程所在地省、自治区、直辖市或行业建设主管部门规定费率计算。

$$社会保险费和住房公积金 = \sum (工程定额人工费 \times 社会保险费和住房公积金费率)$$

式中，社会保险费和住房公积金费率可以每万元发承包价的生产工人人工费和管理人员工资含量与工程所在地规定的缴纳标准综合分析取定。

（2）工程排污费

工程排污费等其他应列而未列入的规费应按工程所在地环境保护等部门规定的标准缴纳，按实计取列入。

5.2.2　利润计算方法

1）施工企业根据企业自身需求并结合建筑市场实际自主确定，列入报价中。

2）工程造价管理机构在确定工程造价利润时，应以定额人工费或（定额人工费＋定额机械费）作为计算基数，其费率根据历年工程造价积累的资料，并结合建筑市场实际确定，以单位（单项）工程测算，利润在税前建筑装饰工程费的比重可按不低于 5%且不高于 7%的费率计算。

$$利润 = \sum 分项工程定额人工费(或人工费 + 机械费) \times 利润率$$

5.2.3　税金计算方法与税率

1. 税金计算公式

$$税金 = 税前造价 \times 综合税率（%）$$

2. 综合税率

$$综合税 = 营业税 + 城市维护建设税 + 教育费附加 + 地方教育附加$$

（1）纳税地点在市区的企业

$$综合税率(%) = \frac{1}{1 - 3\% - (3\% \times 7\%) - (3\% \times 3\%) - (3\% \times 2\%)} - 1$$

（2）纳税地点在县城、镇的企业

$$综合税率(%) = \frac{1}{1 - 3\% - (3\% \times 5\%) - (3\% \times 3\%) - (3\% \times 2\%)} - 1$$

（3）纳税地点不在市区、县城、镇的企业

$$综合税率(%) = \frac{1}{1 - 3\% - (3\% \times 1\%) - (3\% \times 3\%) - (3\% \times 2\%)} - 1$$

（4）实行营业税改增值税的，按纳税地点现行税率计算

5.3　建筑装饰工程费用计算方法

5.3.1　建筑装饰工程费用（造价）理论计算方法

建筑装饰工程的理论计算程序见表 5.1。

表 5.1　建筑安装工程费用（造价）理论计算方法

序号	费用名称	计　算　式	
（一）	直接费	定额直接工程费	$\sum$（分项工程量×定额基价）
		措施费	定额直接工程费×有关措施费费率 或：定额人工费×有关措施费费率 或：按规定标准计算
（二）	间接费	（一）×间接费费率 或：定额人工费×间接费费率	
（三）	利润	（一）×利润率 或：定额人工费×利润率	
（四）	税金	营业税＝[（一）＋（二）＋（三）]×$\dfrac{营业税率}{1-营业税率}$ 城市维护建设费＝营业税×税率 教育费附加＝营业税×附加税率	
	工程造价	（一）＋（二）＋（三）＋（四）	

5.3.2　建筑装饰工程费用的计算原则

定额直接工程费根据预算定额基价算出，这具有很强的规范性。按照这一思路，对于措施费、规费、企业管理费等有关费用的计算也必须遵循其规范性，以保证建筑装饰工程造价的社会必要劳动量的水平。为此，工程造价主管部门对各项费用的计算作了明确的规定：

1）建筑工程一般以定额直接工程费为基础计算各项费用。

2）装饰工程一般以定额人工费为基础计算各项费用。

3）装饰工程一般以定额人工费为基础计算各项费用。

4）材料价差不能作为计算间接费等费用的基础。

为什么要规定上述计算基础呢？因为这是确定工程造价的客观需要。

首先，要保证计算出的措施费、间接费等各项费用的水平具有稳定性。

我们知道，措施费、间接费等费用是按一定的取费基础乘上规定的费率确定的。当费率确定后，要求计算基础必须相对稳定。因此，以定额直接工程费或定额人工费作为取费基础，具有相对稳定性，不管工程在定额执行范围内的什么地方施工，不管由哪个施工单位施工，都能保证计算出水平较一致的各项费用。

其次，以定额直接工程费作为取费基础，既考虑了人工消耗与管理费用的内在关系，又考虑了机械台班消耗量对施工企业提高机械化水平的推动作用。

再者，建筑装饰工程的材料、设备设计的要求不同，使材料费产生较大幅度的变化，而定额人工费具有相对稳定性，再加上措施费、间接费等费用与人员的管理幅度有直接联系，所以装饰工程采用定额人工费为取费基础计算各项费用较合理。

5.3.3　建筑装饰工程费用计算程序

建筑装饰工程费用计算程序亦称建筑装饰工程造价计算程序，是指计算建筑装饰工程造价有规律的顺序。

建筑装饰工程费用计算程序没有全国统一的格式，一般由省、市、自治区工程造价主管部门结合本地区具体情况确定。

1. 建筑装饰工程费用计算程序的拟定

拟定建筑装饰工程费用计算程序主要有两个方面的内容：一是拟定费用项目和计算顺序；二是拟定取费基础和各项费率。

（1）建筑装饰工程费用项目及计算顺序的拟定

各地区参照国家主管部门规定的建筑装饰工程费用项目和取费基础，结合本地区实际情况拟定费用项目和计算顺序，并颁布在本地区使用的建筑装饰工程费用计算程序。

（2）费用计算基础和费率的拟定

在拟定建筑装饰工程费用计算基础时，应遵照国家的有关规定和工程造价的客观经济规律，使工程造价的计算结果较准确地反映本行业的生产力水平。

当取费基础和费用项目确定之后，就可以根据有关资料测算出各项费用的费率，以满足计算工程造价的需要。

2. 建筑装饰工程费用计算程序实例

某地区根据计标（2013）44 号文件精神设计的建筑装饰工程费用计算程序见表 5.2。

表 5.2　某地区建筑装饰工程费用计算程序

序号	费用名称		建筑工程	装饰工程
			计算基数	计算基数
1	分部分项工程与单价措施项目费	直接费	∑分项工程费＋单价措施项目费	∑分项工程费＋单价措施项目费
2		企业管理费	∑分项工程、单价措施项目定额人工费＋定额机械费	∑分项工程、单价措施项目定额人工费＋定额机械费
3		利润		
4	总价措施费	安全文明施工费	∑分项工程、单价措施项目人工费	∑分项工程、单价措施项目人工费
5		夜间施工增加费		
6		冬雨期施工增加费	∑分项工程费	∑分部分项工程费
7		二次搬运费	∑分部分项工程费＋单价措施项目费	∑分项工程费＋单价措施项目费
8		提前竣工费	按经审定的赶工措施方案计算	按经审定的赶工措施方案计算

序号	费用名称		建筑工程	装饰工程
			计算基数	计算基数
9	其他项目费	暂列金额	$\sum$ 分项工程费＋措施项目费	$\sum$ 分项工程费＋措施项目费
10		总承包服务费	分包工程造价	分包工程造价
11		计日工	按暂定工程量×单价	按暂定工程量×单价
12	规费	社会保险费	$\sum$ 分项工程、单价措施项目人工费	$\sum$ 分项工程、单价措施项目人工费
13		住房公积金		
14		工程排污费	$\sum$ 分项工程费	$\sum$ 分项工程费
15	税金		1～14之和	1～14之和
	工程造价		1～15之和	1～15之和

5.4　施工企业工程取费级别与费率

5.4.1　施工企业工程取费级别

每个施工企业都要由省级建设行政主管部门根据规定的条件核定规费的取费等级。某地区施工企业工程取费等级评审条件见表5.3。

表 5.3　某地区施工企业工程取费级别评审条件

取费等级	评审条件
特级	1. 企业具有特级资质证书。 2. 企业近五年来承担过两个以上一类工程。 3. 企业参加了社会劳保统筹，退（离）休职工人数占在册职工人数30%以上。
一级	1. 企业具有一级资质证书。 2. 企业近五年来承担过两个以上二类及其以上工程。 3. 企业参加了社会劳保统筹，退（离）休职工人数占在册职工人数20%以上。
二级	1. 企业具有二级资质证书。 2. 企业近五年来承担过两个三类及其以上工程。 3. 企业参加了社会劳保统筹，退（离）休职工人数占在册职工人数10%以上。
三级	1. 企业具有三级资质证书。 2. 企业近五年来承担过两个四类及其以上工程。 3. 企业参加了社会劳保统筹，退（离）休职工人数占在册职工人数10%以下。

5.4.2　间接费、利润、税金费（税）率实例

间接费中不可竞争费费率由省级或行业行政主管部门规定，其余费率可以由企业自主确定。

计标（2013）44 号文件精神是，利润率由工程造价管理机构确定，利润在税前建筑装饰工程费的比重可按不低于 5％且不高于 7％的费率计算。

税率是国家税法规定的，当工程在市、县镇、其他的不同情况时综合税率分别按 3.48％、3.41％、3.28％计取。

例如，某地区建筑装饰工程费用标准见表 5.4。

表 5.4　某地区建筑装饰工程费用标准

费用名称	建筑工程费率			装饰工程费率		
	取费基数	企业等级	费率/%	取费基数	企业等级	费率/%
企业管理费	∑分项工程、单价措施项目定额人工费＋定额机械费	一级	33	∑分部分项、单价措施项目定额人工费＋定额机械费	一级	38
		二级	25		二级	30
		三级	20		三级	26
安全文明施工费	∑分项工程、单价措施项目定额人工费	—	28	∑分部分项、单价措施项目定额人工费	—	28
夜间施工增加费	∑分项工程、单价措施项目定额人工费	—	2	∑分项工程、单价措施项目定额人工费	—	2
冬雨期施工增加费	∑分项工程费	—	0.5	∑分项工程费	—	0.5
二次搬运费	∑分项工程费＋单价措施项目费	—	1	∑分项工程费＋单价措施项目费	—	1
提前竣工费	按经审定的赶工措施方案计算			按经审定的赶工措施方案计算		
总承包服务费	分包工程造价	—	2	分包工程造价	—	2
社会保险费	∑分项工程、单价措施项目人工费	一级	18	∑分项工程、单价措施项目人工费	一级	18
		二级	15		二级	15
		三级	13		三级	13
住房公积金费	∑分项工程、单价措施项目人工费	一级	6	∑分项工程、单价措施项目人工费	一级	6
		二级	5		二级	5
		三级	3		三级	3
工程排污	∑分项工程费	—	0.6	∑分项工程费	—	0.6
利润	∑分项工程、单价措施项目定额人工费	一级	32	∑分项工程、单价措施项目定额人工费	一级	32
		二级	27		二级	27
		三级	24		三级	24

费用名称		建筑工程费率			装饰工程费率		
		取费基数	企业等级	费率/%	取费基数	企业等级	费率/%
综合税率	市区	税前造价		3.48	税前造价		3.48
	县镇			3.41			3.41
	其他			3.28			3.28

5.5　建筑装饰工程费用（造价）计算举例

　　某工程由二级装饰施工企业施工，根据下列数据和某地区建筑装饰工程费用标准（表 5.4）计算该工程的装饰工程预算造价。

　　1）工程在市区。

　　2）取费等级：二级装饰企业。

　　3）分项工程定额直接费：317 445.86 元。

　　其中：定额人工费 84 311.00 元；定额材料费 210 402.63 元；定额机械费 22 732.23元。

　　4）单价措施项目定额直接费：10 343.54 元。

　　其中：定额人工费 3183.25 元；定额材料费：6665.35 元；定额机械费 494.94 元。

　　5）企业管理费、规费、税金按表 5.4 中的规定计算。

　　某工程建筑装饰工程施工图预算造价计算见表 5.5。

表 5.5　某工程建筑装饰工程施工图预算造价计算

序号	费用名称		计算基数	费率/%	金额/元
1	定额直接费		∑分项工程费＋单价措施项目费 （317 445.86＋10 343.54） 其中:定额人工费 87 494.25 定额机械费 3227.17	—	327 789.40
2	企业管理费		∑分项工程、单价措施项目定额	30	27 216.43
3	利润		人工费＋定额机械费（90 721.42）	27	24 494.78
4	总价措施费	安全文明施工费	∑分项工程、单价措施	28	24 498.39
5		夜间施工增加费	项目人工费（87 494.25）	2	1749.89
6		冬雨期施工增加费	∑分项工程费（317 445.86）	0.5	1587.23
7		二次搬运费	∑分部分项工程费＋单价 措施项目费（327 789.40）	1	3277.89
8		提前竣工费	按经审定的赶工措施方案计算		
9	其他项目费	暂列金额	∑分项工程费＋措施项目费		
10		总承包服务费	分包工程造价		
11		计日工	按暂定工程量×单价		

序号	费用名称		计算基数	费率 /%	金额 / 元
12	规费	社会保险费	$\sum$ 分项工程、单价措施项目人工费(87 494.25)	15	13 124.14
13		住房公积金		5	4377.71
14		工程排污费	$\sum$ 分项工程费(317 445.86)	0.60	1904.68
15	综合税金		税前造价(1～14 之和)(425 484.47)	3.48	14 806.86
	工程造价		1～15 之和		444 827.40

第 6 章
建筑装饰工程量清单计价

6.1 概　述

6.1.1 工程量计算规范

2013 年住房和城乡建设部共颁发了 9 个专业的工程量计算规范，它们是：房屋建筑与装饰工程（GB 50854—2013），仿古建筑工程（GB 50855—2013），通用安装工程（GB 50856—2013），市政工程（GB 50857—2013），园林绿化工程（GB 50858—2013），矿山工程（GB 50859—2013），构筑物工程（GB 50860—2013），城市轨道交通工程（GB 50861—2013），爆破工程（GB 500862—2013）。

一般情况下，一个民用建筑或工业建筑（单项工程），需要使用房屋建筑与装饰工程、通用安装工程等工程量计算规范。每个专业工程量计算规范主要包括"总则"、"术语"、"工程计量"、"工程量清单编制"和"附录"等。附录按"附录 A、附录 B、附录 C、…"划分，每个附录编号就是一个分部工程，包含若干个分项工程清单项目。每个分项工程清单项目包括"项目编码、项目名称、项目特征、计量单位、工程量计算规则、工作内容"六大要素。

附录是工程量计算规范的主要内容，我们在学习中重点是尽可能熟悉附录内容、尽可能使用附录内容，时间长了自然熟能生巧。

6.1.2 分项工程清单项目几大要素

1. 项目编码

分项工程和措施清单项目的编码共 12 位，前 9 位由工程量计算规范确定，后 3 位由清单编制人确定。其中，第 1、2 位是专业工程编码，第 3、4 位是分章（分部工程）编码，第 5、6 位是分节编码，第 7、8、9 位是分项工程编码，第 10、11、12 位是工程量清单项目顺序码。例如，工程量清单编码 010401001001 的含义如下（见下页）。

2. 项目名称

项目名称栏目内列入了分项工程清单项目的简略名称。例如上述 010401001001 对应的项目名称是"砖基础"，并没有列出"M5 水泥砂浆砌带形砖基础"这样完整的项

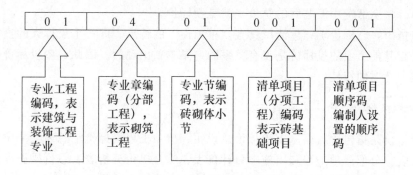

目名称。通过该项目的"项目特征"描述后，内容就很完整了。所以，我们在表述完整的清单项目名称时，就需要使用项目特征的内容来描述。

3. 项目特征

项目特征是构成分项工程和措施清单项目自身价值的本质特征。

这里的"价值"可以理解为每个分项工程和措施项目都在产品生产中起到不同的有效的作用，即体现它们的有用性。"本质特征"是区分此分项工程不同于彼分项工程不同事物的特性体现。所以，项目特征是区分不同分项工程的判断标准。因此，我们要准确地填写说明该项目本质特征的内容，为分项工程清单项目列项和准确计算综合单价服务。

4. 计量单位

工程量计算规范规定，分项工程清单项目以"t"、"m"、"m^2"、"m^3"、"kg"等物理单位，以"个"、"件"、"根"、"组"、"系统"等自然单位为计量单位。计价定额一般采用扩大了的计量单位，例如"10m^3"、"100m^2"、"100m"等。分项工程清单项目计量单位的特点是"一个单位"，没有扩大计量单位。也就是说，综合单价的计量单位按"一个单位"计算，没有扩大。

6.2　工程量清单报价编制方法

1. 投标价的概念

投标价是指投标人投标时响应招标文件要求所报出的已标价工程量清单汇总后标明的总价。

建筑安装工程招投标中，招标人一般指业主；投标人一般指施工企业、施工监理企业、建筑安装设计企业等。

已标价工程量是指投标人响应招标文件根据招标工程量清单，自主填报各部分价格，具有分部分项及单价措施项目费、总价措施项目费、其他项目费、规费和税金的工程量清单。将全部费用汇总后的总价，就是投标价。

应该指出，已标价工程量清单具有"单独性"的特点。即每个投标人的投标价是不同的，是与其他企业的投标价是没有关系的，是单独出现的。因此，各投标价在投标中具有"唯一性"的特性。

2. 投标报价的概念及其编制内容

投标报价是指包含封面、工程计价总说明、单项工程投标价汇总表、单位工程投标报价汇总表、分部分项工程和措施项目计价表、综合单价分析表、总价措施项目清单与计价表、其他项目计价表、规费和税金项目计价表等内容的报价文件。

编制投标报价的工作就是造价人员运用工程造价专业能力，根据有关依据和规定，完成计算、分析和汇总上述内容的全部工作。这些工作也是本章所要阐述的基本内容。

3. 投标报价的编制依据与作用

(1) 投标报价编制依据

投标报价的编制依据是由《建设工程工程量清单计价规范》规定的，包括：

《建设工程工程量清单计价规范》；

国家或省级、行业建设主管部门颁发的计价办法；

企业定额，国家或省级、行业建设主管部门颁发的计价定额和计价办法；

招标文件、招标工程量清单及其补充通知、答疑纪要；

建设工程设计文件和相关资料；

施工现场情况、工程特点及投标时拟定的施工组织设计或施工方案；

与建设项目相关的标准、规范等技术资料；

市场价格信息或工程造价管理机构发布的工程造价信息。

上述编制依据起什么作用？搞清楚这个问题对掌握投标报价的编制方法将起到关键性作用。

(2) 投标报价编制依据的作用

1) 清单计价规范。例如，投标报价中的措施项目划分为"单价项目"与"总价项目"两类是《建设工程工程量清单计价规范》（GB 50500—2013）第"5.2.3"、"5.2.4"条文规定的。

2) 国家或省级、行业建设主管部门颁发的计价办法。例如，投标报价的费用项目组成就是根据"中华人民共和国住房和城乡建设部、中华人民共和国财政部"2013年3月21日颁发的《建筑安装工程费用项目组成》建标［2013］44号文件确定的。

3) 企业定额，国家或省级、行业建设主管部门颁发的计价定额和计价办法。2003年、2008年和2013年清单计价规范都规定了企业定额是编制投标报价的依据，虽然各地区没有具体实施，但指出了根据企业定额自主报价是投标报价的方向。

每个省、市、自治区的工程造价行政主管部门都颁发了本地区组织编写的计价定额，它是投标报价的依据。计价定额是对"建筑工程预算定额、建筑工程消耗量定额、建筑工程计价定额、建筑工程单位估价表、建筑工程清单计价定额"的统称。

由于有些费用计算具有地区性，每个地区要颁发一些计价办法。例如，有的地区颁发了工程排污费、安全文明施工费等的计算办法。

4）招标文件、招标工程量清单及其补充通知、答疑纪要。招标文件中对于工期的要求、采用计价定额的要求、暂估工程的范围等都是编制投标报价的依据。

编制投标报价必须依据招标工程量清单才能编制出综合单价和计算各项费用，是投标报价的核心依据。

补充通知和答疑纪要的工程量、价格等内容都要影响投标报价，所以也是重要编制依据。

5）建设工程设计文件和相关资料。建设工程设计文件是指"建筑、装饰、安装施工图"。

相关资料指各种标准图集等。例如，11G101-1《混凝土结构施工图平面整体表示方法制图规则和构造详图》就是计算工程量的依据。

6）施工现场情况、工程特点及投标时拟定的施工组织设计或施工方案。例如，编制投标报价时要根据施工组织设计或施工方案，确定挖基础土方是否需要增加工作面和放坡、挖出的土堆放在什么地点、多余的土方运距几公里等，然后才能确定工程量和工程费用。

7）与建设项目相关的标准、规范等技术资料。例如，"关于发布《全国统一建筑安装工程工期定额》的通知"（建标［2000］38 号文）就是与建设项目相关的标准。

4. 投标报价编制步骤

我们可以采用从得到"投标报价"结果后倒推计算费用的思路来描述投标报价的编制步骤。

投标报价由"规费和税金、其他项目费、总价措施项目费、分部分项工程和单价措施项目费"构成。

税金是根据"规费、其他项目费、总价措施项目费、分部分项工程和单价措施项目费"之和乘以综合税率计算出来的，所以要先计算这四类费用。

其他项目主要包含"暂列金额、暂估价、计日工、总承包服务费"，暂列金额、暂估价是招标人规定的，按要求照搬即可。根据计日工人工、材料、机械台班数量自主报价就可以。总承包服务费出现了才计算。

总价措施项目的"安全文明施工费"是非竞争项目，必须按规定计取。"二次搬运费"等有关总价措施项目，投标人根据工程情况自主报价。

分部分项工程和单价措施项目费是根据施工图、清单工程量和计价定额确定每个项目的综合单价，然后分别乘以分部分项工程和单价措施项目清单工程量就得到分部分项工程和单价措施项目费。

将上述"规费和税金、其他项目费、总价措施项目费、分部分项工程和单价措施项目费"汇总为投标报价。

现在我们从编制的先后顺序，通过图 6.1 的框图来描述投标报价的编制顺序。

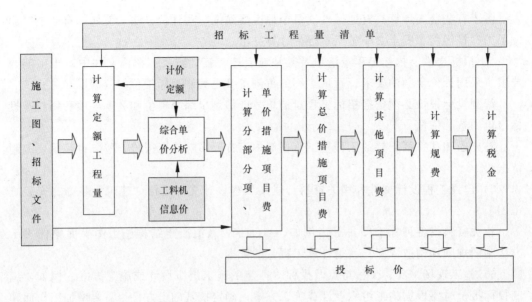

图 6.1　投标价编制步骤示意图

6.3　综合单价编制方法

6.3.1　综合单价的概念

综合单价是指完成一个规定清单项目所需的人工费、材料费和工程设备费、施工机具使用费和企业管理费、利润以及一定范围内的风险费。

人工费、材料费和工程设备费、施工机具使用费是根据计价定额计算的；企业管理费和利润是根据省市工程造价行政主管部门发布的文件规定计算的。

一定范围内的风险费主要指同一分部分项清单项目的已标价工程量清单中的综合单价与招标控制价的综合单价之比，超过±15%时才能调整综合单价。例如，同一清单项目的已标价工程量清单中的综合单价是 248 元/m^2，招标控制价的综合单价为 210 元/m^2，$(248 \div 210 - 1) \times 100\% = 18.1\%$，超过了 15%，可以调整综合单价。如果没有超过 15%，就不能调整综合单价，因为综合单价已经包含了 15% 的价格风险。

6.3.2　确定综合单价的方法

1. 定额法

所谓"定额法"，是指一项或者一项以上的"计价定额"项目，通过计算后重新组成一个定额的方法。在招投标中普遍采用该方法来确定综合单价的方法，以下通过举例来掌握该方法，见表 6.1。

表 6.1 综合单价分析表（定额法）

工程名称：A 工程　　　　　　　　　标段：　　　　　　　　第 1 页　共 1 页

| 项目编码 | 011407001001 | 项目名称 | 墙面喷刷涂料 | 计量单位 | | m² | |

清单综合单价组成明细

定额编号	定额项目名称	定额单位	数量	单价/元				合价/元			
				人工费	材料费	机械费	管理费和利润	人工费	材料费	机械费	管理费和利润
B5-296	内墙面乳胶漆二遍	100m²	0.01	560.98	219.82		168.29	5.61	2.20		1.68
人工单价		小计						5.61	2.20		1.68
60.00元/工日		未计价材料费									
清单项目综合单价								9.49			

材料费明细	主要材料名称、规格、型号	单位	数量	单价/元	合价/元	暂估单价/元	暂估合价/元
	乳胶漆	kg	0.2835	7.60	2.15		
	砂纸	张	0.001	0.50	0.01		
	白布	m	0.0018	2.00	0.01		
	产品腻子粉	kg	0.05	0.70	0.03		
	其他材料费			—		—	
	材料费小计			—	2.20	—	

注：管理费和利润＝定额人工费×30%。

2. 分部分项全费用法

"分部分项全费用法"是指根据清单工程量项目对应的一个或一个以上的定额工程量，分别套用对应的计价定额项目后，计算出人工费、材料费、机械费、管理费和利润，然后加总再除以清单工程量得出综合单价的方法。

当某工程的内墙乳胶漆的清单工程量为 315.00m² 时，我们用表 6.2 的数据来说明"分部分项全费用"法的综合单价分析方法。

表 6.2　综合单价分析表（分部分项全费用法）

工程名称：A 工程　　　　　　　　　　　标段：　　　　　　　　　　　第 1 页　共 1 页

项目编码	010401001001	项目名称	墙面喷刷涂料	计量单位	m²

清单综合单价组成明细

定额编号	定额项目名称	定额单位	数量	单　价/元				合　价/元			
				人工费	材料费	机械费	管理费和利润	人工费	材料费	机械费	管理费和利润
B5-296	内墙面乳胶漆二遍	m²	315.00	5.61	2.20		1.68	1767.15	693.00		529.20
人工单价			小计					1767.15	693.00		529.20
60.00 元/工日			未计价材料费								
清单项目综合单价								2989.35÷315.00＝9.49 元			

材料费明细	主要材料名称、规格、型号	单位	数量	单价/元	合价/元	暂估单价/元	暂估合价/元
	乳胶漆	kg	0.2835	7.60	2.15		
	砂纸	张	0.001	0.50	0.01		
	白布	m	0.0018	2.00	0.01		
	产品腻子粉	kg	0.05	0.70	0.03		
	其他材料费			—		—	
	材料费小计				2.20		

注：管理费和利润＝定额人工费×30%。

　　"分部分项全费用"法的特点是：可以通过计算全部费用的方法非常直观地计算出综合单价。综合单价就是该清单工程量发生的全部分部分项费用除以清单工程量的结果。

6.4　分部分项工程和单价措施项目费计算

6.4.1　分部分项工程费计算

　　根据分部分项清单工程量乘以对应的综合单价就得出了分部分项工程费。分部分项工程费是根据招标工程量清单，通过"分部分项工程和单价措施项目计价表"实现的。

　　例如，某工程的内墙面乳胶漆清单工程量、项目编码、项目特征描述、计量单位、综合单价如表 6.3 所示，计算其分部分项工程费，见表 6.3。

表 6.3　分部分项工程和措施项目计价表（部分）

工程名称：A 工程　　　　　　　　　　标段：　　　　　　　　第 1 页　共 1 页

序号	项目编码	项目名称	项目特征描述	计量单位	工程量	综合单价	合价	其中暂估价
			P 油漆、涂料、裱糊工程					
1	011407001001	墙面喷刷涂料	1. 基层类型：混合砂浆 2. 喷刷部位：内墙 3. 腻子种类：石膏腻子 4. 刮腻子要求：满刮 5. 喷刷遍数：二遍	m²	315.00	9.49	2989.35	
			分部小计				2989.35	
			Q 其他装饰工程					
			本页小计				2989.35	
			合计				2989.35	

6.4.2　单价措施项目费计算

根据单价措施项目清单工程量乘以对应的综合单价就得出了单价措施项目费。单价措施项目费是根据招标工程量清单，通过"分部分项工程和单价措施项目计价表"实现的。

例如，某工程的脚手架清单工程量、项目编码、项目特征描述、计量单位、综合单价如表 6.4 所示，计算其单价措施项目费，见表 6.4。

表 6.4　分部分项工程和措施项目计价表（部分）

工程名称：A 工程　　　　　　　　　　标段：　　　　　　　　第 1 页　共 1 页

序号	项目编码	项目名称	项目特征描述	计量单位	工程量	综合单价	合价	其中暂估价
			S 措施项目					
			S.1 脚手架工程					
1	011701003001	里脚手架	1. 搭设方式：简易 2. 搭设高度：2.00 3. 脚手架材质：木质	m²	315.00	1.51	475.65	

续表

序号	项目编码	项目名称	项目特征描述	计量单位	工程量	金额/元		
						综合单价	合价	其中
								暂估价
			小计				475.65	
			S.2 混凝土模板及支架					
			本页小计				475.65	
			合计				475.65	

6.5　总价措施项目费计算

6.5.1　总价措施项目的概念

总价措施项目是指清单措施项目中，无工程量计算规则，以"项"为单位，采用规定的计算基数和费率计算总价的项目。

例如，"安全文明施工费"、"二次搬运费"、"冬雨期施工费"等，就是不能计算工程量，只能计算总价的措施项目。

6.5.2　总价措施项目计算方法

总价措施项目是按规定的基数，采用规定的费率通过"总价措施项目清单与计价表"来计算的。

例如，A 工程的"安全文明施工费"、"夜间施工增加费"总价措施项目，按规定以定额人工费分别乘以 26% 和 3% 计算。该装饰工程的定额人工费为 222 518 元，用表 6.5 计算总价措施项目费。

表 6.5　总价措施项目清单与计价表

工程名称：A 工程　　　　　　　标段：　　　　　　　第 1 页　共 1 页

序号	项目编码	项目名称	计算基础	费率/%	金额/元	调整费率/%	调整后金额/元	备注
1	011707001001	安全文明施工	定额人工费（222518）	26	57 854.68			
2	011707002001	夜间施工	定额人工费（222518）	3.0	6675.54			

续表

序号	项目编码	项目名称	计算基础	费率 /%	金额 /元	调整费 率/%	调整后 金额/元	备注
3	011707004001	二次搬运	(本工程 不计算)					
4	011707005001	冬雨期施工	(本工程 不计算)					
5	011707007001	已完工程及 设备保护	(本工程 不计算)					
合计					64 530.22			

编制人（造价人员）：×××　　　　　　　　复核人（造价工程师）：×××

6.6　其他项目费计算

6.6.1　其他项目费的内容

其他项目包括暂列金额、暂估价、计日工、总承包服务费。

1. 暂列金额

暂列金额是招标人在工程量清单中暂定并包括在合同价款中的一笔款项，主要用于工程合同签订时尚未确定或者不可预见的所需材料、工程设备、服务的采购的费用，用于施工中可能发生的工程变更、合同约定调整因素出现时合同价款调整费用，以及发生的工程索赔、现场签证确认的各项费用。例如，支付工程施工中应业主要求，增加 3 道防盗门的费用。

2. 暂估价

暂估价是招标人在工程量清单中提供的，用于支付必然发生的但暂时不能确定价格的材料和工程设备的单价，以及专业工程的金额。例如，工程需要安装一种新型的断桥铝合金窗，各厂商的报价还不确定，所以在招标工程量清单中暂估为 800 元/m²，等工程一年后实施过程中再由业主和承包商共同商定最终价格。

在招标时，智能化工程图纸还没有进行工艺设计，不能准确计算招标控制价，这时就采用专业工程暂估价的方式，给出一笔专业工程的金额。

3. 计日工

计日工是指在施工过程中，承包人完成发包人提出的工程合同范围以外的零星项目或工作，按合同中约定的单价计价的一种方式。

例如，发包人提出了施工图以外的混凝土便道的施工要求，给出完成道路的人工、材料、机械台班数量，投标人在报价时自主填上对应的综合单价，计算出工料机合价和管理费利润后汇总成总计。

4. 总承包服务费

总承包服务费是指总承包人为配合发包人进行的专业工程发包，对发包人自行采购的材料、工程设备等进行保管以及施工现场管理、竣工资料汇总整理等服务所需的费用。

6.6.2 其他项目费计算

1. 编制招标控制价时其他项目费计算

编制招标控制价时，其他项目费应按下列规定计算：
1) 暂列金额应按招标工程量清单中列出的金额填写。
2) 暂估价中的材料、工程设备单价应按招标工程量清单中列出的金额填写。
3) 暂估价中的专业工程金额应按招标工程量清单中列出的金额填写。
4) 计日工应按招标工程量清单中列出的项目，根据工程特点和有关计价依据确定综合单价计算。
5) 总承包服务费应根据招标工程量清单中列出的内容和要求估算。

2. 编制投标报价时其他项目费计算

编制投标报价时，其他项目费应按下列规定计算：
1) 暂列金额应按招标工程量清单中列出的金额填写。
2) 材料、工程设备暂估价应按招标工程量清单中列出的单价计入综合单价。
3) 专业工程暂估价应按招标工程量清单中列出的金额填写。
4) 计日工应按招标工程量清单中列出的项目和数量，自主确定综合单价并计算计日工金额。
5) 总承包服务费应根据招标工程量清单中列出的内容和提出的要求自主确定。

6.6.3 其他项目费计算举例

1. 工程量清单中的其他项目

A 工程招标工程量清单的其他项目清单如下，按照地区规定，计算其他项目费，见表 6.6。

表 6.6　其他项目清单与计价汇总表

工程名称：A 工程　　　　　　　　　　　　　标段：　　　　　　　　　　第 1 页　共 1 页

序号	项目名称	金额/元	结算金额/元	备注
1	暂列金额	200 000		详见"暂列金额明细表"（略）
2	暂估价	300 000		
2.1	材料（工程设备）暂估价			
2.2	专业工程暂估价	300 000		详见"专业工程暂估价及结算价表"（略）
3	计日工			详见"计日工表"（略）
4	总承包服务费			
5				
	合计	500 000		

注：材料（工程设备）暂估单价进入清单项目综合单价，此处不汇总。

2. 计算其他项目费

根据上述"其他项目清单"的内容计算下列内容。

（1）计日工表计算

投标报价时投标人根据市场信息价确定工料机单价如下：

普工，60 元/工日；技工，80 元/工日；钢筋（综合），3890 元/t；32.5 水泥，390 元/t；中砂，50 元/t；砾石（5～40mm），55 元/t；灰浆搅拌机（200L），120 元/台班；2 吨自升式塔吊，950 元/台班；企业管理费和利润按人工费的 10％计算。

将上述单价填入表 6.7 后计算出计日工的总计费用。

表 6.7　计日工表

工程名称：A 工程　　　　　　　　　　　　　标段：　　　　　　　　　　第 1 页　共 1 页

编号	项目名称	单位	暂定数量	实际数量	单价/元	合价/元 暂定	合价/元 实际
一	人工						
1	普工	工日	80		60	4800	
2	技工	工日	25		80	2000	
	人工小计					6800	
二	材料						
1	钢筋（综合）	t	1.50		3890	5835	
2	32.5 水泥	t	2.30		390	897	
3	中砂	t	5.00		50	250	
4	砾石（5～40mm）	t	6.00		55	330	

续表

编号	项目名称	单位	暂定数量	实际数量	单价/元	合价/元 暂定	合价/元 实际
	材料小计					7312	
三	施工机械						
1	灰浆搅拌机（200L）	台班	5		120	600	
2	2吨自升式塔吊	台班	4		950	3800	
	施工机械小计					4400	
四	企业管理费和利润（6800×10%）					680	
	总计					19 192	

注：此表项目名称、暂定数量由招标人填写。编制招标控制价时，单价由招标人按有关规定确定；投标时，单价由投标人自主报价，按暂定数量计算合价后计入投标总价中。结算时，按发承包双方确认的实际数量计算合价。

（2）总承包服务费计算

某地区规定，总承包服务费按发包工程造价的1.5%计算。A工程的建筑智能化工程暂估价为300 000万，因此该工程的总承包服务费是300 000×1.5%＝4500元。

（3）其他项目清单与计价汇总表编制

其他项目清单与计价汇总表编制见表6.8。

表6.8　其他项目清单与计价汇总表

工程名称：A工程　　　　　　　　标段：　　　　　　　　第1页　共1页

序号	项目名称	金额/元	结算金额/元	备注
1	暂列金额	200 000		详见"暂列金额明细表"（略）
2	暂估价	300 000		
2.1	材料（工程设备）暂估价			
2.2	专业工程暂估价	300 000		详见"专业工程暂估价及结算价表"（略）
3	计日工	19 192		详见"计日工表"
4	总承包服务费	4500		详计算式
5				
6				
	合计	523 692		

注：材料（工程设备）暂估单价进入清单项目综合单价，此处不汇总。

该工程的其他项目费为523 692元。

6.7　规费、税金项目及投标报价计算

6.7.1　规费的概念

规费是指根据国家法律、法规规定，由省级政府或有关权力部门规定施工企业必须缴纳的，应计入建筑安装造价的费用，不得作为竞争性费用。

地方有关权力部门主要指省级建设行政主管部门——省住房和城乡建设厅。

6.7.2　规费的内容

规费的内容如下。

1. 社会保险费

社会保险费包括养老保险费、失业保险费、医疗保险费、工伤保险费和生育保险费。

2011 年 7 月 1 日起施行的《中华人民共和国社会保险法》指出：国家建立基本养老保险、基本医疗保险、工伤保险、失业保险、生育保险等社会保险制度，保障公民在年老、疾病、工伤、失业、生育等情况下依法从国家和社会获得物质帮助的权利。

2011 年 4 月 22 日第十一届全国人民代表大会常务委员会第二十次会议《关于修改〈中华人民共和国建筑法〉的决定》，修正后的第四十八条规定：建筑施工企业应当依法为职工参加工伤保险缴纳工伤保险费，鼓励企业为从事危险作业的职工办理意外伤害保险，支付保险费。

2. 住房公积金

住房公积金是指国家机关、国有企业、城镇集体企业、外商投资企业、城镇私营企业及其他城镇企业、事业单位为在职职工缴存的长期住房储金。

住房公积金制度实际上是一种住房保障制度，是住房分配货币化的一种形式。住房公积金制度是国家法律规定的重要的住房社会保障制度，具有强制性、互助性、保障性。单位和职工个人必须依法履行缴存住房公积金的义务。职工个人缴存的住房公积金以及单位为其缴存的住房公积金实行专户存储，归职工个人所有。

3. 工程排污费

建标［2013］44 号文规定：工程排污费是指按规定缴纳的施工现场工程排污费。

向环境排放废水、废气、噪声、固体废物等污染物的一切企业、事业单位、个体工商户等必须按规定向地方环保部门缴纳工程排污费。建筑行业涉及的排污费主要有噪声超标排污费。

施工单位建筑排污费有三种计算方法：①按工程面积计算；②按监测数据超标计算；③按施工期限计算。

6.7.3　规费计算方法

计算规费需要两个条件：一是计算基础；二是费率。

计算方法是：规费＝计算基础×费率。

计算基数和费率一般由各省、市、自治区规定。通常是以工程项目的定额直接费为规费的计算基数，然后乘以规定的费率，即××规费＝分部分项工程和单价措施项目定额直接费×对应费率。

一些地区将规费费率按企业等级进行核定，各个企业等级的规费费率是不同的。

6.7.4　规费计算实例

A工程由一级施工企业承包施工，按该工程所在地区的规定计取规费见表6.9。根据A工程的分部分项工程和单价措施项目定额人工费222 518元、分部分项工程定额直接费2 000 890元计算A工程的规费。计算过程见表6.9。

表6.9　某地区一级施工企业规费费率

序号	规费名称	计算基础	费率/%	备注
1	养老保险	分部分项工程和单价措施项目定额人工费	11.0	
2	失业保险	同上	1.1	
3	医疗保险	同上	4.5	
4	工伤保险	同上	1.3	
5	生育保险	同上	0.8	
6	住房公积金	同上	5.0	
7	工程排污费	分部分项工程定额直接费	0.3	按工程所在地区规定计取

6.7.5　税金的概念

税金是指国家税法规定的，应计入建筑安装工程造价内的营业税、城市维护建设税、教育费附加和地方教育附加。

6.7.6　税金计算方法

我国税法规定：

税金＝（税前造价＋税金）×税率

城市维护建设税＝营业税×城市维护建设税率

教育费附加＝营业税×教育费附加税率

地方教育附加＝营业税×地方教育附加税率

A工程各项费用汇总见表6.10。

表 6.10　A 工程各项费用汇总

费用名称	金额/元	备注
分部分项工程（定额直接）费	2 000 890.00	确定
单价措施项目费	17 520.34	（略）
总价措施项目费	64 530.22	（略）
其他措施项目费	523 692.00	（略）
分部分项工程和单价 措施项目定额人工费	222 518.00	确定

根据表 6.9 的规费费率、表 6.10 的各项费用和综合税率 3.48% 计算 A 工程的规费和税金，见表 6.11。

表 6.11　规费、税金项目计价表

工程名称：A 工程　　　　　　　　　　　标段：　　　　　　　　　第 1 页　共 1 页

序号	项目名称	计算基础	计算基数	计算费率/%	金额/元
1	规费	分部分项工程定额人工费 和单价措施项目定额人工费			58 739.43
1.1	社会保障费	同上	（1）＋…＋（5）		41 610.86
（1）	养老保险费	同上	222 518	11.0	24 476.98
（2）	失业保险费	同上	222 518	1.1	2447.70
（3）	医疗保险费	同上	222 518	4.5	10 013.31
（4）	工伤保险费	同上	222 518	1.3	2892.73
（5）	生育保险费	同上	222 518	0.8	1780.14
1.2	住房公积金	同上	222 518	5.0	11 125.90
1.3	工程排污费	分部分项工程定额直接费	2 000 890	0.3	6002.67
2	税金	分部分项工程费＋单价措施 项目费＋总价措施项目费＋ 其他项目费＋规费	（2 000 890＋475.65＋ 64 530.22＋523 692＋ 58 739.43）2 648 327.30	3.48	92 161.79
合计					150 901.22

6.7.7　投标报价汇总表计算

根据表 6.3～表 6.11 中的相关数据编制单位工程的投标报价汇总表，计算见表 6.12。

表 6.12 单位工程投标报价汇总表

工程名称：A 工程   标段：   第 1 页　共 1 页

序号	汇总内容	金额/元	其中：暂估价/元
1	分部分项工程及单价措施项目	2 000 890.00	
1.1	H 门窗工程	400 000.00	
1.2	L 楼地面工程	971 000.00	
1.3	M 墙、柱面装饰工程	629 414.35	
1.4	S 措施项目	475.65	
2	措施项目	(475.65+64 530.22)=65 005.87	（单价措施项目费＋ 总价措施项目费）
2.1	其中：安全文明施工费	57 854.68	
3	其他项目	523 692.00	
3.1	其中：暂列金额	200 000.00	
3.2	其中：专业工程暂估价	300 000.00	
3.3	其中：计日工	19 192.00	
3.4	其中：总承包服务费	4500.00	
4	规费	58 739.43	
5	税金	92 161.79	
投标报价合计＝1＋2＋3＋4＋5		2 740 489.09	

第7章
建筑装饰工程预、结算的审查与审核

7.1 概 述

7.1.1 审查和审核的意义

建筑装饰工程预、结算，作为建设单位和施工单位签订建筑装饰工程承发包合同、办理工程拨款和工程价款结算、施工企业进行工程成本核算的依据，对其进行认真审查和审核具有重要的意义。主要体现在以下几方面：

1) 建筑装饰工程预、结算审查和审核是为了保证建筑装饰工程造价的合理性和合法性，正确反映装饰工程所需的各项费用，为建设单位进行投资分析、施工企业进行工程成本核算、办理工程拨款和工程价款结算提供可靠的依据。

2) 可以防止建设单位不合理的压价现象，维护施工企业的合法经济利益。

3) 可以促进建筑装饰工程预、结算编制水平的提高，使施工企业规范建筑装饰工程造价管理，提高建筑装饰工程的投资效益。

7.1.2 审查和审核的含义

建筑装饰工程预、结算审查和审核是整个建筑装饰工程造价审查和审核的两个阶段：第一阶段，主要是审查和审核建筑装饰工程施工图预算的准确性，以便为建筑装饰工程施工企业投标和建设单位招标、拨付工程价款提供一个可靠依据；第二阶段，主要是审查和审核建筑装饰工程施工企业编制的竣工结算的准确性，以便为承发包双方办理竣工结算、支付工程款项、建设单位和上级主管部门之间办理竣工决算提供有效的依据。

建筑装饰工程预、结算只有经审查和审核后才具有合理性和合法性，才能得到正式的确认。

审查，主要是指编制人员和编制单位的自审；审核，主要是指授权单位及造价工程师的审定确认。工程造价人员编制出建筑装饰工程预、结算后必须经过认真负责的自审，自认准确无误后，才正式送交审核单位审核。如果编制人员和编制单位不通过自审，草率交出预、结算书，就会加大审核的工作量，使审核时间延长，从而导致预、结算不能及时起到应有作用，所以自审工作是非常重要的。建筑装饰工程施工图预算一般由编制人自审后，交负责审核的造价工程师审核确认并加盖执业资格专用证章；竣工结算的审核由发包人或其委托的具有相应资质等级的工程造价咨询单位进行审核，经造价工程师审核确认并且按合同约定的时间提出审核意见。工程竣工结算文件经发包方与承包方确认即应当作为工程决算的依据。

7.1.3　审查、审核的依据

（1）设计文件及招标文件

装饰工程设计文件主要是指经建设单位、设计单位、施工单位三方会审认可的、并经上级主管部门批准的建筑装饰工程施工图纸和设计说明书以及标准图集、设计变更通知书、施工图纸会审纪要等。而投标报价则应当满足招标文件要求，即招标文件的技术要求、报价要求、主要合同条款的要求。

（2）建筑装饰工程承发包合同

建筑装饰工程承发包合同是明确承发包工程的方式、承包内容、材料供应、工程质量、工程价款结算办法，明确甲乙双方权利、义务和经济责任的具有法律效力的文件。

（3）施工组织设计或施工方案

施工组织设计或施工方案是施工单位在工程施工前编制并经建设单位认可的技术性文件，在工程实施过程中，发生在施工图纸以外施工现场的各项技术措施费，应计入建筑装饰工程的预算和竣工结算中。

（4）建筑装饰工程预算定额（企业定额）和费用定额

建筑装饰工程预算定额（如果是按工程量清单计价，依据建设工程工程量清单计价规范及企业定额）主要用于确定装饰工程直接费和其他直接费、现场经费；费用定额主要用于确定间接费、利润和税金。

（5）建筑装饰工程主要材料市场价格和调价文件

由于建筑装饰工程主要材料价格变化幅度较大，各省、市、地区的造价管理机构定期要发布主要材料的市场指导价，供工程所在地区的建筑装饰工程施工企业或建设单位编制预算时参考，竣工结算要依据合同约定的材料市场价格计算。同时，由于人工费、辅助材料费、机械费的变动，工程造价主管部门还要定期发布调价系数，对人工费、材料费、机械费等进行调整。

（6）工程变更

在工程实施过程中，由于设计和施工的原因而发生的工程变更都是进行竣工结算的重要依据。

7.1.4　审查、审核的主体及形式

1. 建筑装饰工程预、结算审查、审核主体的责任

发包方、承包方、评标委员会、工程造价咨询单位等都可能对建筑装饰工程预、结算进行审查或审核。

（1）发包方（建设单位）审核建筑装饰工程预、结算

发包方（建设单位）在审核建筑装饰工程预算阶段，通过审核，主要是核准建筑装饰工程造价，为申请建设项目贷款和采取其他筹资方式及工程招标的标底、签订的工程

发承包合同确定准确的数据。在结算阶段，通过审核，主要是核定应支付施工单位的准确的工程价款和办理工程竣工决算的准确数据。国家原建设部 107 号令《建筑工程施工发包与承包计价管理办法》第十六条规定：发包方应当在收到竣工结算文件的约定期限内（一般为 28 天）予以答复，逾期未答复的，竣工结算文件视为已被认可。发包方对竣工结算文件有异议的应当在答复期内向承包方提出，并可以在提出之日起的约定期限内与承包方协商，在协商期内未与承包方协商或未达成协议的，应当委托工程造价咨询单位进行竣工结算审核。发包方应在协商期满后的约定期限内向承包方提出工程造价咨询单位出具的竣工结算审核意见。

（2）承包方（施工单位）审查建筑装饰工程预、结算

承包方（施工单位）审查建筑装饰工程预、结算，一般称为内部审查。在审查建筑装饰工程预算阶段，通过自审和其负责人的审查，主要是复查建筑装饰工程造价计算有无疏漏、错误，及时予以纠正，为工程投标报价、签订的工程承包合同提供准确的数据，争取确保中标，同时为施工中的"两算"对比、有效控制工程成本提供准确的数据。在工程竣工验收后，施工单位要抓紧时间办理好竣工结算。竣工结算通过自审和其负责人的审查，看其是否根据合同约定计价方式准确计价，根据签证资料编制的工程结算造价是否完整，有无重、漏项目，是否执行了合同规定的材料预算价格，是否按规定计算了技术措施费等，以保证所编制的建筑装饰工程竣工结算的准确性，从而与发包方顺利办理竣工结算，维护施工企业的合法经济利益。

（3）评标委员会评审建筑装饰工程预算

评标委员会评审建筑装饰工程预算，主要是评审其投标方是否低于成本报价。投标报价评审工作由评标专家库中具有注册造价工程师资格的专家担任。评标委员对投标报价的填报是否齐全，项目内容是否明确，价格构成是否合理等方面进行审核，判定其是否实质上响应了招标文件的要求，即投标文件应该与招标文件的技术要求、报价要求和主要合同条款等关键性内容相符，无显著差异或保留。所谓显著差异或保留是指：①对工程的发包范围、质量标准及运用产生实质性影响。②偏离了招标文件的要求，对合同中规定的招标人的权利或投标人的义务造成实质性限制。③纠正这种差异或保留，将会对其他实质上响应要求的投标人的竞争地位产生不公正的影响。

评标委员对投标报价在审核中发现的问题向投标人提出询问，在投标人的答复、澄清和解释基础上，对其投标是否实质上响应了招标文件和投标报价是否合理进行，是否低于其成本进行评估判断，提交书面投标报价评审报告。

（4）工程造价咨询单位审查、审核建筑装饰工程预、结算

工程造价咨询单位审查建筑装饰工程预算是由于受招标人委托，编制其招标标底和工程量清单后，具有注册造价工程师资格的负责人审查确认后方能生效。工程造价咨询单位审核建筑装饰工程结算是由于受发包方委托，对工程竣工结算进行审核并出具竣工结算审核意见。工程造价咨询单位审查、审核建筑装饰工程预、结算必须提供公正、合理的咨询报告。

承发包双方对工程造价咨询单位出具的竣工结算审核意见仍有异议的，在接到审核意见后一个月内可以向县级以上地方人民政府建设行政主管部门申请调解，调解不成

的，可以依法申请仲裁或者向人民法院提起诉讼。

　　2. 审查、审核建筑装饰工程预、结算的形式

　　审查、审核建筑装饰工程预、结算的形式主要有以下几种。

　　（1）联合审核

　　所谓联合审核，是指由建设单位、设计单位、施工单位和工程造价咨询单位或工程造价管理部门四方联合对建筑装饰工程预算或竣工结算进行会审。这种会审方式适用于建筑装饰工程规模较大、专业技术比较复杂、设计变更和施工变更、现场签证较多、无法进行单独审核的工程。

　　联合审核具有如下特点：涉及部门多、疑难问题容易解决、审核速度快、能够确保审核质量。

　　（2）单独审核

　　所谓单独审核，是指建筑装饰工程预、结算编制好以后，由施工企业自审、再交给建设单位审核的审核方式。

　　单独审核的特点是：审核单一、审核时间、地点灵活，但疑难问题的解决不太容易。

　　（3）委托审核

　　委托审核是指在不具备联合审核、单独审核的条件下，由建设单位委托咨询单位由其具有注册造价工程师资格的造价工程师审定工程造价的审核方式。

　　委托审核的特点：审核结果具有权威性。

7.2　建筑装饰工程预、结算审查与审核方法

　　审查、审核建筑装饰工程预、结算的主要方法有：全面审查、审核法，重点审查、审核法，经验审查、审核法，定额项目分析对比法，难点项目审查、审核法等。

7.2.1　全面审查、审核法

　　全面审查、审核法是对建筑装饰工程预、结算项目进行全面的审查、审核，包括招投标文件，合同的约定条款，工程量和单价，取费等各个项目进行审查、审核。它是按各分部分项工程施工顺序和定额分部分项工程顺序，从头到尾逐一详细审查、审核的方法，是最全面、最彻底、最有效且符合预、结算审查、审核根本要求的一种审查、审核方法，也就是将建筑装饰工程预、结算重新再编一次的方法。

　　这种方法适用于工程规模不大、审查、审核精确度要求较高、工艺技术较为简单的工程。

　　该方法的特点是：细致、全面、精确度高、耗费时间长、工作量大。

7.2.2　重点审查、审核法

　　重点审查、审核法是抓住建筑装饰工程预、结算重点进行审查、审核，比如选择工程量大或造价较高的项目进行重点审查、审核，对补充单价进行重点审查、审核，对计

取的各项费用进行重点审查、审核，对招投标项目尤其是对现场签证、设计变更所增加的费用进行重点审查、审核。如果重点项目有错误，那么通过费用定额计算的工程造价也就错了，因此在重点审查、审核后，一定要对费用计算再进行审查、审核。

重点审查、审核法的特点是：省力、省时间、速度快，但精确度较全面审查、审核法次之。

7.2.3　经验审查、审核法

经验审查、审核法主要是凭实践经验，审查、审核容易发生差错的部分。在建筑装饰工程施工中，总有一些相同或类似的工程，对于这些工程的审查、审核，可以采用过去工程中积累的经验指标与其进行对比，找出与经验指标有出入的项目进行审查、审核。

经验审查、审核法的特点是：审查、审核速度快，准确性一般。

7.2.4　定额项目分析对比法

在建筑装饰工程预、结算中，如果在同一部位出现两个或两个以上的分项工程项目时，就要与预算定额中的分项工程项目对照分析，看是否重项。

定额项目分析对比法主要用于审查、审核工程项目是否有重项、漏项。

7.2.5　难点项目审查、审核法

在建筑装饰工程预、结算中，总有一些难以计算、而造价又高的难点问题，将这些难点作为重点来审查、审核，可以使甲乙双方在难点上的经济纠纷得到公正的解决。

总之，建筑装饰工程预、结算审查、审核方法很多，除了以上方法以外，还可结合实际总结出一些适合自己特点的审核法。

7.3　建筑装饰工程预、结算审查与审核内容

建筑装饰工程预、结算审查、审核的内容，重点放在招投标文件、合同约定的条款、工程量计算是否正确、单价套用是否正确、各项费用是否符合现行规定等方面。

7.3.1　审查、审核招投标文件及合同约定的条款

建设工程承、发包，或是采用公开招标、邀请招标，或是采用直接发包、指定发包方式，每种发包方式最终都以合同或协议的形式规定双方的权利和义务。

采用招标方式的有招标书、投标书等，其实质是要约邀请、要约承诺的过程。合同一般在适用格式条款基础上，对具体可变的某种情况进行调整。比如，每个工程都有其特征，即使同样的工程，由于建设周期长短不一，地域环境不一，市场价格变化的差异，会影响发包人的招标策略，提出具体的要求，如采用预算定额报价方式的，由于供求关系发生了变化，发包人提出按预算定额下降一定的幅度，某些材料的用量很大，对造价的影响很大，发包人根据已有的生产和采购的便利，以甲供材料的方式供货且要求

施工管理费用按规定的费率乘以折扣系数，开办费用一次报价，包干使用等，这些调整都是审查、审核的内容，是承、发包双方在招投标以及订立合同时的要约和承诺，也是竣工结算时必须遵守的。

采用直接发包或指定发包的，发包人通常会要求承包人明示人工单价、主要材料单价、施工设备台班单价、费用、利润标准、以合同条款制约承包人，也是一方要约，一方承诺。作为承包人，需要对招投标文件和合同约定的条款予以响应，作为自己的义务。因此，在工程预、结算审查、审核中，首先要对招投标文件和合同约定的条款进行审查、审核，以指导工程量、单价、费用的审查、审核。

7.3.2　审查、审核工程量

1. 审查、审核工程量是否按工程量计算规则进行计算

建筑物的实体与按计算规则计算出的工程量概念不同，结果并不完全相等，前者可以直接用数学计算式进行计算，而后者则需先执行计算规则，在计算规则的指导下再用数学计算式进行计算，只有按计算规则计算的实物工程量才符合规范。

2. 审查、审核工程量计算式

审查、审核工程量计算式是审查、审核建筑装饰工程预、结算的基础性、复杂性的工作，涉及面广、数量多、占用时间长、容易发生差错，也是审查、审核的重点。在审查、审核中，应将工程量计算式中每一计算式都注明轴线编号、楼层、部位；计算式应简练，尽量使用简便计算公式；计算式不要连成一体，以免混淆，难以辨认，要便于查阅，最后列表汇总。遇同一子目套用多种单价的工程量时，可列成分表形式，不要顾此失彼，造成不必要的误差，这样才能使误差率减至最低程度，直至消除误差。

7.3.3　审查、审核分部分项工程项目

在一个单位装饰工程中有若干个分部工程，每个分部工程又有若干个分项工程，在审查、审核分部分项工程项目时，要根据施工图纸、具体施工顺序及装饰预算定额顺序进行逐项审查、审核，看是否有重项、漏项。

如按预算定额顺序并结合统筹安排顺序进行审查、审核，可从楼地面工程、天棚工程、门窗工程等的先后顺序一一过目进行对照检查。在审查、审核过程中，每审查、审核一个项目后应在工程量计算书上做一记号，待按所有定额顺序过目后，未做记号的剩余项目就不会遗漏，可以引起重视，达到较好的审查、审核效果。

7.3.4　审查、审核单价套用是否正确

审查、审核单价时，应注意以下几个方面：

1）结算单价是否与报价单价相符，项目内容没有变化的仍应套用原单价，如单价有变化的，则要查明原因；内容发生变化的要分析具体的内容，审查、审核单价是否符合成立的条件。

2）预、结算单价是否与预算定额的单价相符，其名称、规格、计量单位和工程内容是否一致，如不一致，应进行纠正。

3）对换算的单价，首先要审查、审核换算的分项工程是否是定额允许换算的，其次审查、审核换算的过程是否正确，是否按规定进行换算。

4）对补充的单价，要审查、审核其是否符合预算定额编制原则或报价时关于工、料、机单价的约定。

7.3.5　审查、审核材料价格

由于装饰材料价格对整个工程造价的影响较大，故要特别注意对材料价格的审查、审核。

在审查、审核材料价格时要注意两方面的问题：一是是否采用了造价主管部门颁布的装饰材料指导价；二是施工企业编制的补充材料价格是否取得建设单位的认可。

7.3.6　审查、审核直接费

直接费审查、审核主要是审查、审核分项工程直接费计算是否正确，各分部工程直接费汇总是否正确，整个单位工程直接费汇总是否正确。

7.3.7　审查、审核装饰工程费用计算

装饰工程费用的审查、审核主要包括：

1）装饰工程费用的内容。装饰工程费用的组成、内容，各省市的情况不同，具体审查、审核时，应注意其组成是否符合当地的有关规定和要求。

2）审查、审核装饰工程费用计算程序是否正确。

3）审查、审核各项费用的取费基础和费率是否正确。

4）审查、审核合同所规定的费用是否正确。

在审查、审核固定综合单价时，其基本的内容与方法与上述方法相同，重点是综合单价组成的所有费用应与报价和合同约定的相一致。

7.4　建筑装饰工程预、结算审查与审核步骤

7.4.1　准备工作

1）熟悉送审预算和施工合同。

2）搜集并熟悉有关预算资料，核对与工程预算有关的图纸和标准图。

3）了解施工现场情况，熟悉施工组织设计或技术措施方案，掌握与编制预算有关的设计变更、现场签证等情况。

4）熟悉送审工程预算所依据的预算定额、费用标准和有关文件。

7.4.2　审查、审核计算

首先确定审查、审核方法，然后按确定的审查、审核方法进行具体审查、审核计算。

1）核对工程量，根据定额规定的工程量计算规则进行核对。

2）核对选套的定额项目。

3）核对定额直接费汇总。

4）核对其他直接费计算。

5）核对间接费、利润、其他费用和税金计取。

在审查、审核计算过程中，将审查、审核出来的问题做出详细记录。

7.4.3 审核单位与工程预算编制单位交换审核意见

审核单位将审查记录中的异点、错误、重复计算和遗漏项目等问题与编制单位和建设单位交换意见，做进一步核对，以便统一认识，更正调整预算项目和费用。

7.4.4 审核定案

审核单位根据交换意见确定的结果，将更正后的项目进行计算并汇总，填制工程预算分项工程定额直接费调整表、工程预算费用调整表、工程预算审核定案表，见表7.1～表7.3。由编制单位负责人签字加盖公章，审核负责人签字加盖审核单位公章，并出具工程预（结）算审核报告。至此，工程预（结）算审核定案。

表 7.1 分项工程定额直接费调整

序号	分部分项工程名称	原 预 算							调 整 后 预 算							核减金额/元	核增金额/元
		定额编号	单位	工程量	直接费/元		人工费/元		定额编号	单位	工程量	直接费/元		人工费/元			
					单价	合计	单价	合计				单价	合计	单价	合计		

编制单位（印章）　　　　责任人：　　　　审核单位（印章）　　　　责任人：

表 7.2 工程预（结）算费用调整

序号	费用名称	原 预 算			调 整 后 预 算			核减金额/元	核增金额/元
		费率/%	计算基础	金额/元	费率/%	计算基础	金额/元		

编制单位（印章）　　　　责任人：　　　　审核单位（印章）　　　　责任人：

表 7.3　工程预（结）算审核验证定案

工程 项目 名称		建筑 面积 /m²		送审 金额 /元		审　增 金额/元	审　减 金额/元	审定 金额 /元	
审核人意见			建设单位意见			施工单位意见			
		（公章）			（公章）			（公章）	
		负责人签章：			负责人签章：			负责人签章：	
备注：									
编制人：（印章）					复核人：（印章）				

复习思考题

7.1　建筑装饰工程预、结算审查和审核的目的意义是什么？

7.2　建筑装饰工程预、结算审查和审核的依据是什么？

7.3　建筑装饰工程预、结算审查和审核的主体及形式有哪些？

7.4　建筑装饰工程预、结算审查和审核有哪些方法？

7.5　建筑装饰工程预、结算审查和审核的内容有哪些？

7.6　建筑装饰工程预、结算审查和审核步骤有哪些？

第 8 章
建筑装饰工程报价

8.1 概　述

建筑装饰工程投标报价是建筑装饰工程投标工作的重要环节，报价的正确与否对投标单位投标的成败和将来实施工程的盈亏起着决定性作用。投标单位的报价是根据本企业的生产经营管理水平、技术力量、劳动效率等企业的实际情况而估算的完成建筑装饰工程的实际造价，并在此基础上研究投标策略，提出更有竞争力的投标报价。

建筑装饰工程的投标报价又不同于建筑装饰工程预算，他要根据企业及所报价工程的实际情况来计算。对于同一建筑装饰工程，不同企业的报价是不同的，即使同一企业，由于考虑的风险及利润不同，报价也不同。因此，报价直接反映了企业的实际水平及竞争策略。

8.1.1　建筑装饰工程报价的依据

1）招标单位提供的招标文件，包括建筑装饰工程综合说明，技术质量要求，工期要求，对建筑装饰工程及装饰材料的特殊要求等。

2）招标单位提供的设计图纸及有关技术说明书等。设计图纸和资料是投标报价计算的重要依据。

3）国家及地区颁发的现行建筑装饰预算定额及与之相配套执行的各种费用定额、规定。

4）地方现行材料预算价格，采购地点及供应方式等。

5）因招标文件及设计图纸等不明确，经咨询后由招标单位书面答复的有关资料。

6）企业内部制定的有关取费、价格等的规定、标准。

7）其他与建筑装饰工程报价计算有关的各项政策、规定及调整系数等。

8）施工方案。为了正确套用定额和确定工程工期，施工方案是不可缺少的依据。一般建筑装饰工程只要有施工方案即可，而较大的建筑装饰工程项目则必须先做施工组织设计，然后才能正确报价。

8.1.2　建筑装饰工程报价的原则

（1）报价要按国家有关规定，并体现企业的生产经营管理水平

报价计算要按国家有关规定进行，如有关的取费标准及规定等。另外，报价还要结

合企业自身实际情况，充分发挥企业的优势，反映出企业的实际技术水平及管理水平，以利于企业在投标竞争中取得成功。

（2）报价计算要主次分明、详简得当

影响报价的因素多且复杂，在报价计算中要抓住主要问题，如招标单位对装饰的特殊要求；影响报价的因素；质量不易控制的方面等要认真细致地分析研究。如能较好地满足招标单位的要求，则会吸引业主；对影响报价的主要方面采取有力措施，再加上强有力的质量保证措施，则会加大企业的中标机会。对影响报价的次要因素可简化计算。

另外，报价计算还应考虑承包方式。对于固定总价承包，则应详细计算，如果在此情况下，考虑欠周，企业将可能蒙受损失；如承包单价，则工程量计算要求就不必太详细。

（3）报价要以施工方案为基础

施工方案选择是否恰当，不仅反映企业的经营管理水平和技术水准，同时直接影响工程成本。采用不同的施工方案会导致不同的报价，因此企业应在技术经济分析的基础上选择先进合理的施工方案。所选用的施工方案应技术上先进，生产上可行，经济上合理，并满足质量要求，使投标更具竞争性。

（4）报价计算要从实际出发

投标报价不同于工程预算，预算中各种费用的计算必须按规定进行，如在报价中也采用这种方法计算，显然不一定符合企业的实际，所以应该从实际出发，实事求是，认真细致，避免漏项及重复。

8.1.3　建筑装饰工程报价的作用

1）建筑装饰工程报价是承包商与业主结算工程造价的依据。

2）建筑装饰工程报价是项目工程成本核算和成本控制的依据。

3）建筑装饰工程报价是施工单位编制计划、统计和完成施工产值的依据。

8.1.4　建筑装饰工程报价内容组成

建筑装饰工程报价一般包括以下内容。

（1）编制说明

其内容包括：

1）工程概况。

2）施工图纸、施工组织设计或施工方案。

3）采用定额、单价及费率。

4）工日数量及金额。

5）主要材料数量和采用价格。

6）定额换算依据和补充定额单价。

7）取费费率计算标准和依据。

8）遗留问题及说明。

（2）分部分项工程报价表

报价表中包括工程量、合价、总计、取费项目费率、利润和税金等。

（3）工料分析

1）分析主要材料需用量，如石材、墙面砖、地砖、轻钢龙骨、石膏板、铝塑复合板、壁纸、壁布、各种玻璃、不锈钢、木地板、细木工板、装饰夹板、木线条和主要五金件等。

2）分析综合用工和主要工种用工数量，如木工、抹灰工、漆工等。

3）安装工程列出设备、卫生洁具、消防、报警、喷淋和电气设备、灯具品牌规格、型号、数量等。

8.2　建筑装饰报价计算

建筑装饰作为一个独立的行业时间不长，而其以投标竞争的方式承揽任务的历史更短。所以，如何进行投标报价的计算，各地做法仍然是依据建筑投标的方法和规定进行，其报价计算的程序和方法也与建筑工程报价的方法类似。

8.2.1　投标报价计算程序

建筑装饰工程投标报价计算程序如图 8.1 所示。

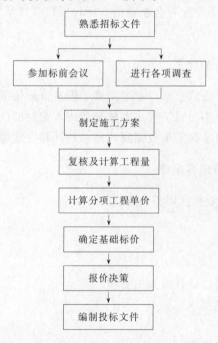

图 8.1　建筑装饰工程投标报价计算程序

报价的计算程序可分为三个阶段：第一阶段是准备阶段，包括熟悉招标文件，参加标前会议，了解调查施工现场以及材料的市场情况等；第二阶段是报价费用计算阶段，分析并计算报价的有关费用以及费率标准；第三阶段是决策阶段，确定投标工程的报价并编写投标文件。

8.2.2　投标报价的准备工作

1. 分析报价的原则

当企业任务不饱满或为了在某个地区打开局面，企业就应采取积极态度，确定保本薄利的报价原则，应采用低标，但也不可过低，否则适得其反。

但是对于难度大、风险大的装饰工程，或企业任务较饱满时，可确定高利润的报价原则。

2. 组织准备工作

投标报价是一项涉及因素很多的综合性工作，不只是单纯的计算，还包括收集各种信息和分析各相关因素。为适应投标竞争的需要，企业应配备有经验的报价人员，大型项目要组成强有力的报价班子，实行全面规划，有步骤地进行投标活动，不断总结和积累经验。

参加投标工作的人员，应有较高的技术业务水准，懂技术、懂经济、懂法律、了解市场行情，才能保证投标工作高质量、高效率地进行。平时广泛收集、研究与报价有关的定额数据、市场信息，研究和采用现代化的计算手段和方法。

在报价前还应根据报价时间编制工作计划，并准备好所需各种数据。

3. 熟悉招标文件

招标单位的招标文件等资料，要认真熟悉和掌握这些文件的内容和精神，在熟悉招标文件的过程中，认真研究装饰工程项目、特点、范围、工程量、工期、合同主要条款等要求，弄清承包责任和报价范围，避免遗漏。

4. 调查施工现场，确定施工方案

调查装饰工程施工现场，了解现场施工条件，当地劳动力资源及材料资源，调查各种材料、设备的供应情况和价格，包括国内或进口的各种装饰材料的价格及质量，以免因盲目估价而失去中标机遇。根据装饰工程的实际，制定施工方案，并经技术经济比较选择最优施工方案。

5. 定额数据的整理

报价的工程量计算要求准确，不能出现漏项或重复，定额单价力求符合实际，各项费用要求合理，这样才能得到可靠的报价。企业的定额是计算工程成本的依据，它反映企业的施工管理水平，因此要根据企业实际水平确定定额数据。

8.2.3　复核及计算工程量

工程量计算是根据图纸、定额和计算规则列项计算，最后得出计算数量结果。

工程量是计算标价的重要依据，如在招标文件中已给了实物工程量清单，在进行标

价计算前还应认真复核是否遗漏或重复，核对的内容主要有装饰工程项目是否齐全，工程量是否正确，工程做法及用料是否与图纸相符等。核对可采取重点抽查法进行。核对时如发现工程量清单中有某些错项或漏项，一般不能任意更改或补充，可以在标函中加以说明或得标后签订合同时再纠正。

8.2.4　计算分项工程单价

分项工程单价是计算标价的又一重要依据，装饰工程的分项工程项目应按国家、省及各地区等规定的装饰工程预算定额来确定。

分项工程单价的计算应以装饰工程预算定额或单位估价表为基础，再根据本企业的施工技术和管理水平适当调整，主要是向下浮动，以提高报价的竞争力。

1. 基础单价的确定

人工工资和机械台班单价，一般以工程所在地的装饰工程预算定额或单位估价表来计算。

材料和设备按招标文件规定的供应方式分别确定预算价格，对企业自行购买的各种材料，应按材料的来源、市场价格信息，并考虑材料价格变动因素综合分析，确定符合实际情况的预算价格。

2. 人工、材料、机械设备消耗量的确定

以装饰工程预算定额规定的人工、材料、机械台班消耗量为基础，结合企业的实际确定人工、材料、机械设备消耗量。

3. 计算分项工程单价

以基础单价和相应的消耗量相乘，可得各分项工程单价。

把各分项工程单价汇编成表，即编制分项工程单价表，以备报价使用。一般这种分项工程单价表不仅用于一项工程投标，在同一地区类似工程可以通用，或只修订一些有变化的分项工程单价。

8.2.5　确定基础标价

装饰工程报价由直接费、间接费、利润和税金四部分组成。

1）直接费：将每一分项工程的工程量乘以相应的分项工程单价，即得出各分项工程的定额直接费。将各分项工程的定额直接费累加起来，再加上措施费，即为整个装饰工程的直接费。

2）间接费（管理费）：在报价计算中，间接费（管理费）一般均按当地现行的装饰工程间接费取费率标准进行计算，但为了使报价更有竞争力，应结合企业实际管理水平，实际测算出间接费。

3）利润：根据具体情况确定。根据企业实际及投标竞争形势合理确定利润率。

4）税金：按当地政府规定的税种税率直接计算。

8.2.6 报价决策

投标报价决策是指投标人招集算标人和决策人、高级咨询顾问人员共同研究，对上述标价计算结果和标价的静态、动态风险分析进行讨论，做出调整计算标价的最后决定。在报价决策中应当注意以下问题。

1. 报价决策的依据

决策的主要资料依据应当是自己的算标人员的计算书和分析指标。至于其他途径获得的所谓"标底价格"或竞争对手的"标价情报"等，只能作为参考。参加投标的承包商当然希望自己中标，但是更为重要的是中标价格应当基本合理，不应导致亏损。以自己的报价计算为依据进行科学分析，而后做出恰当的报价决策，至少不会盲目地落入竞争的陷阱。

2. 在可接受的最小预期利润和可接受的最大风险内作出决策

由于投标情况纷繁复杂，投标中碰到的情况并不相同，很难界定需要决策的问题和范围。一般说来，报价决策并不仅限于具体计算，而是应当由决策人与算标人员一起，对各种影响报价的因素进行恰当的分析，并作出果断的决策。除了对算标时提出的各种方案、基价、费用摊入系数等予以审定和进行必要的修正外，更重要的是决策人要全面地考虑期望的利润和承担的风险。承包商应当尽可能避免较大的风险，采取措施转移、防范风险并获得一定利润。决策者应当在风险和利润之间进行权衡并做出选择。

3. 低报价不是得标的唯一因素

招标文件中一般明确申明"本标不一定授给最低报价者或其他任何投标者"，所以决策者可以在其他方面战胜对手。例如，可以提出某些合理的建议，使业主能够降低成本、缩短工期。如果可能的话，还可以提出对业主优惠的支付条件等。低报价是得标的重要因素，但不是唯一因素。

8.3 建筑装饰工程报价技巧

报价技巧是指在投标报价中采用一定的手法或技巧使业主可以接受，而中标后能获得更多的利润。常用的报价技巧主要有以下几种。

8.3.1 根据招标项目的不同特点采用不同报价

投标报价时，既要考虑自身的优势和劣势，也要分析招标项目的特点。按照工程项目的不同特点、类别、施工条件等来选择报价策略。

遇到如下情况报价可高一些：施工条件差的工程；专业要求高的技术密集型工程，而本公司在这方面又有专长，声望也较高；总价低的小工程，以及自己不愿做、又不方便不投标的工程；特殊的工程；工期要求急的工程；投标对手少的工程；支付条件不理想的工程。

　　遇到如下情况报价可低一些：施工条件好的工程，工作简单、工程量大而一般公司都可以做的工程；本公司目前急于打入某一市场、某一地区，或在该地区面临工程结束，机械设备等无工地转移时；本公司在附近有工程，而本项目又可利用该工程的设备、劳务，或有条件短期内突击完成的工程；投标对手多，竞争激烈的工程；非急需工程；支付条件好工程。

8.3.2　不平衡报价法

　　这一方法是指一个工程项目总报价基本确定后，通过调整内部各个项目的报价，以期既不提高总报价、不影响中标，又能在结算时得到更理想的经济效益。一般可以考虑在以下几方面采用不平衡报价：

　　1）能够早日结账收款的项目可适当提高。

　　2）预计今后工程量会增加的项目，单价适当提高，这样在最终结算时可多赚钱；将工程量可能减少的项目单价降低，工程结算时损失不大。

　　上述两种情况要统筹考虑，即对于工程量有错误的早期工程，如果实际工程量可能小于工程量表中的数量，则不能盲目抬高单价，要具体分析后再定。

　　3）设计图纸不明确，估计修改后工程量要增加的，可以提高单价；而工程内容解说不清楚的，则可适当降低一些单价，待澄清后可再要求提价。

　　4）暂定项目，又叫任意项目或选择项目，对这类项目要具体分析。因为这类项目要在开工后再由业主研究决定是否实施，以及由哪家承包商实施。如果工程不分标，另由一家承包商施工，则其中肯定要做的单价可高些，不一定做的则应低些。如果工程分标，该暂定项目也可能由其他承包商施工时，则不宜报高价，以免抬高总报价。

　　采用不平衡报价一定要建立在对工程量表中工程量仔细核对分析的基础上，特别是对报低单价的项目，如工程量执行时增多将造成承包商的重大损失；不平衡报价过多和过于明显，可能会引起业主反对，甚至导致废标。

8.3.3　计日工单价的报价

　　如果是单纯报计日工单价，而且不计入总价中，可以报高些，以便在业主额外用工或使用施工机械时可多赢利。但如果计日工单价要计入总报价时，则需具体分析是否报高价，以免抬高总报价。总之，要分析业主在开工后可能使用的计日工数量，再来确定报价方针。

8.3.4　可供选择项目的报价

　　有些工程项目的分项工程，业主可能要求按某一方案报价，而后再提供选择方案的比较报价。例如某住房工程的地面水磨石砖，工程量表中要求按 $25 \times 25 \times 2$（cm）的规格报原价；另外，还要求投标人用更小规格砖 $20 \times 20 \times 2$（cm）和更大规格砖 $30 \times 30 \times 3$（cm）作为可供选择项目报价。报价时，除对几种水磨石地面砖调查询价外，还应对当地习惯用砖情况进行调查。对于将来有可能被选择使用的地面砖铺砌应适当提高其报价；对于当地难以供货的某些规格地面砖，可将价格有意抬高得更多一些，以阻挠业主选用。但是所谓"可供选择项目"，并非由承包商任意选择，而是业主才有权进行选择。因此，虽然适当提高了可供选择项目的报价，并不意味着肯定可以取得较好的利润，只是提供了一种可能性，一旦业主今后选用，承包商即可得到额外加价的利益。

8.3.5　暂定工程量的报价

暂定工程量有三种：一种是业主规定了暂定工程量的分项内容和暂定总价款，并规定所有投标人都必须在总报价中加入这笔固定金额，但由于分项工程量不很准确，允许将来按投标人所报单价和实际完成的工程量付款。另一种是业主列出了暂定工程量的项目和数量，但并没有限制这些工程量的估价总价款，要求投标人既列出单价，也应按暂定项目的数量计算总价，当将来结算付款时可按实际完成的工程量和所报单价支付。第三种是只有暂定工程的一笔固定总金额，将来这笔金额做什么用，由业主确定。第一种情况，由于暂定总价款是固定的，投标时应当对暂定工程量的单价适当提高。这样做，既不会因今后工程量变更而吃亏，也不会削弱投标报价的竞争力。第二种情况，投标人必须慎重考虑。如果单价定得高了，同其他工程量计价一样，将会增大总报价，影响投标报价的竞争力；如果单价定得低了，将来这类工程量增大，将会影响收益。一般来说，这类工程量可以采用正常价格，如果承包商估计今后实际工程量肯定会增大，则可适当提高单价，使将来可增加额外收益。第三种情况对投标竞争没有实际意义，按招标文件要求将规定的暂定款列入总报价即可。

8.3.6　多方案报价法

对于一些招标文件，如果发现工程范围不很明确，条款不清楚或很不公正，或技术规范要求过于苛刻时，则要在充分估计投标风险的基础上，按多方案报价法处理，即按原招标文件报一个价，然后再提出，如某某条款作某些变动，报价可降低多少，由此可报出一个较低的价，这样可以降低总价，吸引业主。

8.3.7　增加建议方案

有时招标文件中规定，可以提一个建议方案，即可以修改原设计方案，提出投标者的方案。投标者这时应抓住机会，对原招标文件的设计和施工方案仔细研究，提出更为合理的方案以吸引业主，促成自己的方案中标。这种新建议方案可以降低总造价或是缩短工期，或使工程运用更为合理。但要注意对原招标方案一定也要报价。建议方案不要写得太具体，要保留方案的技术关键，防止业主将此方案交给其他承包商。同时要强调的是，建议方案一定要比较成熟，有很好的操作性。

8.3.8　分包商报价

由于现代工程的综合性和复杂性，总承包商不可能将全部工程内容完全独家包揽，特别是有些专业性较强的工程内容，须分包给其他专业工程公司施工，还有些招标项目，业主规定某些工程内容必须由他指定的几家分包商承担。因此，总承包商通常应在投标前先取得分包商的报价，并增加总承包商摊入的一定的管理费，而后作为自己投标总价的一个组成部分一并列入报价单中。应当注意，分包商在投标前可能同意接受总承包商压低其报价的要求，但等到总承包商得标后，他们常以种种理由要求提高分包价格，这将使总承包商处于十分被动的地位。解决的办法是，总承包商在投标前找2、3家分包商分别报价，而后选择其中一家信誉、实力较强和报价合理的分包商签订协议，该分包商作为本分包工程的唯一合作者，并将分包商的姓名列到投标文件中，但要求该分包商提交投标保函。如果该分包商认为这家总承包商确实有可能得标，他也许愿意接受这一条件。这种把分包商的利益同投标人捆在一起的做法，不但可以防止分包商事后反悔和涨价，还可能致使分包时报出较合理的价格，以便共同争取得标。

8.3.9　无利润算标

缺乏竞争优势的承包商，在不得已的情况下，只好在算标中根本不考虑利润去夺标。这种办法一般在处于以下条件时采用：①有可能在得标后，将大部分工程分包给索价较低的一些分包商。②对于分期建设的项目，先以低价获得首期工程，而后赢得机会创造第二期工程中的竞争优势，并在以后的实施中赚得利润。③较长时期内，承包商没有在建的工程项目，如果再不得标，就难以维持生存。因此，虽然本工程无利可图，只要保证有一定的管理费维持公司的日常运转，就可设法渡过暂时的困难，以图将来东山再起。

8.4　建筑装饰工程报价计算实例

【例 8.1】　采用直接工程费、间接费、利润及税金构成报价方式。

×××广场高级公寓套房装饰报价，见表 8.1。

报价说明：

1）本工程报价根据业主提供的某公寓套房装饰"B 型"施工图及说明编制。

2）定额单价采用某地区建筑装饰工程预算定额。

3）间接费采用某地区建设工程费用定额。

4）报价编制以双方签字合同书为依据文件。

【解】　报价计算见表 8.1。

表 8.1　高级公寓套房装饰报价

工程名称：高级公寓 B 型套房　　　　套内面积：81.89m²　　每平方米装饰造价：615.70 元

序号	定额编号	项　目	单位	数量	单价/元	合价/元	其中人工费/元	
							单价	合价
1	1—148	柚木席纹地板制作、安装	m²	58.20	263.63	15 743.27	29.5	1716.90
2	9—159	柚木席纹地板油漆	m²	58.20	26.24	1527.17	7.30	424.86
3	1—179	柚木踢脚线制作、安装	m	61.00	28.71	1751.31	3.75	64.75
4	9—132	柚木踢脚线油漆	m	61.00	10.20	622.90	4.80	292.80
5	6—89	柚木饰面实心门制作、安装	m²	18.60	293.64	5461.70	97.50	1813.50

续表

序号	定额编号	项　目	单位	数量	单价/元	合价/元	其中人工费/元	
							单价	合价
6	9—010	柚木门油亚光漆	m²	18.61	82.08	1527.51	26.20	487.58
7	7—89	柚木压线条制作、安装	m	84.00	8.71	731.64	1.70	14.81
8	9—199	柚木压线条油漆	m	84.00	3.44	288.96	1.60	134.40
9	9—265	天棚、墙面刮腻子	m²	145.82	4.94	720.35	3.50	510.37
10	9—312	天棚、墙面刷乳胶漆	m²	145.82	14.96	2181.47	5.00	729.10
11	11—35	卫生间铝合金板吊顶	m²	7.59	247.20	1876.25	25.00	189.75
12	1—47	铺地砖 450mm×450mm	m²	10.00	84.49	844.90	13.00	13.00
13	2—187	墙面贴瓷砖 200mm×300mm	m²	40.38	81.12	3275.63	24.00	969.12
14	6—146	大理石窗台板	m²	3.33	461.78	1555.71	30.00	99.90
15	11—49	洗漱台大理石台面板	块	1.00	392.28	392.28	102.50	102.50
16	11—60	卫生间磨边白镜	m²	2.44	253.52	618.59	25.00	61.00
17	6—16 换	大理石门槛制作、安装	m	2.40	34.02	81.65	4.50	10.98
18	11—79 换	洗面台下方木柜制作、安装、油漆	个	1.00	400.00	400.00	80.00	80.00
19	估价	检修孔制作、安装、油漆	个	1.00	70.00	70.00	20.00	20.00
合计						39 270.59		7852.32

建筑装饰工程报价计算：

1）直接费 39 270.59 元，其中（A）人工费 7852.32 元。

2）临时设施费（A）×13％＝1020.80 元。

3）现场经费（A）×26％＝2041.60 元。

4）企业管理费（A）×45％＝3533.54 元。

5）利润［1）＋4)]×7％＝2996.29 元。

6）税金［1）＋4）＋5)]×3.4％＝1557.21 元。

7）工程总造价1）＋2）＋3）＋4）＋5）＋6）＝50 420.03 元。

复习思考题

8.1　装饰工程报价有哪些依据？

8.2　装饰工程报价有哪些原则？

8.3　简述装饰工程报价的作用。

8.4　简述装饰工程报价计算程序。

8.5　简述装饰工程报价技巧。

主要参考文献

建设部标准定额研究所，湖南省建设工程造价管理总站.2002.全国统一建筑装饰装修工程消耗量定额（GYD-901—2002）[S].北京：中国计划出版社.

袁建新.1998.高级建筑装饰工程预算与估价[M].北京：中国建筑工业出版社.

袁建新.2009.建筑工程预算[M].4版.北京：中国建筑工业出版社.

中华人民共和国国家标准.2013.建设工程工程量清单计价规范（GB 50500—2013）[S].北京：中国计划出版社.